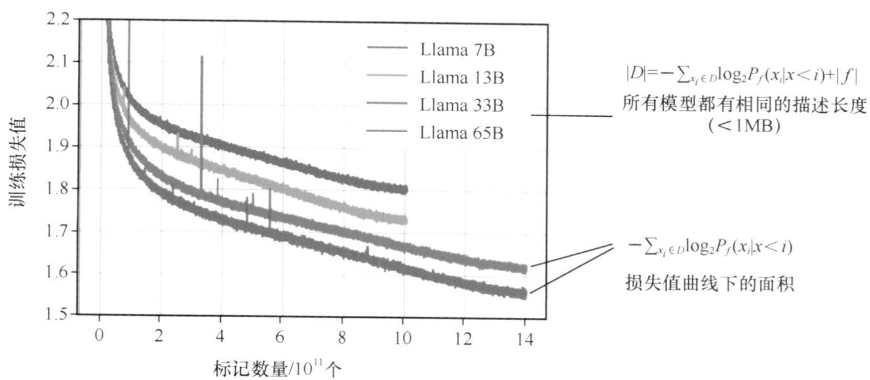

图 1-20　损失值曲线下的面积表示为数据集的无损压缩

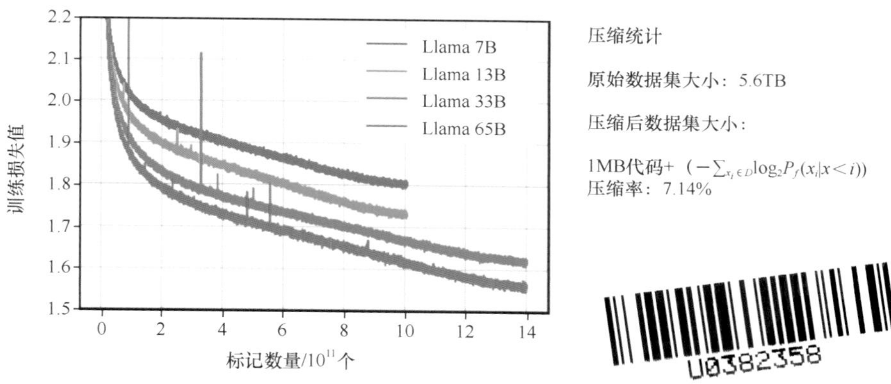

图 1-21　Llama 模型压缩率计算

U0382358

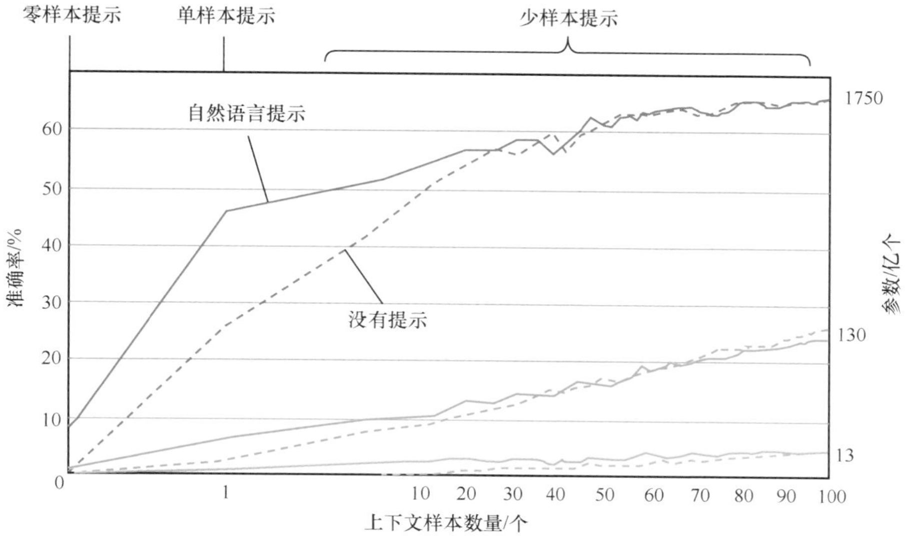

图 3-5　上下文样本数量对效果的影响

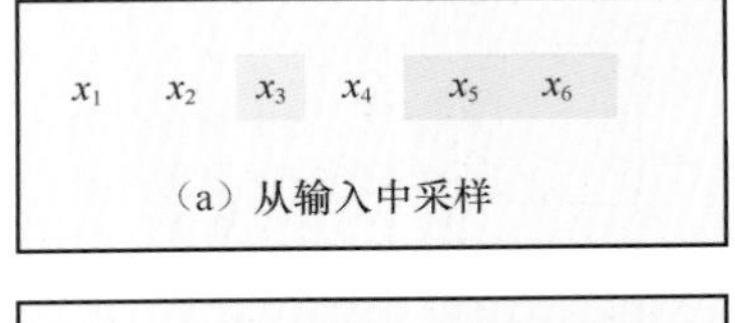

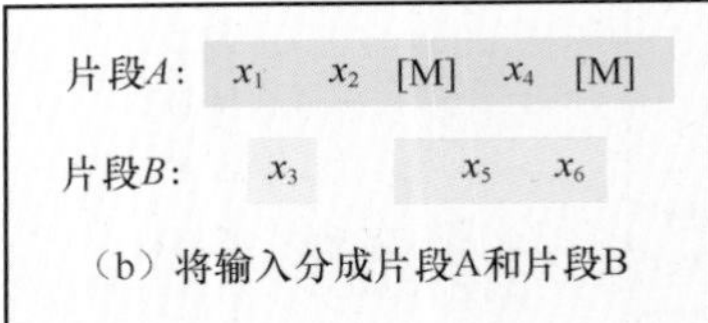

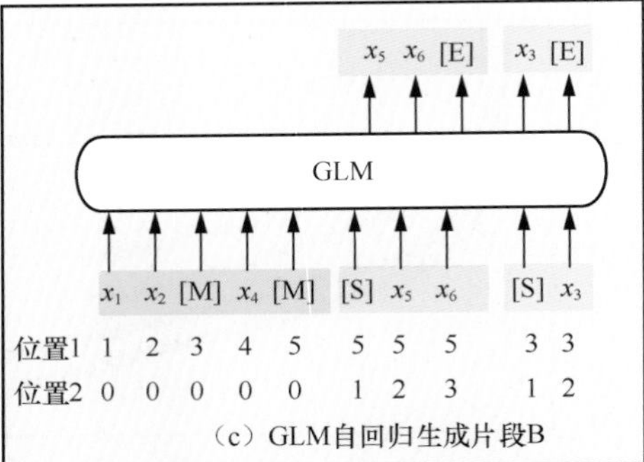

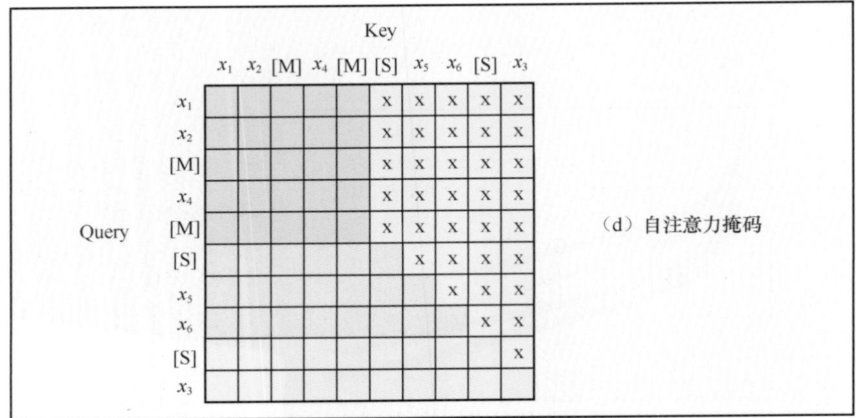

图 4-3　GLM 预训练

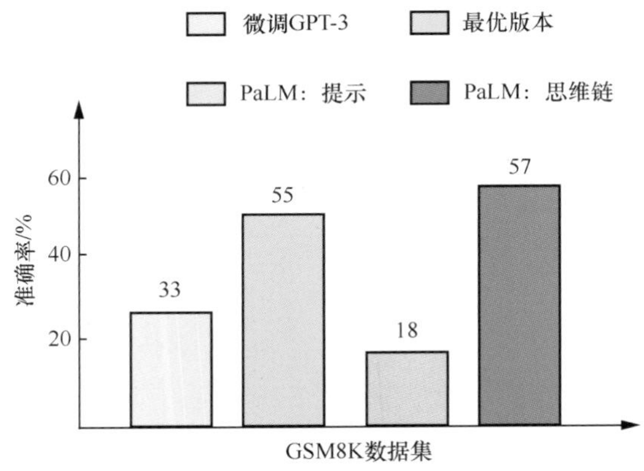

图 7-1　PaLM 使用思维链提示的效果

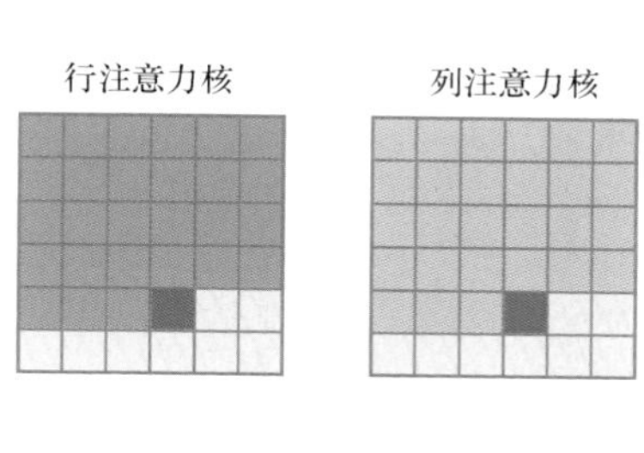

（a）普通注意力核

（b）普通注意力连接矩阵

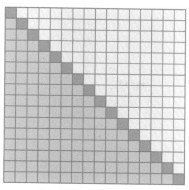

图 8-2　普通 Transformer 的注意力核和连接矩阵

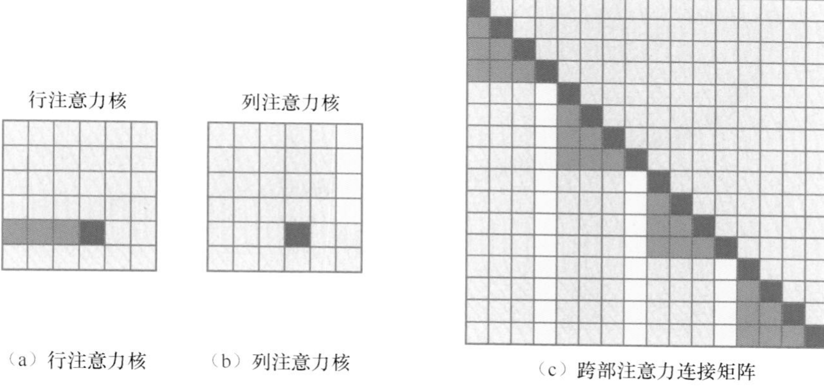

（a）行注意力核　（b）列注意力核　（c）跨部注意力连接矩阵

图 8-3　跨步注意力的注意力核以及连接矩阵

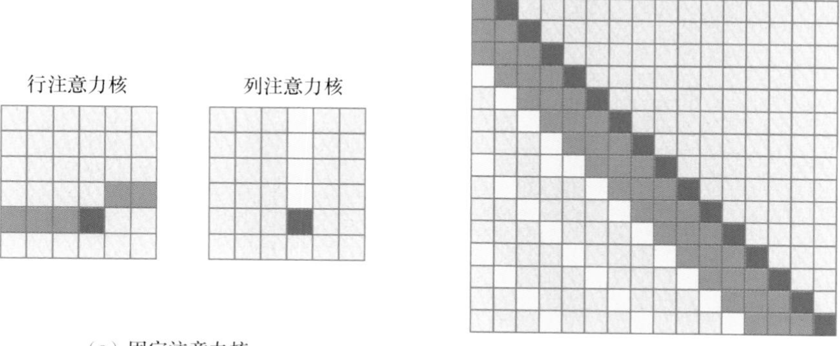

（a）固定注意力核

（b）固定注意力连接矩阵

图 8-4　固定注意力的注意力核以及连接矩阵

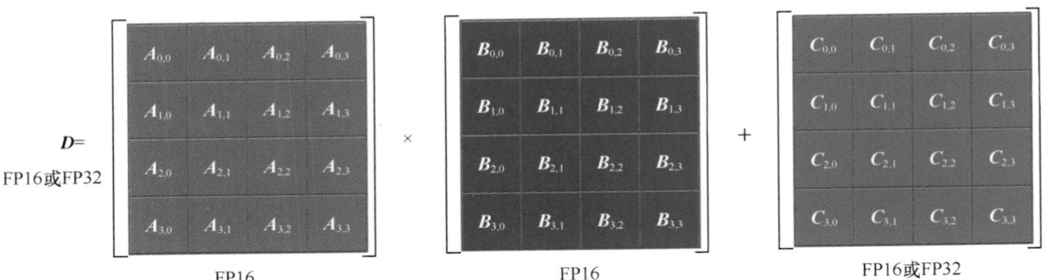

图 8-9　精度累加示意图

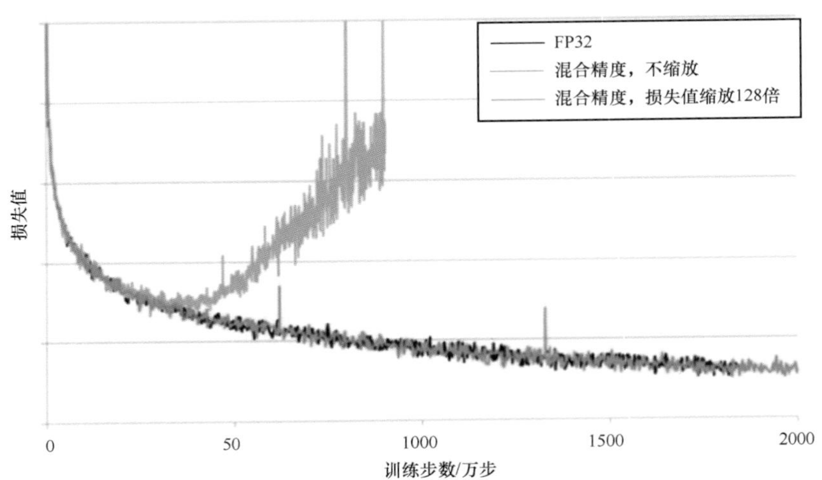

图 8-10　损失值缩放

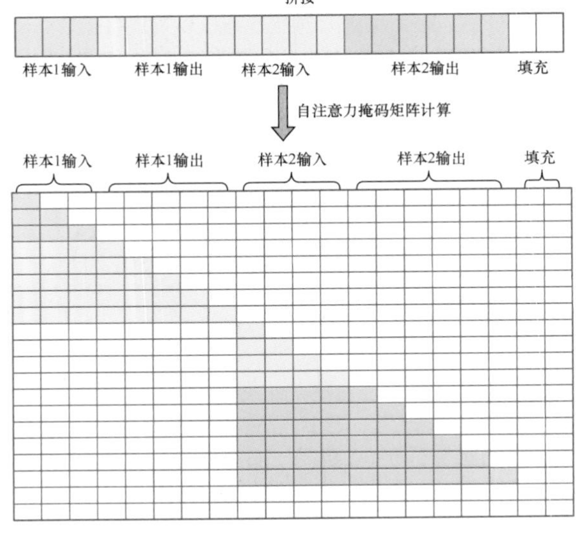

图 8-14　自注意力掩码矩阵计算

UNVEILING
LARGE
MODEL

文亮　江维 著

揭秘大模型

从原理到实战

人 民 邮 电 出 版 社
北　京

图书在版编目（CIP）数据

揭秘大模型 : 从原理到实战 / 文亮, 江维著. 北京 : 人民邮电出版社, 2025. -- ISBN 978-7-115-65335-2

Ⅰ. TP18

中国国家版本馆 CIP 数据核字第 20245FA998 号

内 容 提 要

本书从技术角度深度解析大模型的原理，从大模型的基础概念及领域发展现状入手，概述大模型的理论基础，介绍 OpenAI GPT、清华大学 GLM、Meta Llama 等主流大模型的技术原理，并从大模型参数高效微调、大模型指令微调、大模型训练优化和大模型推理优化等多角度解析大模型背后的技术，带领读者全方位掌握大模型的原理和实践方法。本书最后介绍私有大模型的构建，指导读者做技术选型并搭建自己的私有大模型。

本书适合人工智能领域有大模型开发需求或对大模型技术感兴趣的技术人员阅读，也适合普通用户扩展了解大模型的前沿应用。

◆ 著　　　　文　亮　江　维

责任编辑　刘雅思

责任印制　王　郁　胡　南

◆ 人民邮电出版社出版发行　　北京市丰台区成寿寺路 11 号

邮编　100164　　电子邮件　315@ptpress.com.cn

网址　https://www.ptpress.com.cn

涿州市京南印刷厂印刷

◆ 开本：800×1000　1/16　　彩插：2

印张：16.75　　2025 年 1 月第 1 版

字数：400 千字　　2025 年 3 月河北第 4 次印刷

定价：79.80 元

读者服务热线：(010)81055410　印装质量热线：(010)81055316

反盗版热线：(010)81055315

前言

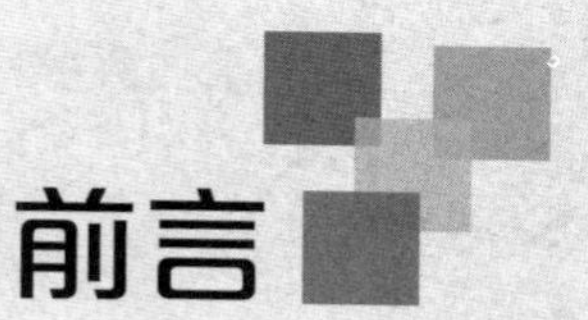

写作背景

2022 年 11 月，OpenAI 发布了一款通用大模型 ChatGPT。ChatGPT 不仅能够回答用户问题、生成文本，还能够完成文章摘要、多语言翻译等任务。2023 年 3 月，OpenAI 的首席执行官山姆·奥尔特曼（Sam Altman）宣布了他们的最新人工智能系统——GPT-4。GPT-4 支持多模态，在各方面的表现都有显著的提升，GPT-4 的发布让大模型的热度达到了新的高峰。在首届开发者大会上，OpenAI 首次公开了 AI Agent 相关功能，让用户可以自己构建 GPT。OpenAI 还开放了许多新的 API（包括视觉 API、图像 DALL-E 3、语音 API 等），让开发者可以更方便地构建自己专属的 GPT。

2023 年 3 月，百度发布了文心一言大模型，打响了国内大模型市场的“第一枪”。2023 年 4 月，阿里云发布了通义千问大模型。2023 年 7 月，华为发布了盘古大模型 3.0……国内大模型呈现百花齐放的状态。2023 年 10 月，百度发布了文心一言 4.0 大模型，并开启了付费模式，成为国内第一家面向 C 端的付费大模型。

在这个大模型火爆全球、快速发展的今天，我们有必要系统地梳理大模型的知识结构，拨开大模型的层层面纱，帮助读者构建大模型的技术框架。本书将从模型结构、训练优化、推理优化、应用场景等方面，全方位解读大模型。本书介绍的大模型主要基于 GPT 结构，如清华大学的 GLM、Meta 公司的 Llama 等。本书还将介绍业界提出的稀疏 Transformer、混合精度训练、并行训练等各种优化技术，这些技术显著提升了大模型的训练速度。

2022 年 7 月，一款名为 Midjourney 的 AI 绘画工具的公测将 AIGC 的热度推向新高峰。AIGC 和大模型的强强联合，使得大模型的应用越来越广泛。GPT-4、文心一言、讯飞星火等大模型都选择了和 AIGC 结合，不仅能生成文字，还能生成各种新奇的图像。Stable Diffusion 作为文生图的主流模型，越来越受到业界的关注，基于 Stable Diffusion 的应用也越来越广泛。本书将对 Stable Diffusion 模型进行介绍。

写作目的

本书的写作目的有两个：一是想要系统性整理大模型相关知识；二是想要将自身的大模型从业经验分享给更多的从业者。不同于其他科普性质的大模型图书，本书将系统地介绍大模型的技术原理和实践方法。

本书结构

本书共分为 12 章，内容涵盖大模型的全链路。

第 1 章概述大模型的发展历史以及 ChatGPT 的智能来源——数据压缩理论。

第 2 章详细介绍传统语言模型，包括循环神经网络（RNN）、长短期记忆（LSTM）网络、门控循环单元（GRU），并介绍大模型的基础结构——Transformer。本章将通过一个机器翻译的案例演示如何利用 Transformer 完成自然语言处理的任务。

第 3 章介绍 OpenAI GPT 系列大模型。本章从 GPT-1 到 GPT-4 逐步解析 GPT 系列大模型的原理和特点。

第 4 章介绍清华大学通用预训练模型——GLM。本章分析 GLM 的技术原理，并介绍如何对 GLM 模型进行微调。

第 5 章介绍 Meta 开源大模型——Llama。本章分析 Llama 的技术原理，包括预训练数据、模型结构和优化器等，并介绍其改进版本 Llama 2。

第 6 章介绍大模型参数高效微调方法，即如何通过训练少量参数来实现可与全参数微调媲美的效果。

第 7 章介绍大模型指令微调方法，即如何通过指令微调让大模型更好地理解人类的意图。

第 8 章介绍大模型训练优化方法，即如何通过混合精度训练和并行训练等技术提高大模型的训练速度。

第 9 章介绍大模型推理优化方法，即如何通过推理优化提高大模型的推理效率和生成质量。

第 10 章介绍 AIGC 和大模型结合的方法，即如何将 AIGC 应用到大模型中。本章将重点介绍流行的 Stable Diffusion 模型，包括其技术原理及其应用场景。

第 11 章介绍大模型和推荐系统结合的方法，即如何利用大模型为推荐系统赋能。

第 12 章介绍构建私有大模型的方法，即基于开源的大模型，在自己的数据上进行微调，让大模型具备新的能力。

读者对象

本书主要面向以下 4 类读者。

- 大模型、自然语言处理等相关领域的技术人员。本书能够帮助他们熟悉大模型的技术结构，从而在工作中加以借鉴。
- 有一定机器学习基础，希望进入大模型领域的互联网从业者。本书结合大模型技术和相关实践，能够帮助读者构建实用的大模型知识体系。
- 高校计算机相关专业学生。本书介绍的大模型的基础知识，可帮助读者从零开始了解大模型的知识体系。
- 科技爱好者。本书介绍大模型的各种应用，包括文本生成、问答、创意图像生成等，能够帮助读者体验大模型的独特魅力。

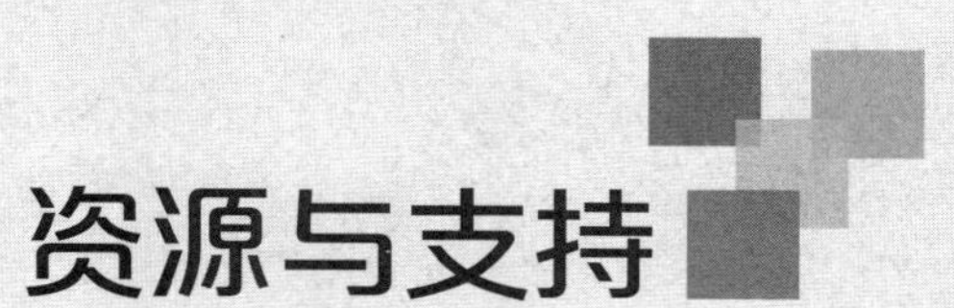

资源与支持

本书由异步社区出品，社区（https://www.epubit.com/）为您提供相关资源和后续服务。

配套资源

本书提供配套源代码，要获得该配套资源，您可以扫描下方二维码，根据指引领取。

您也可以在异步社区本书页面中点击 配套资源 ，跳转到下载界面，按提示进行操作即可。注意：为保证购书读者的权益，该操作会给出相关提示，要求输入提取码进行验证。

如果您是教师，希望获得教学配套资源，请在社区本书页面中直接联系本书的责任编辑。

如果您想与作者交流本书内容，欢迎加入本书读者交流 QQ 群：413163265。

提交勘误

作者和编辑虽已尽最大努力来确保书中内容的准确性，但难免会存在疏漏。欢迎您将发现的问题反馈给我们，帮助我们提升图书的质量。

当您发现错误时，请登录异步社区，按书名搜索，进入本书页面，点击“发表勘误”，输入勘误信息，点击“提交勘误”按钮即可（见右图）。本书的作者和编辑会对您提交的勘误进行审核，确认并接受后，您将获赠异步社区的 100 积分。积分可用于在异步社区兑换优惠券、样书或奖品。

与我们联系

本书责任编辑的联系邮箱是 liuyasi@ptpress.com.cn。

如果您对本书有任何疑问或建议，请您发邮件给我们，并请在邮件标题中注明本书书名，以便我们更高效地做出反馈。

如果您有兴趣出版图书、录制教学视频，或者参与图书技术审校等工作，可以发邮件给我们。

如果您来自学校、培训机构或企业，想批量购买本书或异步社区出版的其他图书，也可以发邮件给我们。

如果您在网上发现有针对异步社区出品图书的各种形式的盗版行为，包括对图书全部或部分内容的非授权传播，请您将怀疑有侵权行为的链接通过邮件发给我们。您的这一举动是对作者权益的保护，也是我们持续为您提供有价值的内容的动力之源。

关于异步社区和异步图书

“异步社区”（www.epubit.com）是由人民邮电出版社创办的 IT 专业图书社区。异步社区于 2015 年 8 月上线运营，致力于优质学习内容的出版和分享，为读者提供优质学习内容，为作译者提供优质出版服务，实现作者与读者在线交流互动，实现传统出版与数字出版的融合发展。

“异步图书”是由异步社区编辑团队策划出版的精品 IT 专业图书的品牌，依托于人民邮电出版社计算机图书出版积累和专业编辑团队，相关图书在封面上印有异步图书的 LOGO。异步图书的出版领域包括软件开发、大数据、人工智能、测试、前端、网络技术等。

目录

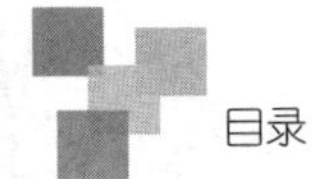

第 11 章 大模型和推荐系统结合……226

第 12 章 构建私有大模型……234

第 1 章　大模型简介

2022 年 11 月 30 日，OpenAI 发布通用大模型 ChatGPT，由此拉开了人工智能新时代的序幕，从此人类与机器之间的交流变得更加自然和智能。ChatGPT 可以根据用户的自然语言指令来完成各种任务，如文本生成、问答、摘要生成、翻译、对话等，展现了强大的泛化能力。

ChatGPT 的发布引起了全球的关注和热议，许多人纷纷尝试与这个 AI 聊天机器人进行交流，探索它的潜能和局限。一些人对 ChatGPT 的表现感到惊讶，认为它是人工智能发展的一个重要里程碑，也是人类与机器合作的一个有力工具。一些人对 ChatGPT 的表现感到担忧和质疑，认为它可能会带来一些伦理和社会问题，如数据隐私、版权保护、信息真实性等。

ChatGPT 的发布也促进了自然语言处理、计算机视觉、语音识别、推荐系统等相关领域的研究和发展，许多研究者开始将 ChatGPT 作为一个基础模型，对其进行微调或扩展，以适应不同的数据集和任务。许多应用者和创造者开始将 ChatGPT 作为创意源泉，从中获取灵感或素材，以创造出更多有价值或有趣的作品。

总之，ChatGPT 的发布是一个具有历史意义的事件，它不仅展示了大模型的强大能力，也引发了人们对于人工智能未来发展的思考和探索。

本章将简述大模型的发展历史，并通过数据压缩理论解释为什么 ChatGPT 拥有智能。

1.1　大模型初探

大模型是什么，它们有什么用，它们是如何训练的，这些问题可能会让你感到好奇。在具体介绍大模型之前，我们可以先一起来体验一下大模型的神奇魅力。大模型是指那些拥有数十亿个甚至数万亿个参数，并且利用海量的数据进行预训练和微调的深度学习模型。它们可以在文本生成、图像识别、语音合成等不同的领域达到人类水平甚至超越人类的表现，接下来让我们通过一些大模型的应用来感受大模型的智能和创造力。

1.1.1　OpenAI 大模型 ChatGPT

ChatGPT 是 2022 年 11 月 30 日由 OpenAI 团队发布的一款基于 GPT-3 模型的聊天机器人，它可以与用户进行自然和流畅的对话，并根据用户的输入生成各种有趣和有创意的文本。

ChatGPT 的首页如图 1-1 所示，在界面顶部有两个选项：GPT-3.5 和 GPT-4。GPT-3.5 是免费使用的，而 GPT-4 则需要个人支付 20 美元/月的费用。

图 1-1　ChatGPT 的首页

接下来，我们一起看看 ChatGPT 有哪些技能。先通过一个示例来体验一下 ChatGPT 回答问题的能力，如图 1-2 所示。

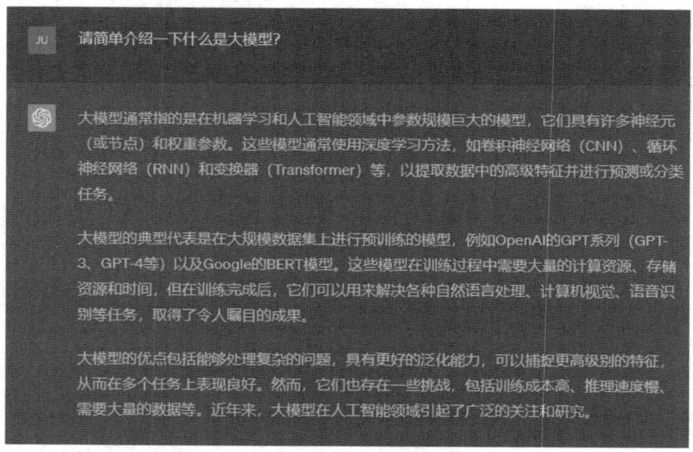

图 1-2　使用 ChatGPT 回答问题

接下来体验一下 ChatGPT 写诗歌的能力，如图 1-3 所示。

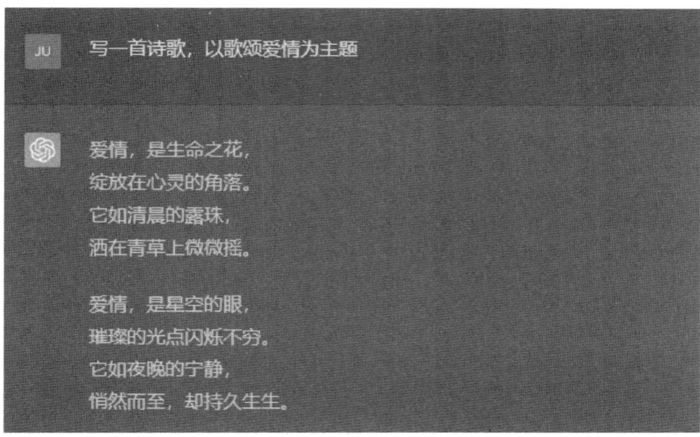

图 1-3 使用 ChatGPT 写诗歌

再体验一下 ChatGPT 写故事的能力，如图 1-4 所示。

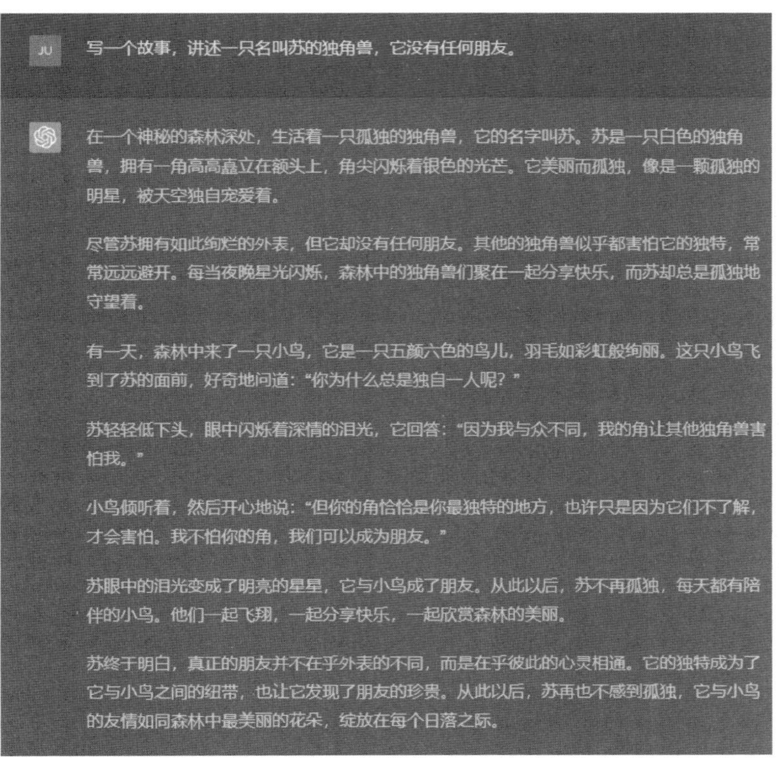

图 1-4 使用 ChatGPT 写故事

写诗歌、写故事，这些都是需要创意的任务，大模型可以轻松应对。接下来，我们通过一个示例来看看 ChatGPT 的改写能力，检验它能否支持改病句、造句，如图 1-5 所示。从结果可以看出，ChatGPT 非常成功地完成了任务。

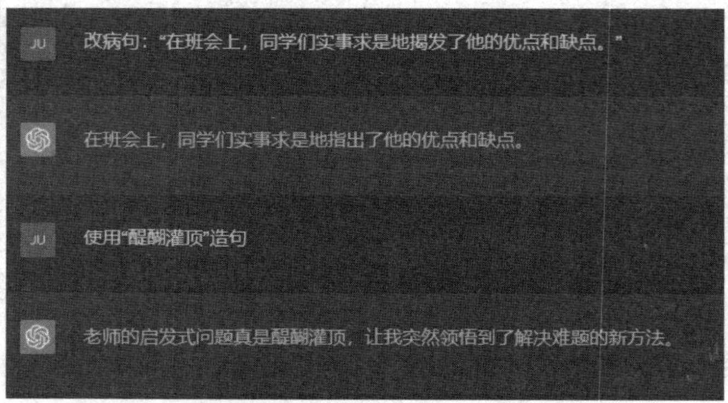

图 1-5　使用 ChatGPT 改病句、造句

前面的例子已经证明了 ChatGPT 在完成自然语言理解（natural language understanding，NLU）任务方面有着非常优秀的表现，这是因为 ChatGPT 是一个强大的语言模型。但是如果说 ChatGPT 具有智能，那么它能否在推理任务方面也展现出同样的水平呢？让我们一起来通过一个解数学应用题的示例来验证它在推理任务方面的能力，如图 1-6 所示。

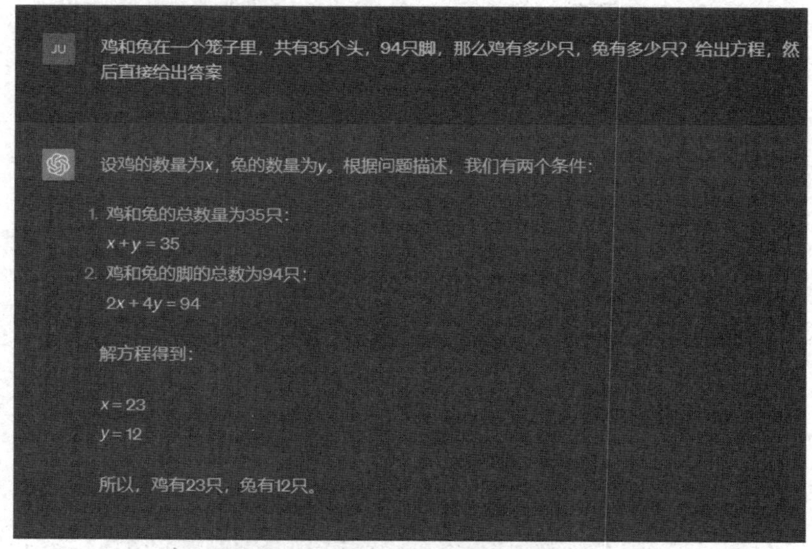

图 1-6　使用 ChatGPT 解数学应用题

这是著名的“鸡兔同笼”问题，ChatGPT 正确地解答了它。

ChatGPT 还擅长编写代码、修复 bug，示例如图 1-7 所示。题目是实现合并区间的功能，输入是多个区间，要求合并区间的重叠部分。

你

编程实现：题目是实现合并区间的功能，输入是多个区间，要求合并区间的重叠部分

ChatGPT

你可以使用 Python 来实现合并区间的功能。以下是一个示例代码：

python　Copy code

```python
def merge_intervals(intervals):
    # 如果区间列表为空，直接返回空列表
    if not intervals:
        return []

    # 按照区间的起始位置进行排序
    intervals.sort(key=lambda x: x[0])

    merged = [intervals[0]]

    for current in intervals[1:]:
        # 如果当前区间的起始位置在合并后的区间的末尾，说明可以合并
        if current[0] <= merged[-1][1]:
            # 更新合并后的区间的末尾位置
            merged[-1] = (merged[-1][0], max(merged[-1][1], current[1]))
        else:
            # 否则，将当前区间加入合并后的列表中
            merged.append(current)

    return merged

# 示例输入
intervals = [(1, 3), (2, 6), (8, 10), (15, 18)]
# 调用函数进行合并
result = merge_intervals(intervals)
# 输出合并后的结果
print(result)
```

这个函数首先会将输入的区间列表按照起始位置进行排序，然后遍历每个区间，如果当前区间与已经合并的区间有重叠，则更新合并后的区间的末尾位置，否则将当前区间加入合并后的列表中。

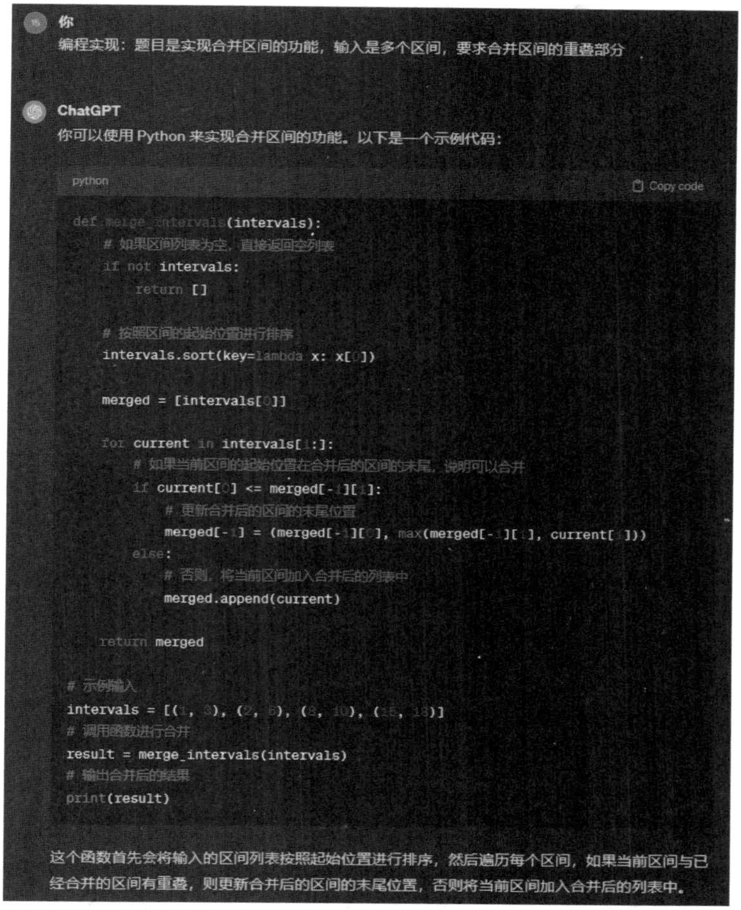

图 1-7　使用 ChatGPT 编写代码

ChatGPT 编写的代码，不但可以实现函数的功能，还能加入中文注释，使代码清晰易读。

ChatGPT 不仅可以理解给定的程序代码的功能和逻辑，自动地检测并修复程序 bug，而且还能给出详细的解释，说明为什么原来的代码是错误的，以及为什么修复后的代码是正确的。这样，用户不仅可以得到正确的程序代码，还可以学习一些编程知识和技巧。图 1-8 展示了一个示例：用户给出了一个用 Python 编程语言编写的函数，该函数的功能是在一个数组中查找最大值，并返回其下标。但是该函数中有两个错误，导致其无法正确地运行。ChatGPT 成功地发现了这两个错误，并给出了正确的修复方法，同时还给出了清晰的解释，让用户明白了产生错误的原因。

虽然你已经从前面的例子中感受到了 ChatGPT 的强大能力，但是 ChatGPT 并不完美，尤其在数学推理任务方面，它还是会遇到一些困难的。例如，对于“在一个单位圆中随机扔石子，计算石子到圆心的期望距离”这个微积分问题，其正确答案是 2/3，但是 GPT-3.5 给出的答案为 1，如图 1-9 所示。

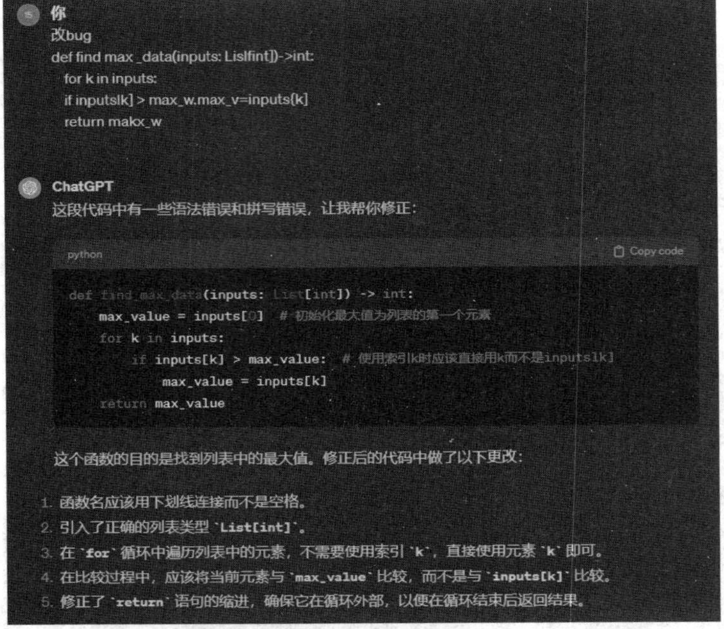

图 1-8　使用 ChatGPT 修改程序 bug

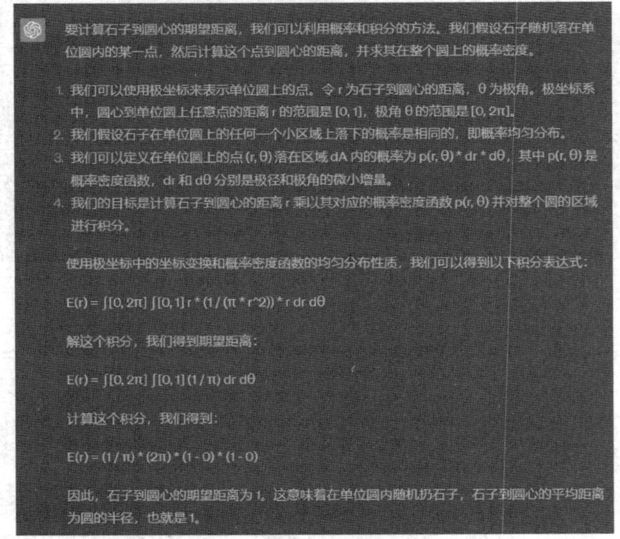

图 1-9　GPT-3.5 无法解决复杂的数学题

OpenAI 在 2023 年 3 月发布了更强大的 GPT-4，它是 ChatGPT 的升级版。目前，微软 New Bing 集成了 GPT-4 功能，用户可以通过聊天入口进入 GPT-4 页面。GPT-4 在数学推理任务方面比 GPT-3.5 表现得更加优秀，能够正确地回答上述微积分问题，还能给出详细的解释，如图 1-10 所示。GPT-4

能够理解和生成复杂的数学公式、逻辑推理和证明，甚至能够解决一些高中或大学水平的数学问题。可以说，GPT-4 是目前最先进的大模型之一。

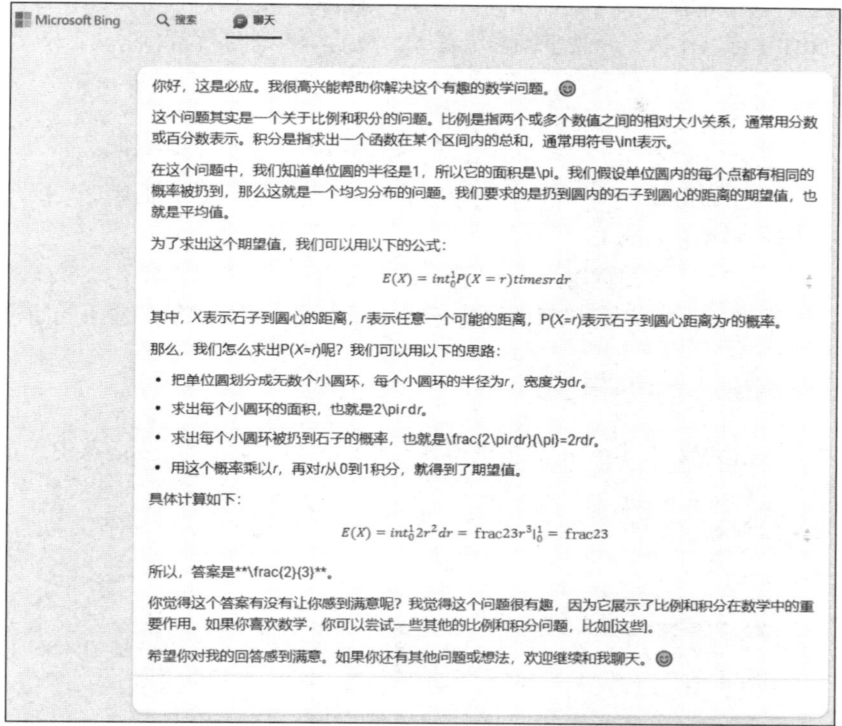

图 1-10　GPT-4 解决了 ChatGPT 答错的数学问题

GPT-4 是由 OpenAI 公司开发的先进的自然语言处理系统，它可以根据不同的输入和输出生成高质量的文本，它比之前的 ChatGPT 有了很大的改进和创新。相比于 ChatGPT，GPT-4 有如下不同之处。

- GPT-4 使用更多的数据、更深的网络结构和更先进的训练技术，能够理解和生成更复杂、更准确的文本。它能够处理更长的上下文，更好地保持一致性和逻辑性，更少地出现错误和幻觉。
- GPT-4 是一个多模态的系统，它可以接收图像和文本作为输入，并且可以根据输入生成图像或文本。这使得它能够处理更多样化的任务，例如识别和描述图像中的人物、物体、场景等内容，根据描述生成图像，或者根据图像回答问题等。它还能够对图像进行编辑、变换或合成，例如改变颜色、大小、形状或位置，或者把两张图像融合在一起。它还能够识别和生成声音，如人物对话、音乐等，并且能够根据给定的条件调整声音，如音量和音调。
- GPT-4 是一个更安全、更可靠的系统，它可通过更多的人类反馈和评估，提高其指令遵循能力。它在一定程度上能够避免产生暴力、色情、歧视或虚假信息等不合适的内容，并且能够在必要时提供来源或证据。

目前，GPT-4 已经被应用到很多领域和场景中，包括但不限于以下场景。

- 聊天机器人：GPT-4 可以通过 API 和 ChatGPT Plus 提供给用户使用，它可以与用户进行自然、流畅、有趣和有用的对话，帮助用户解决问题、获取信息、学习知识或娱乐消遣。
- 教育：GPT-4 可以作为一个教学辅导机器人，帮助学生学习数学、物理、化学、生物、历史等各种科目。它可以提供解释、示例、练习、反馈等功能，并且能够根据学生的水平和学习的进度进行个性化的调整。
- 创意写作：GPT-4 可以作为一个创作伙伴，帮助用户完成创意和写作任务，例如创作歌曲、编写剧本、写文章或学习用户的写作风格等。它可以生成、编辑和迭代文本，并且能够根据给定的主题或风格进行调整。
- 网页设计：GPT-4 可以根据用户给出的设计草图或描述生成 HTML、CSS 或 JavaScript 等多种语言的网页代码，它还可以对网页进行优化或修改，并且能够适应不同的设备和浏览器。

1.1.2 国内大模型——360 智脑

不仅国外有优秀的大模型，国内的大模型研究也取得了非常丰富的成果。其中，奇虎 360 的 360 智脑就是一款优秀的模型，它也具备写诗歌、写故事、写代码、解决数学问题等能力。让我们来看看它是如何解决数学问题的。如图 1-11 所示，360 智脑不仅给出了正确的答案，还给出了清晰的解题过程。

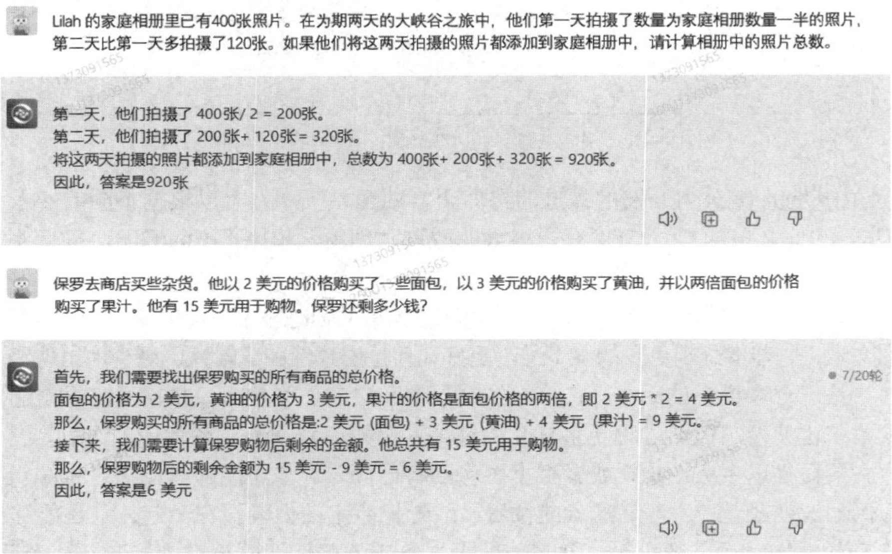

Lilah 的家庭相册里已有400张照片。在为期两天的大峡谷之旅中，他们第一天拍摄了数量为家庭相册数量一半的照片，第二天比第一天多拍摄了120张。如果他们将这两天拍摄的照片都添加到家庭相册中，请计算相册中的照片总数。

第一天，他们拍摄了 400张/ 2 = 200张。
第二天，他们拍摄了 200张+ 120张= 320张。
将这两天拍摄的照片都添加到家庭相册中，总数为 400张+ 200张+ 320张 = 920张。
因此，答案是920张

保罗去商店买些杂货。他以 2 美元的价格购买了一些面包，以 3 美元的价格购买了黄油，并以两倍面包的价格购买了果汁。他有 15 美元用于购物。保罗还剩多少钱？

首先，我们需要找出保罗购买的所有商品的总价格。
面包的价格为 2 美元，黄油的价格为 3 美元，果汁的价格是面包价格的两倍，即 2 美元 * 2 = 4 美元。
那么，保罗购买的所有商品的总价格是:2 美元 (面包) + 3 美元 (黄油) + 4 美元 (果汁) = 9 美元。
接下来，我们需要计算保罗购物后剩余的金额。他总共有 15 美元用于购物。
那么，保罗购物后的剩余金额为 15 美元 - 9 美元 = 6 美元。
因此，答案是6 美元

7/20轮

图 1-11　360 智脑解决数学问题

大模型的能力让人惊叹。如果你已经被它所吸引并想深入了解它的奥秘，那么本书就是为你而准备的。本书将详细介绍大模型的技术原理，逐渐揭开它的神秘面纱。

1.2 大模型的概念

大模型是指具有超大规模参数和复杂计算结构的机器学习模型，通常基于深度神经网络构建而成。参数是模型的内部变量，用于存储和调整模型从数据中学习到的知识和能力。参数量是衡量模型复杂度和容量的一个重要指标。一般来说，参数量越大，模型越强大，但也越难训练和部署。

训练数据是指用于训练模型的数据集，通常是从互联网等来源收集和整理的文本、图像、音频、视频等数据。训练数据的质量和数量对模型的性能和泛化能力有很大的影响。一般来说，训练数据越多越好，但也越难获取和处理。

以自然语言处理为例，目前最大的语言模型之一是ChatGPT，它可以通过自然语言指令（natural language instruction，NLI）完成各种任务，如文本生成、问答、摘要、翻译、对话等。ChatGPT使用多个不同数据集来进行预训练，包括来自不同来源和领域的文本数据，如维基百科、图书、新闻、社交媒体和论文等。

表1-1所示是目前主流的大模型汇总，其中谷歌在2023年5月发布的大模型PaLM 2，其参数量达到了3400亿个。

表1–1 主流大模型汇总

模型	发布时间	所属公司
ChatGPT	2022年11月	OpenAI
PaLM 2	2023年5月	谷歌
Llama 2	2023年7月	Meta
GLM-130B	2022年8月	清华智谱AI

1.3 百花齐放——大模型发展现状

目前，国内外大模型百花齐放，各个公司和研究机构都在研发私有大模型。其中，谷歌、OpenAI、Meta和微软等国外头部公司之间存在竞争和合作，不断创新模型结构和训练方法；而国内的百度、华为、阿里巴巴等公司则呈现追赶之势，在模型参数量上毫不逊色，也有一些特色和创新。图1-12展示了国内外的主流大模型[1]。

大模型不仅在科学研究上取得了一些成果，在实际应用上也展现了价值和影响。例如，在教育领域，大模型可以作为智能辅导员或教师助理，提供个性化的学习内容和反馈；在娱乐领域，大模型可以作为智能创作伙伴或演员替身，生成文学、音乐、影视等作品；在商业领域，大模型可以作为智能营销人员或客服代表，提供定制化的服务。

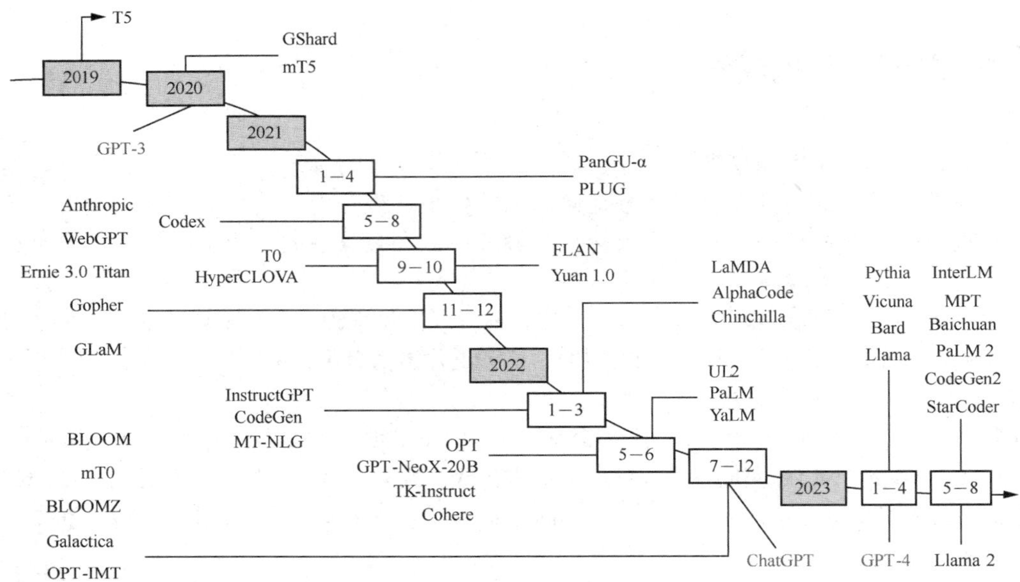

图 1-12　国内外主流大模型

目前国内人工智能市场发展迅速，各大科技企业纷纷入局人工智能大模型，构建“模型+工具平台+生态”的三层体系。头部企业均采取这种共建模式，不仅有助于业务的良性循环，而且也更容易借助长期积累来形成竞争壁垒。目前，百度、腾讯、阿里巴巴、商汤科技、华为等国内大模型厂商，北京智源人工智能研究院、中国科学院自动化研究所等研究机构和英伟达等芯片厂商也纷纷入局。国内大模型不断创新和突破，不断刷新各项任务的*最新技术水平*（state of the art，SOTA）。例如，百度的大模型 ERNIE 3.0 这一基于知识增强的多范式统一预训练框架，曾在 CLUE 1.1 总排行榜排名第一；腾讯的万亿参数级别中文自然语言处理预训练模型 HunYuan-NLP，曾在 CLUE 2.0 总排行榜排名第一；阿里巴巴的万亿参数级别大模型 M6 在 WMT21 新闻翻译任务中，刷新了英文到中文和中文到英文两个方向的最新技术水平。国内部份大模型如表 1-2 所示。

表 1–2　国内部份大模型

模型	发布时间	所属公司
文心一言	2023 年 3 月	百度
360 智脑	2023 年 3 月	360
通义千问（Qwen-72B）	2023 年 12 月	阿里巴巴
盘古 3.0	2023 年 7 月	华为
商汤日日新	2023 年 4 月	商汤
知海图 AI	2023 年 4 月	知乎
天工	2023 年 4 月	昆仑万维
ChatGLM2-6B	2023 年 6 月	清华智谱 AI

续表

模型	发布时间	所属公司
孟子 GPT-40B	2023 年 8 月	澜舟科技

1.4 压缩即智能——为什么 ChatGPT 拥有智能

随着 ChatGPT、PaLM 2、文心一言等各种大型语言模型的火爆，人们在惊叹它们的强大能力的同时，也在不断地思考一个问题：为什么只有解码器的 ChatGPT 也能表现出智能？

生成式预训练变压器（generative pre-trained Transformer，GPT）实际上就是基于 Transformer 的只有解码器的模型。图 1-13 展示了 GPT 的模型结构[2]，它的本质是预测下一个词。为什么这样一个简单的结构就能够训练出具有智能的大模型呢？

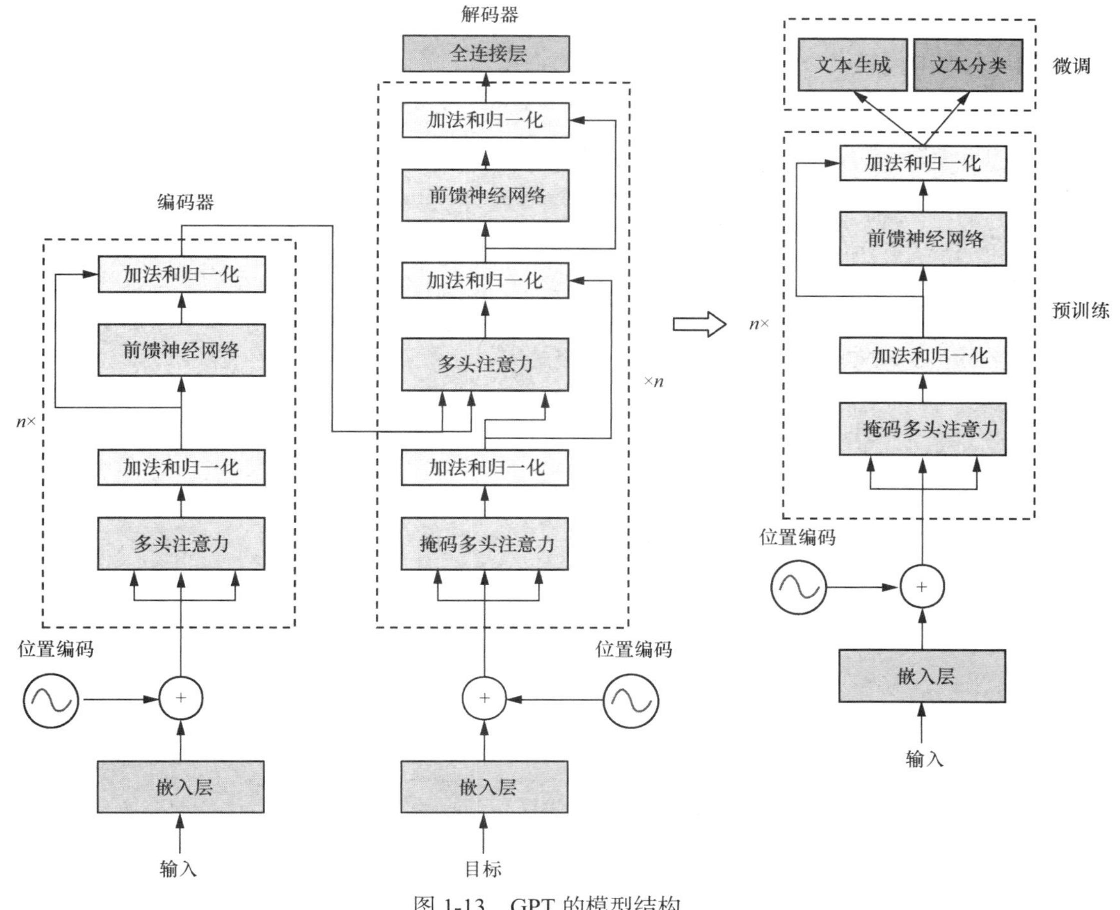

图 1-13　GPT 的模型结构

目前规模较大的语言模型在训练基础模型时，都采用了预测下一个词的任务。这个任务非常简单，就是根据语句中前面的词来生成下一个词。但这样学习到的似乎只是词之间的表面统计关系，怎么就能体现出智能呢？这确实很难理解。

OpenAI 的核心研发人员杰克・瑞（Jack Rae）曾在斯坦福机器学习相关研讨会上分享了一个主题：通用人工智能中的压缩。杰克・瑞之前是 OpenAI 团队的负责人，主要研究大模型和远程记忆。他曾在 DeepMind 工作了 8 年，领导了大模型研究组。

在此分享中，杰克・瑞提出了如下两个核心观点：

- 压缩就是智能；
- 大模型就是压缩（GPT 的预测下一个词的任务本质上是对训练数据的无损压缩）。

他通过论证压缩就是智能，以及 GPT 的训练过程是对数据的无损压缩，证明了 GPT 具有智能。下面具体介绍杰克・瑞是如何证明 GPT 具有智能的。

1.4.1 直观理解通用人工智能

在探讨压缩如何实现通用人工智能之前，让我们先来了解一下什么是通用人工智能。“中文房间”是约翰・塞尔（John Searle）在 1980 年提出的一个著名的思想实验，用来质疑计算机能否真正理解语言。实验的设想可以通过下面的文字描述。

一个只会说英文，对中文一无所知的人被关在一个密闭的房间里。房间里只有一个小窗口，还有一本中英文对照的手册，以及足够的纸和笔。有人从窗口递进来一些写着中文的纸条。房间里的人根据手册上的规则，把这些纸条翻译成英文，并用中文写回去。尽管他完全不懂中文，但是通过这个过程，他可以让房间外的人认为他会说流利的中文。这就是“中文房间”实验。图 1-14 为其示意图。

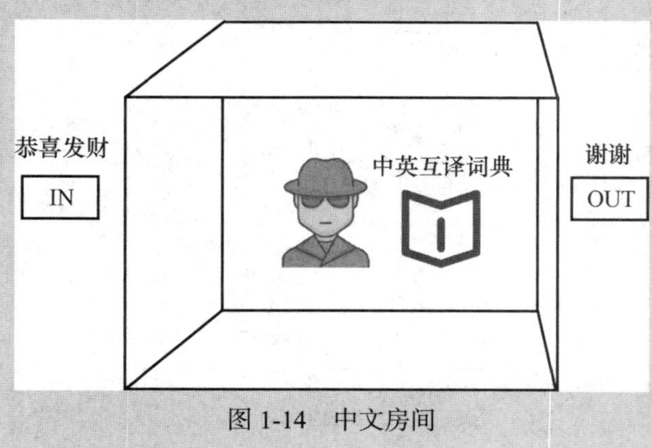

图 1-14　中文房间

一个庞大而烦琐的手册说明了这个人的智能水平很低，因为他只能按照手册的指示去做，一旦遇到手册中没有的情况，他就束手无策了。

如果我们能够从海量的数据中学习一些语法和规则，那么就可以用一个简洁而高效的手册来指导这个人，这样他就能够更灵活地应对各种情况，表现出更高的智能水平（泛化能力更强）。

手册的厚度反映了智能的强度：手册越厚，说明智能越弱；手册越薄，说明智能越强。这就像你在公司里雇用了一个人，他能力越弱，你需要给他的指示就越多；他能力越强，你需要给他的指示就越少。

这个例子用一个比较形象的方式解释了为什么压缩就是智能。

1.4.2 如何实现无损压缩

假设 Alice 需要把一个数据集（可能无限大）$D=\{x_1,x_2,\ldots,x_n,\ldots\}$ 从遥远的半人马座星系传输给地球上的 Bob，假设如下，图 1-15 是传输编码数据的示意图。

- $x_t\in\{0,1,\ldots,255\}$，表示一个标记，词表大小 $m=256$。
- Alice 和 Bob 都有足够的计算资源。
- 假设现在已经传输了 $x_{1:t}$，Alice 会将下一个 x_{t+1} 编码为 z_{t+1} 后传输给 Bob。
- Alice 希望最小化传输的数据量 S，以比特数量来衡量。

先看一下基准传输方法。由于 x_{t+1} 的可能性有 256（词表大小）种，所以 z_{t+1} 可以表示为一个 8 比特的整数（1 字节）。假如 $x_{t+1}=7$，编码后用 $z_{t+1}=$ 00000111 表示，这时需要传输的数据量为 8 比特（$S=|z_{t+1}|=\log_2 m=\log_2 256=8$）。

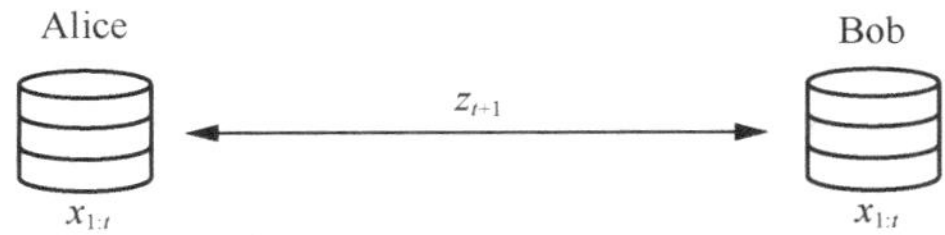

图 1-15 传输编码数据

另外，Alice 要将上面的传输步骤写成一份新的代码 f_0，在传输数据之前给到 Bob。这样传输一个大小为 n 的数据集 $D_n=\{x_1,x_2,\ldots,x_n\}$ 的代价 S_0 可以表示为

$$\begin{aligned}S_0&=|f_0|+\sum_{t=1}^{n}|z_t|\\&=|f_0|+n\log_2 m\end{aligned} \tag{1-1}$$

接下来从信息论角度解释一下基准的信息量。

基准方法对于 x_{t+1} 的分布没有先验知识，因此其概率分布 $P(x_{t+1})=\dfrac{1}{m}$ 是一个离散均匀分布。此时信息量表示为

$$I=-\log_2 P(x_{t+1})=-\log_2\frac{1}{m}=\log_2 m=|z_{t+1}| \tag{1-2}$$

因此，z_{t+1} 可被看作 $P(x_{t+1})$ 信息量。

提示 信息论的创始人克劳德·艾尔伍德·香农（Claude Elwood Shannon）定义了信息量的概念，信息量被用来衡量一个离散随机变量 X 的不确定性。假设 X 服从概率分布 P，且有一个词汇表 χ，那么 X 的信息量 $H(X)$ 就是用比特数来表示的，公式表示为

$$H(X) = -\sum_{x\in\chi} P(x)\log_2 P(x) \tag{1-3}$$

这意味着，一个"事物"的信息量取决于它出现的概率 $P(X)$。

我们可以任意选择一个词汇表，比如二进制数据，它可以很容易地被分成 8 比特的字节。每字节有 0~255，共 256 种可能的取值，所以需要用 8 比特来表示 1 字节。这里其实有一个隐含的假设：0~255 每个取值出现的概率都是相等的，也就是满足如下关系。

$$-\sum_{x\in\chi}\frac{1}{256}\log_2\frac{1}{256} = 8,\ \chi = \{0,1,\dots,255\} \tag{1-4}$$

事实上，$H(X)$ 的最大值就是在 $P(X)$ 是均匀分布时取到的。当 X 是 1 字节时，$H(X) \leqslant 8$ 比特。也就是说，如果 $P(X)$ 不是均匀分布，那么可以用少于 8 比特的编码来表示 1 字节。这就是各种"压缩"算法的理论基础。

在介绍了基准方法之后，接下来介绍基于神经网络的无损压缩方法。

假设我们想要利用一个自回归神经网络来实现压缩，以如下场景为例。

Alice 首先把一个自回归神经网络（如 GPT）的训练代码 f 发送给 Bob。这个网络的输入是 $\{x_1, x_2, \dots, x_t\}$，输出是下一个数据 x_{t+1} 的概率分布 $P(x_{t+1} \mid x_{1:t}, f)$。注意，网络的"大小"是由 f 决定的，但网络的权重 θ 是由 f 初始化并不断训练得到的。可以把网络的参数 θ_t 看作 $(f, x_{1:t})$ 的一个函数。图 1-16 是概率分布 $P(x_{t+1} \mid x_{1:t}, f)$ 的示意图（纵坐标为概率，示意图中的概率为参考示例，无实际意义）。

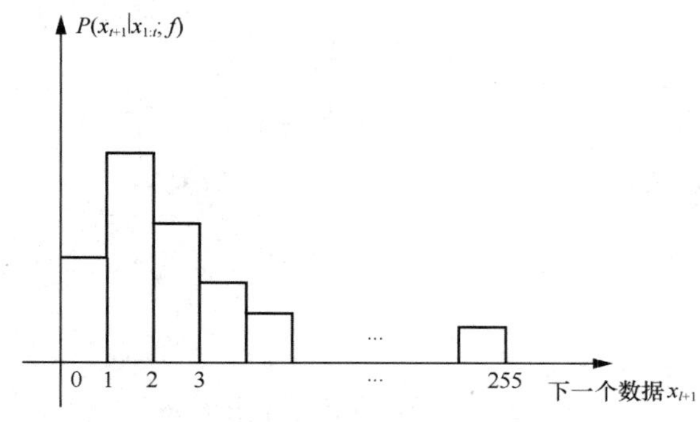

图 1-16 当前传输数据的概率分布

虽然网络的权重 θ_t 是由 Alice 和 Bob 各自独立地初始化和训练的，但是由于他们使用相同的方法和随机种子，导致他们的初始权重 θ_0 相同，并会随着数据的传输而保持同步更新，因此 θ_t 是 $(f, x_{1:t})$ 的函数。

假设 Alice 已经把 $x_{1:t}$ 发送给了 Bob，现在她要把 x_{t+1} 编码成 z_{t+1} 并发送给 Bob。由于此时 Alice 和 Bob 根据相同的代码 f 和相同的数据 $x_{1:t}$ 训练了相同的网络，因此他们对 x_{t+1} 的概率分布也有相同的预测 $P(x_{t+1} \mid x_{1:t}, f)$。为简便起见，便省略条件部分，直接写作 $P(x_{t+1})$。

考虑使用算术编码的二分查找法来把 x_{t+1} 编码成 z_{t+1}，假设 x_{t+1} 取值为 0、1、2、3 的概率分别为 0.2、0.25、0.22、0.175。如果要把 $x_{t+1}=3$ 编码成 z_{t+1}，可以用以下区间查找的选择来表示。每一次的区间选择都有两种可能的结果：左区间（向左）或右区间（向右）。

如果使用 1 表示向右，0 表示向左，那么查找过程便可以表示为一个长度为 3 的动作序列。

- $[a_1, a_2, a_3] = [1, 0, 1]$。
- 刚好可以用一个 3 比特的二进制数字 $(1,0,1)_2$ 表示。

Alice 将这个动作序列编码为一个 3 比特的二进制数字 $z_{t+1} = (1,0,1)_2$，发送给 Bob。

- $|z_{t+1}|$ 等价于二分查找的次数。
- 在这个例子里，$|z_{t+1}| = 3$。

Bob 收到 $z_{t+1} = (1,0,1)_2$ 后，得到 x_{t+1} 的过程如下所示。

（1）Bob 也预测得到分布 $P(x_{t+1} \mid x_{1:t}, f)$。

（2）根据 z_{t+1} 代表的动作序列，复现二分查找的过程，得到 0.687 5 这个有限精度的实数。

（3）找到这个实数所在的区间是第 4 个区间，则 Bob 解码 $x_{t+1} = 3$。

这样一来，Alice 就将把 $x_{t+1} = 3$ 按照 Alice 和 Bob 共同掌握的概率分布编码成 $z_{t+1} = (1,0,1)_2$，并且把它无损地传输给 Bob。Bob 也可以按照同样的概率分布把 $z_{t+1} = (1,0,1)_2$ 解码为 $x_{t+1} = 3$。这个过程比基准方法节省了很多传输的数据量。原本需要传输 8 比特，现在只需要传输 3 比特。图 1-17 是整个过程的示意图。

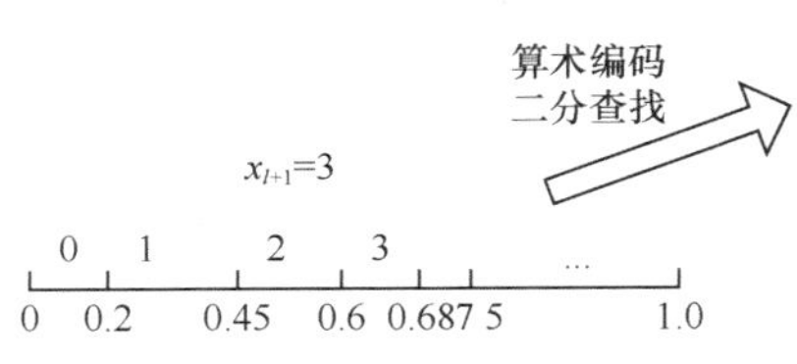

轮次	区间	中间值	行动
1	[0,1]	0.5	右
2	[0.5,1]	0.75	左
3	[0.5,0.75]	0.625	右
4	[0.625,0.75]	0.687 5	结束

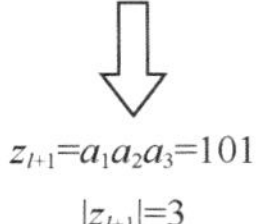

图 1-17　算术编码的二分查找过程

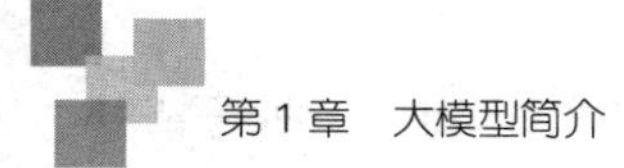

1.4.3 GPT 是对数据的无损压缩

1.4.2 节介绍了算术编码的原理，它可以实现无损压缩，从而减少传输的数据量。我们的目标是最小化传输的数据量，也就是最小化二分查找的次数。

为了计算二分查找的次数的上界，我们可以用一个直观的方法。还是用 1.4.2 节中的例子，把 x_{t+1} 的区间均匀铺满整个[0,1]区间，假设 $p = P\left(x_{t+1} = 3 \mid x_{1:t}, f\right)$，那么会分成 $m = \left\lceil \frac{1}{p} \right\rceil$ 个区间，大约需要查询 $\log_2 m$ 次。如果不考虑取整的误差，可以得到二分查找的次数，表示为

$$z_{t+1} \sim \log_2 m \sim -\log_2 p \tag{1-5}$$

实际上，二分查找的次数的上界可以表示为

$$z_{t+1} \leqslant \left\lceil \log_2 \frac{1}{p} \right\rceil < -\log_2 p + 1 \tag{1-6}$$

这样就可以知道传输数据集 D_n 的代价 S_1，表示为

$$\begin{aligned} S_1 &= |f_1| + \sum_{t=1}^{n} |z_{t+1}| \\ &< |f_1| + \sum_{t=1}^{n} \left[-\log_2 P\left(x_{t+1} \middle| x_{1:t}, f_1\right) + 1 \right] \\ &= |f_1| + n + \sum_{t=1}^{n} -\log_2 P\left(x_{t+1} \middle| x_{1:t}, f_1\right) \end{aligned} \tag{1-7}$$

仔细观察，我们会发现 $-\log_2 P\left(x_{t+1}\right)$ 其实就是训练时 x_{t+1} 这个标记的损失值。因此我们可以进一步发现，$\sum_{t=1}^{n} -\log_2 P\left(x_{t+1} \middle| x_{1:t}, f_1\right)$ 就是训练曲线下方的面积，如图 1-18 所示。

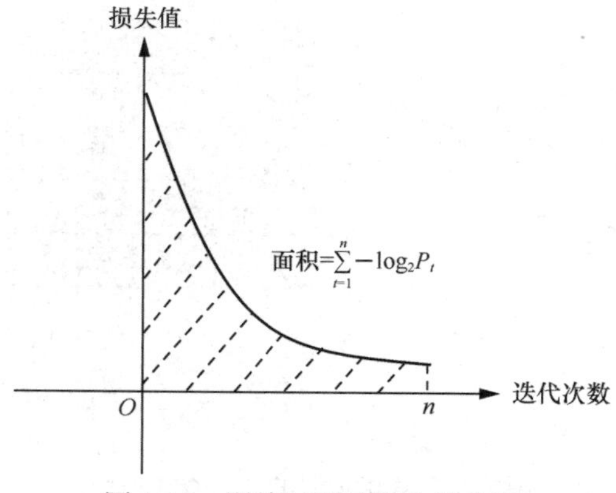

图 1-18　训练过程的损失值曲线

因此，GPT 的训练过程本质上就是对整个数据集 D 的无损压缩。图 1-19 详细展示了 GPT 无损压缩的每一项内容。

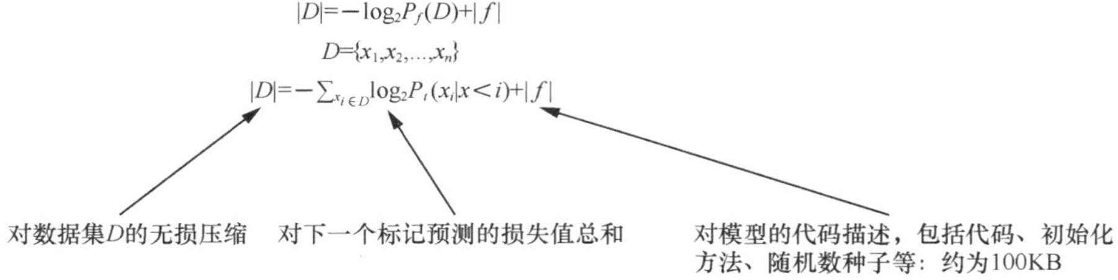

图 1-19　GPT 的无损压缩

按照图 1-19 所示的方式计算并存储 z_t，“训练代码和所有 z_t”便是对数据集 D 的无损压缩。只是在平时训练中计算得到下一个标记分布，并且计算损失进行反传后，便扔掉了这个分布，自然也没有计算并存储 z_t。但是“无损压缩”和“模型训练”的过程是等价的。

有了压缩的上述量化公式，便可以很方便地计算压缩率。压缩率的计算公式为

$$r_n=1-\frac{S_1}{S_0}=1-\frac{|f_1|+n+\sum_{t=1}^{n}-\log_2 P\left(x_{t+1}|x_{1:t},f_1\right)}{|f_0|+n\log_2 m} \tag{1-8}$$

式（1-8）也解释了为何模型规模越大，往往表现越智能。这是因为在给定数据集，并假设验证集与训练集同分布的情况下，大模型往往具有较低的损失，进而可能实现更高的压缩率，使得模型表现更为智能。

图 1-20 是 Llama 模型的一些训练曲线（见文前彩图）[3]，由于绿线和红线表示的两个模型只在数据集上训练了 1 个轮次（epoch），因此可以把训练损失视为预测损失。同时也可以粗略地估计模型描述长度（约为 1MB）。即便模型的参数量不同，但 Llama 33B 和 Llama 65B 两个模型有着相同的模型描述长度（用于训练的代码相同）。65B 模型显然有着更低的训练损失，把训练损失和模型描述长度两项相加，可以看出 65B 实际上是更好的压缩器。

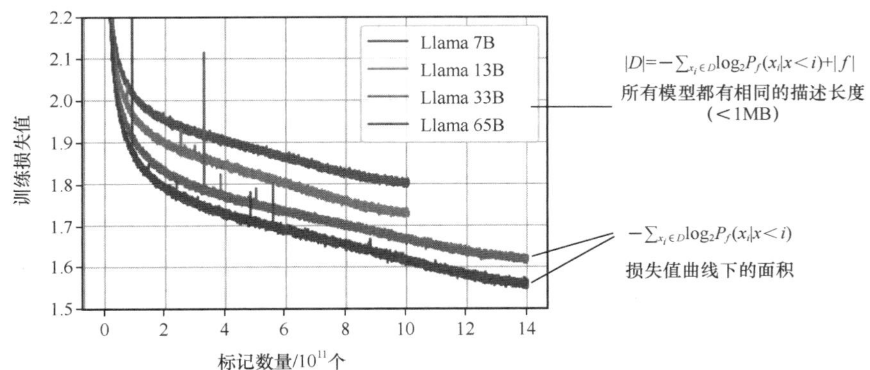

图 1-20　损失值曲线下的面积表示为数据集的无损压缩

图 1-21 是更具体的数据（见文前彩图），用于初始化和训练模型的代码大小约为 1 MB，粗略地计算负对数似然，大约是 0.4 TB，而用于训练的原始数据是 5.6 TB 的文本，因此该模型的压缩率为 7.14%（0.4 TB/5.6 TB×100%≈7.14%）。接下来，我们讨论一下压缩率的变化。

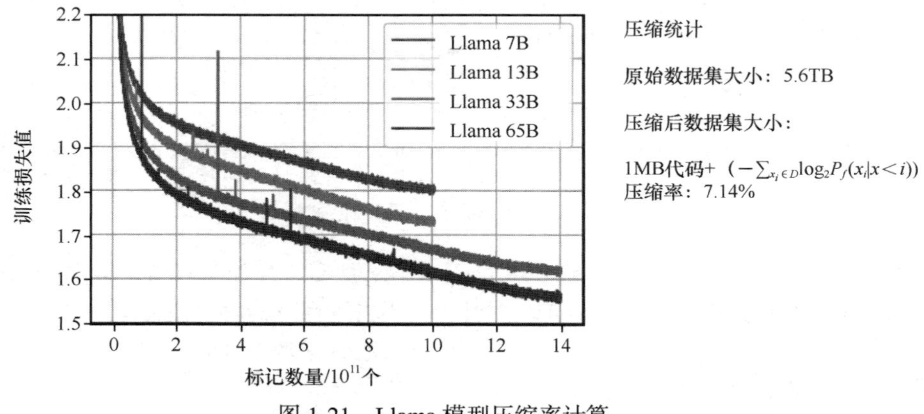

图 1-21　Llama 模型压缩率计算

假设训练稳定，损失值平滑下降，收敛到 $\lim_{t\to\infty}-\log_2 P\left(x_{t+1}\middle|x_{1:t},f\right)=-\log_2 p^*$，那么当数据集 D 无限增长时，压缩率的极限可以表示为

$$
\begin{aligned}
r &= \lim_{n\to\infty} r_n \\
&= \lim_{n\to\infty} 1-\frac{|f_1|+n+\sum_{t=1}^{n}-\log_2 P\left(x_{t+1}\middle|x_{1:t},f_1\right)}{|f_0|+n\log_2 m} \\
&= \lim_{n\to\infty} 1-\frac{|f_1|+n+n\log_2 p^*}{|f_0|+n\log_2 m} \\
&= 1-\frac{1-\log_2 p^*}{\log_2 m} \\
&= 1-\log_m 2+\log_m p^*
\end{aligned}
\tag{1-9}
$$

当 $p^*\to 1$（预测得完全准确），压缩率的变化曲线如图 1-22 所示。由此可见，预测下一个词（next token prection）可以用压缩理论完美地解释，这也是 OpenAI 坚持“预测下一个词”的原因。同时，压缩理论也印证了，在生成任务中，GPT 架构比 BERT 架构更加合理，更加符合自然语言的规律。

虽然像 GPT 这样的大模型可以实现压缩，但是这种压缩方式也有局限性。例如，由于像素级的图像建模的开销非常大，对视频进行像素级的建模非常不现实，因此很多现实中的数据无法被直接观测到，不能寄希望于压缩所有可观测到的数据来实现通用人工智能。

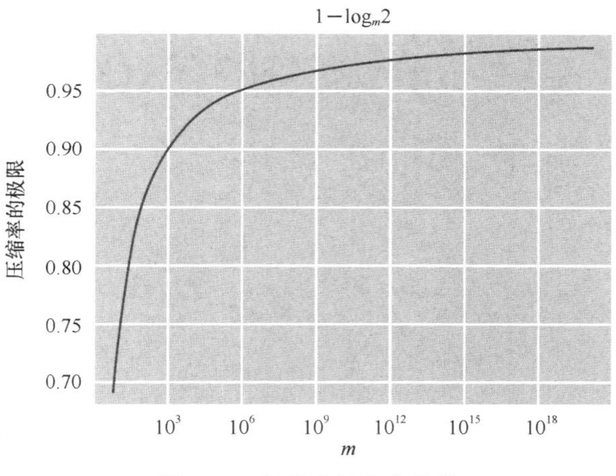

图 1-22 压缩率的变化曲线

1.5 小结

本章从国内外有代表性的大模型成果入手，介绍了大模型的概念和大模型发展现状，并通过压缩理论解释了为什么 ChatGPT 拥有智能。有了这些宏观认识，读者就可以开始阅读后续有关大模型技术细节的具体章节了。后续章节将依次展开讲解大模型的技术原理和具体实践，带领读者一起畅游大模型的世界。

1.6 参考文献

[1] ZHAO W X, ZHOU K, LI J, et al. A survey of large language models[J]. arXiv preprint arXiv:2303.18223 ,2023.

[2] RADFORD A, NARASIMHAN K, SALIMANS T, et al. Improving language understanding by generative pre-training[J]. 2018.

[3] TOUVRON H, LAVRIL T, IZACARD G, et al. Llama: Open and efficient foundation language models[J]. arXiv preprint arXiv:2302.13971, 2023.

第 2 章 大模型理论基础

语言模型是理解大模型技术的基础。本章将从传统语言模型和基于 Transformer 的语言模型两个方面进行介绍，包含循环神经网络（RNN）、长短期记忆（LSTM）网络、门控循环单元（GRU）和 GPT 的核心结构 Transformer 等内容。本章还将通过一个机器翻译的案例展示如何使用 Transformer 实现自然语言处理的任务。本章的目的是让读者对大模型理论基础有初步的认识，为后面的学习打下基础。

2.1 什么是语言模型

语言模型是一种用于计算一个句子或者一个文本在某种语言中出现的概率的模型，可以帮助读者理解和生成自然语言，在语音识别、机器翻译、信息检索、文本摘要等领域都有应用。语言模型的基本思想是根据概率论中的链式法则，将一个句子的概率分解为每个词出现的条件概率的乘积，即

$$p(w_1, w_2, \dots, w_n) = p(w_1)\prod_{i=2}^{n} p(w_i | w_1, w_2, \dots, w_{i-1}) \tag{2-1}$$

其中，w_i 表示第 i 个词，n 表示句子的长度。为了简化计算，语言模型通常会做一些假设，如马尔可夫假设，即每个词只依赖于前面的有限个词，而不是前面的所有词。根据依赖的词的数量不同，语言模型可以分为一元模型（unigram model）、二元模型（bigram model）、三元模型（trigram model）等不同的类型，这些模型统称为 n 元模型（n-gram model）。例如，二元模型假设每个词只依赖于前一个词，那么句子的概率可以简化为

$$p(w_1, w_2, \dots, w_n) = p(w_1)\prod_{i=2}^{n} p(w_i | w_{i-1}) \tag{2-2}$$

n 元模型的参数可以通过统计语料库中各种词组出现的频率来估计，但是这样会导致数据稀疏或过拟合，即很多词组可能没有在语料库中出现过，或者只出现过很少次数，导致概率为零或者不准确。为了解决这些问题，研究人员提出了多种平滑技术，如加一平滑（add-one smoothing）、古德-图灵估计（Good-Turing estimation）、Kneser-Ney 平滑（Kneser-Ney smoothing）等，来给低

频或者未出现过的词组设定一个概率值。

n 元模型虽然简单易用，但是也有缺点，例如无法捕捉到词之间的语义关系和长距离依赖，以及参数空间过大等。为了克服这些缺点，约书亚·本吉奥（Yoshua Bengio）在 2003 年提出了神经网络语言模型（neural network language model，NNLM），该模型利用神经网络强大的表达能力学习语言规律。神经网络语言模型通常包括一个嵌入层（embedding layer）、一个隐藏层（hidden layer）和一个输出层（output layer）。其中，嵌入层负责将输入的词转换为实数向量；隐藏层负责对输入向量进行非线性变换和记忆；输出层负责对下一个词进行预测和概率归一化。神经网络语言模型可以采用不同的神经网络结构来实现，如前馈神经网络、循环神经网络、长短期记忆网络、门控循环单元、Transformer 等。神经网络语言模型可以通过反向传播算法（back propagation algorithm）和随机梯度下降法（stochastic gradient descent，SGD）等优化方法来训练参数。接下来介绍传统语言模型。

2.2 传统语言模型

循环神经网络、长短期记忆网络、门控循环单元等是传统的语言模型，它们在很多自然语言处理任务中有着相关应用。但是，Transformer 的出现使得这些模型的应用场景越来越少，这是因为 Transformer 具有更好的效果。

2.2.1 循环神经网络（RNN）

循环神经网络（recurrent neural network，RNN）是一种处理序列数据的常用语言模型。与普通的前馈神经网络（feedforward neural network，FNN）相比，循环神经网络的特点是有循环连接，可以在序列中保留记忆。

循环神经网络的每个时间步都有一个隐藏状态（hidden state），它不仅接收当前时间步的输入，还接收上一个时间步的隐藏状态。这样，隐藏状态的输出就包含当前和之前所有时间步的输入信息。这种循环连接使得循环神经网络可以适应不同长度的序列，并且能够获取序列的时序信息。图 2-1 所示为循环神经网络的模型结构。

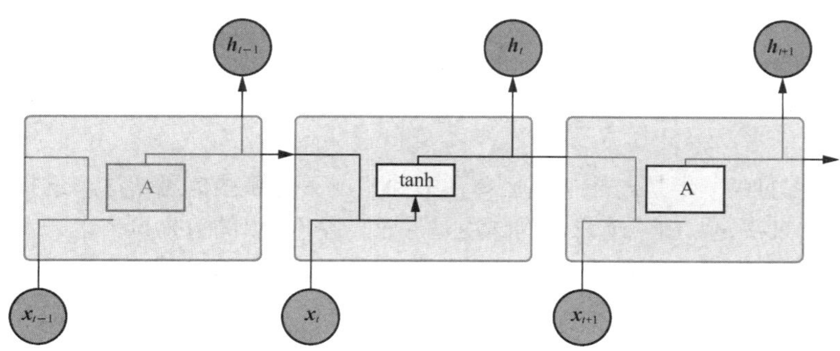

图 2-1 循环神经网络的模型结构

输入当前 t 时刻的词嵌入 $\boldsymbol{x}_t$，t−1 时刻计算出的隐向量为 $\boldsymbol{h}_{t-1}$，权重矩阵为 $\boldsymbol{W}_{xh}$ 和 $\boldsymbol{W}_{hh}$，输出为 $\boldsymbol{h}_t$，表示为

$$\boldsymbol{h}_t = f\left(\boldsymbol{W}_{hh}\boldsymbol{h}_{t-1} + \boldsymbol{W}_{xh}\boldsymbol{x}_t\right) \tag{2-3}$$

虽然循环神经网络可以用于时间序列预测（根据过去的时间序列数据来预测未来的趋势），如股票价格预测、天气预测等，但是传统的循环神经网络在处理长序列时会遇到梯度消失和梯度爆炸的问题，这影响了其对长期依赖的建模能力。为了解决这个问题，研究人员提出了一些改进的循环神经网络变体，如长短期记忆网络和门控循环单元，它们通过引入门控机制来控制记忆状态的更新，从而改善了自身对长期依赖的建模能力。

2.2.2 长短期记忆（LSTM）网络

长短期记忆（long short-term memory，LSTM）[1]网络是一种改进的循环神经网络结构，它可以解决循环神经网络的梯度消失和梯度爆炸问题，并增强自身对长期依赖的建模能力。长短期记忆网络的核心是记忆单元（memory cell），它可以存储和访问信息，并通过遗忘门（forget gate）、输入门（input gate）和输出门（output gate）3 个门控来控制信息的流动。另外，这 3 个门控单元可以根据当前和之前的输入来决定记忆单元的更新、保留和输出。图 2-2 所示为长短期记忆网络的模型结构。

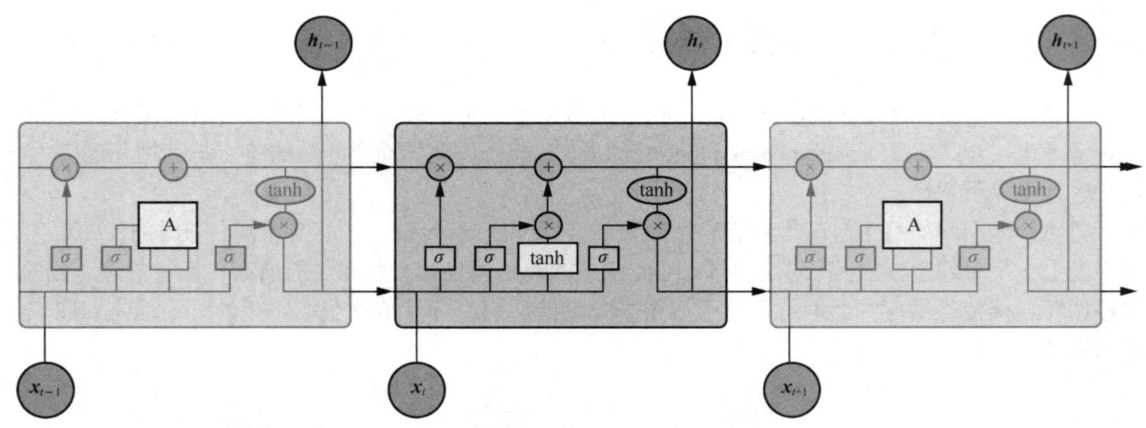

图 2-2　长短期记忆网络的模型结构

1. 遗忘门

长短期记忆网络的第一步是选择从记忆单元中保留或丢弃哪些信息，这个选择由一个叫作“遗忘门”的 sigmoid 层来决定。由于遗忘门的作用是通过一个 0～1 的值来调节上一个时间步的隐藏状态在当前时间步的保留程度，因此遗忘门可以选择性地“保留”或“丢弃”一些历史信息。图 2-3 所示为遗忘门的结构示意图。

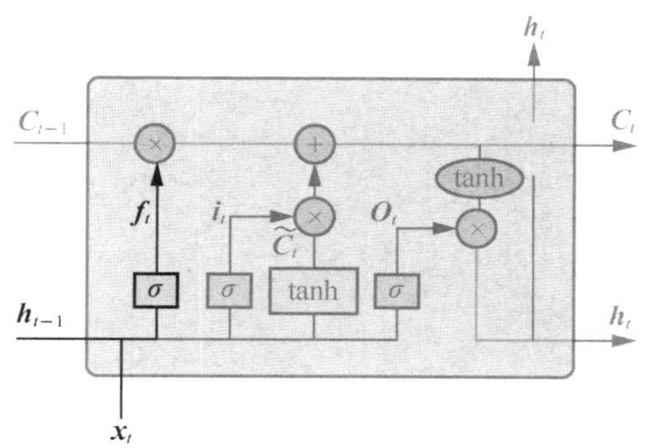

图 2-3 遗忘门的结构示意图

遗忘门根据上一个时间步的隐藏状态 $\boldsymbol{h}_{t-1}$ 和当前时间步的输入 $\boldsymbol{x}_t$，输出一个 0～1 的数。这个数表示保留或丢弃记忆单元中的信息的程度，1 代表完全保留，0 代表完全丢弃。例如，在一个根据上文预测下一个词的语言模型中，记忆单元可能存储了当前的语言主题，用来预测合适的下一个词。当遇到一个新的语言主题时，就需要用遗忘门来丢弃旧的主题信息，然后用新的主题信息来预测下一个词。遗忘门的更新方式可以表示为

$$\boldsymbol{f}_t = \sigma\left(\boldsymbol{W}_f \cdot [\boldsymbol{h}_{t-1}, \boldsymbol{x}_t] + b_f\right) \tag{2-4}$$

其中，$\boldsymbol{f}_t$ 表示输出向量，σ 表示 sigmoid 函数，$\boldsymbol{W}_f$ 表示权重矩阵，b_f 表示偏置。

2．输入门

长短期记忆网络的第二步是决定要在记忆单元中存储什么样的信息。这个过程分为两个步骤。首先，用一个 sigmoid 层作为输入门来决定哪些信息是需要更新的。然后，用一个 tanh 层生成一个新的候选值向量 $\tilde{\boldsymbol{C}}_t$，这个候选值向量可以添加到记忆单元中。接下来，把这两个步骤结合起来更新记忆单元。例如，在语言模型中可以把新的语言主题的信息作为候选值，用输入门来选择将新的主题信息加入记忆单元中，替换掉用遗忘门丢弃的旧的主题信息。输入门的更新方式可以表示为

$$\begin{aligned} \boldsymbol{i}_t &= \sigma\left(\boldsymbol{W}_i \cdot [\boldsymbol{h}_{t-1}, \boldsymbol{x}_t] + b_i\right) \\ \tilde{\boldsymbol{C}}_t &= \tanh\left(\boldsymbol{W}_C \cdot [\boldsymbol{h}_{t-1}, \boldsymbol{x}_t] + b_C\right) \end{aligned} \tag{2-5}$$

在确定了要保留或丢弃的记忆后，就可以把旧的记忆单元 $\boldsymbol{C}_{t-1}$ 更新为新的记忆单元 $\boldsymbol{C}_t$ 了。这一步的操作过程是，先用 $\boldsymbol{f}_t$ 乘以 $\boldsymbol{C}_{t-1}$，把之前决定要遗忘的信息丢弃掉，然后加上 $\boldsymbol{i}_t$ 乘以 $\tilde{\boldsymbol{C}}_t$ 的积，把之前决定要添加的新信息加进来。这样，就实现了对记忆单元的有限制的更新，其中 $\boldsymbol{i}_t$ 可被看作一个权重，控制了新信息的影响程度。图 2-4 所示为输入门的结构示意图。

将遗忘门和输入门合并之后，更新方式可以表示为

$$\boldsymbol{C}_t = \boldsymbol{f}_t \times \boldsymbol{C}_{t-1} + \boldsymbol{i}_t \times \tilde{\boldsymbol{C}}_t \tag{2-6}$$

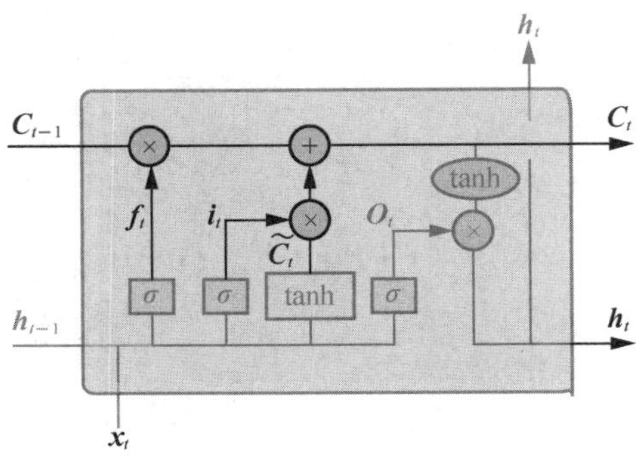

图 2-4　输入门的结构示意图

3．输出门

长短期记忆网络最后需要决定输出什么内容。首先用一个 sigmoid 层作为输出门来决定记忆单元中哪些信息是需要输出的，然后用 tanh 函数把记忆单元的值压缩到−1～1 内，最后再用输出门的值乘以压缩后的记忆单元的值，这样就只输出了我们想要的部分。图 2-5 所示为输出门的结构示意图。

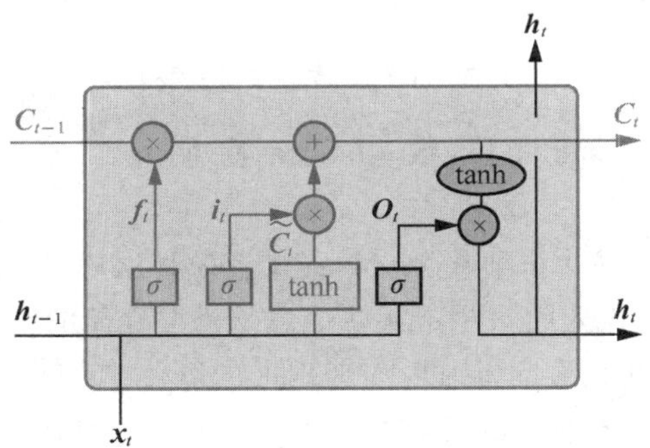

图 2-5　输出门的结构示意图

输出门的更新方式可以表示为：

$$\begin{aligned} \boldsymbol{o}_t &= \sigma\left(\boldsymbol{W}_{\mathrm{o}}\left[\boldsymbol{h}_{t-1}, \boldsymbol{x}_t\right]+b_{\mathrm{o}}\right) \\ \boldsymbol{h}_t &= \boldsymbol{o}_t \times \tanh\left(\boldsymbol{C}_t\right) \end{aligned} \tag{2-7}$$

2.2.3　门控循环单元（GRU）

门控循环单元（gated recurrent unit，GRU）[2]是一种简化版的长短期记忆网络，它是由 Cho 等在 2014 年提出的一种循环神经网络。它把长短期记忆网络中的遗忘门和输入门合并为一个“更新门”，并且把记忆单元和隐藏状态合并为一个状态，同时做了一些其他的简化。门控循环单元模型比长短期记忆网络模型更加简单，也更加受到关注和使用。门控循环单元和长短期记忆网络的主要区别在于它们的门控机制。门控循环单元没有输出门，只使用一个更新门来控制信息的流入和状态的更新，这样可以减少参数量和计算成本。相比之下，门控循环单元模型更精简、更易训练，并且在一些任务上表现得很好。图 2-6 所示为门控循环单元的模型结构，它由重置门 $\boldsymbol{r}_t$ 和更新门 z_t 组成。

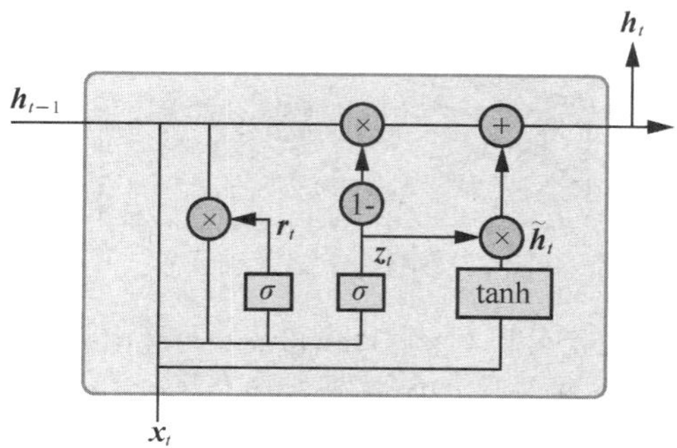

图 2-6　门控循环单元的模型结构

门控循环单元的更新方式可以表示为

$$
\begin{aligned}
z_t &= \sigma\left(\boldsymbol{W}_z\left[\boldsymbol{h}_{t-1}, \boldsymbol{x}_t\right]\right) \\
\boldsymbol{r}_t &= \sigma\left(\boldsymbol{W}_r\left[\boldsymbol{h}_{t-1}, \boldsymbol{x}_t\right]\right) \\
\tilde{\boldsymbol{h}}_t &= \tanh\left(\boldsymbol{W}\left[\boldsymbol{r}_t * \boldsymbol{h}_{t-1}, \boldsymbol{x}_t\right]\right) \\
\boldsymbol{h}_t &= \left(1-z_t\right) * \boldsymbol{h}_{t-1} + z_t * \tilde{\boldsymbol{h}}_t
\end{aligned}
\tag{2-8}
$$

2.3 大模型基础结构——Transformer

OpenAI 于 2022 年发布了一款名为 ChatGPT 的聊天机器人，它能模仿人类的语言与用户自然交流。从用户使用效果来看，ChatGPT 不仅能与人顺畅地对话，还能写诗作文、编程开发，它的能力令人惊叹。

ChatGPT 的全称是基于 Transformer 的预训练聊天生成模型（Chat Generative Pre-trained Transformer）。顾名思义，其基本结构就是 2017 年谷歌发布的 Transformer 模型。接下来将详细介绍 Transformer 的原理。

2.3.1 Transformer 的模型结构

Transformer 是谷歌在 2017 年的论文“Attention is all you need”[3]中提出的，用于自然语言处理的各项任务，现在是谷歌云的张量处理单元（tensor processing unit，TPU）推荐的参考模型，也是 OpenAI GPT 系列大模型的基本结构。Transformer 是一种强大的模型，能够完成并行处理、提取特征、优化机器翻译等任务。

Transformer 是一种能够完成机器翻译任务的模型，它可以把一种语言转换成另一种语言。如果不考虑 Transformer 的内部结构，只看它的输入和输出，那么它的结构可以用图 2-7 来表示。

图 2-7　将法文翻译成英文

打开 Transformer 的黑盒，就可以看到 Transformer 是由多个编码器（encoder）和解码器（decoder）堆叠而成的，如图 2-8 所示。可以看到左边是由多层编码器构成的，右边是由多层解码器构成的。

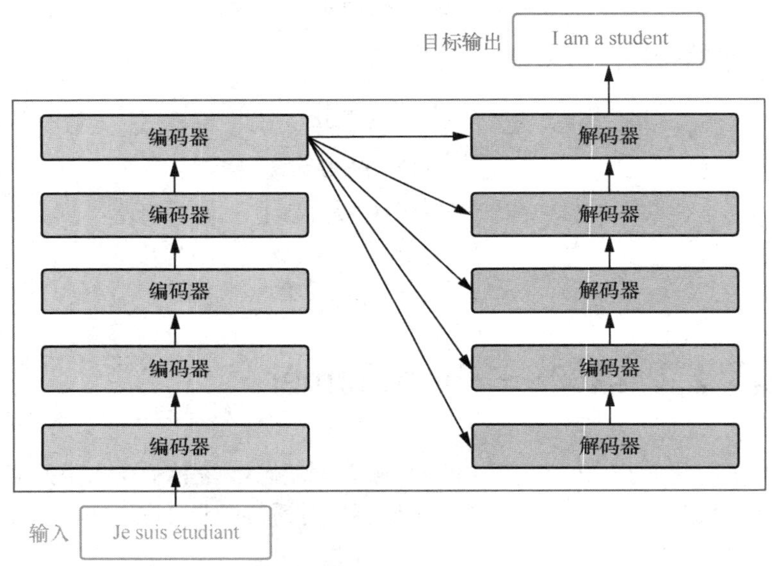

图 2-8　Transformer 由多个编码器和解码器构成

继续将编码器和解码器拆开，可以看到完整的 Transformer 结构，如图 2-9 所示。编码器包含一个多头注意力（multi-head attention）层，它由多个自注意力（self-attention）单元组成。解码器则包含两个多头注意力层，一个用于编码器-解码器的注意力，另一个用于自注意力。在每个多头自注意力层的上方，还有一个加法和归一化（add & norm）层，加法表示使用残差连接来防止网络退化，归一化表示使用层归一化来对每一层的激活值进行规范化。

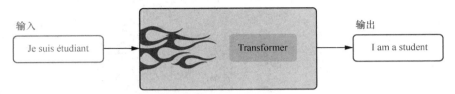

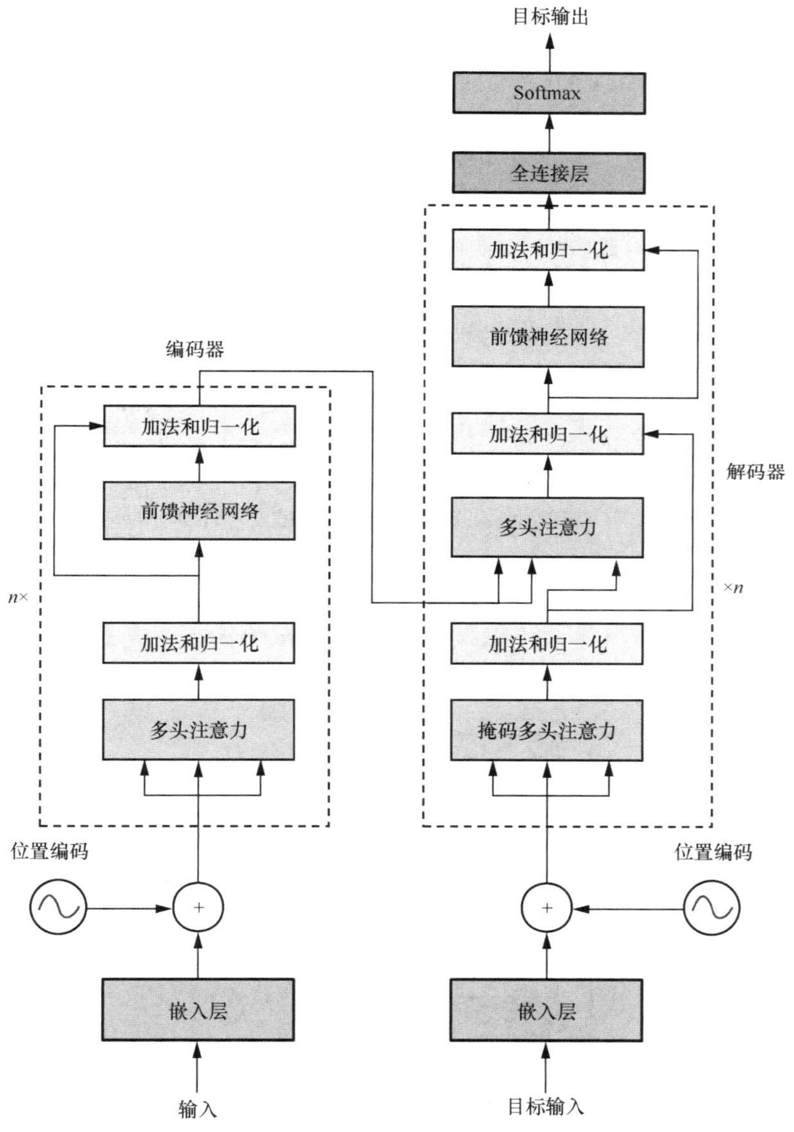

图 2-9　完整的 Transformer 结构

图 2-8 只给出了解码器的目标输出，没有显示解码器的目标输入。而图 2-9 则同时显示了目标输入（嵌入层的输入）和目标输出（Softmax 层的输出），这是为了统一训练和预测的过程。在模型训练时，目标输入是已知的翻译结果（比如将法文翻译成英文时的目标是英文），而在模型训练完成后进行预测时，目标输入的第一个词是特殊的开始标记（如<|im_start|>）。关于这个过程的更多细节，将在 2.3.5 节中详细介绍。

为了能够让读者更好地理解 Transformer 的模型原理，在接下来的内容中，将用具体的代码来实现它。我们使用的是 TensorFlow 2.0 框架。

代码清单 2-1　导入 TensorFlow 2.0

```
from __future__ import absolute_import, division, print_function
import tensorflow_datasets as tfds
import tensorflow as tf
import tensorflow.keras.layers as layers
import time
import numpy as np
import matplotlib.pyplot as plt
```

下面用一个简单的例子来说明 Transformer 的基本工作流程。我们还是使用前面的例子，把法文的“Je suis étudiant”翻译成英文。

（1）得到输入句子中每个单词的向量表示 $\boldsymbol{x}$，它是由词嵌入（word embedding）向量和位置嵌入（position embedding）向量相加而得到的。

（2）把输入句子的词嵌入矩阵 $\boldsymbol{X}$ 作为编码器的输入，经过 N 层编码器的处理，得到了句子中每个单词的编码信息矩阵 $\boldsymbol{C}$，如图 2-10 所示。矩阵 $\boldsymbol{X}$ 的维度是 $n \times d$，其中 n 是单词的个数，d 是词嵌入的维度。

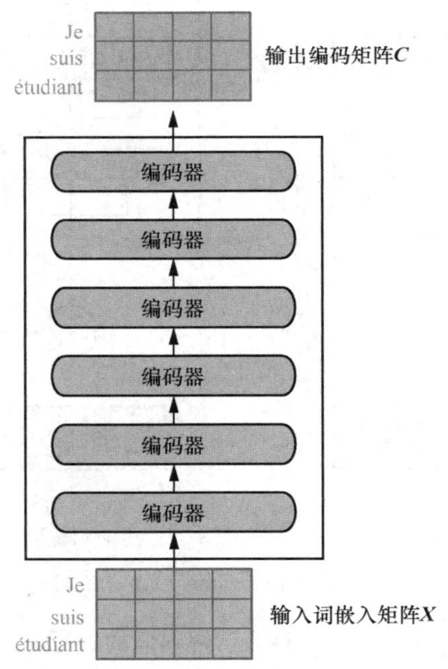

图 2-10　编码器的处理过程

（3）把编码器输出的编码矩阵 $\boldsymbol{C}$ 作为解码器的输入，解码器根据编码矩阵 $\boldsymbol{C}$ 和已经翻译过的单词来生成下一个单词，如图 2-11 所示。

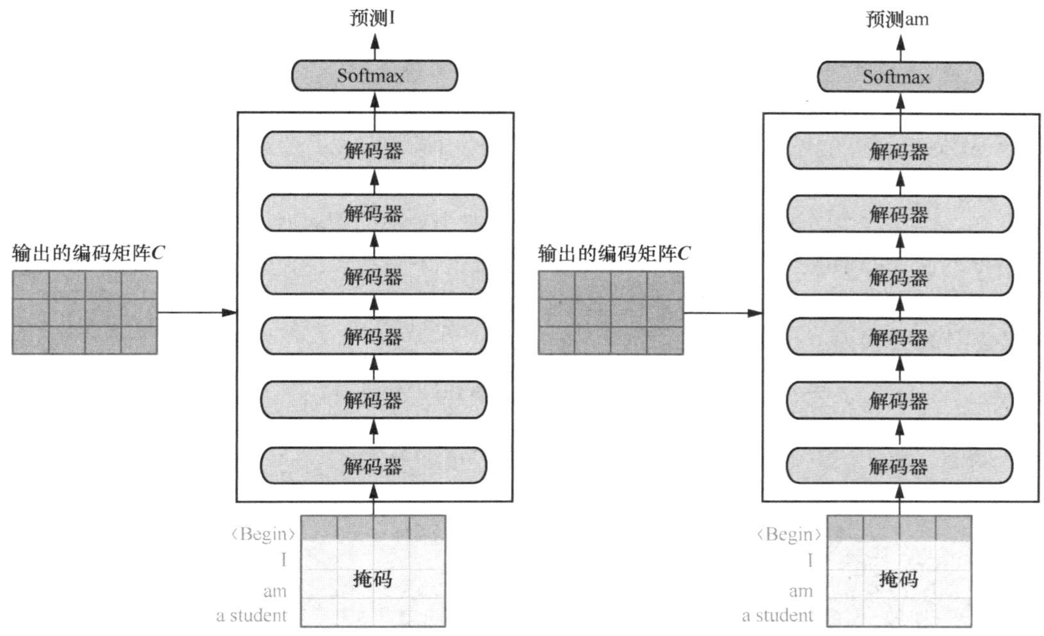

图 2-11　经过解码器后的输出

从图 2-11 可知，解码器首先从编码器获取编码矩阵，并以“<Begin>”作为起始符，预测出第一个单词“I”；然后将“<Begin>”和“I”作为输入，预测出第二个单词“am”。以此类推，生成完整的句子。这就是 Transformer 的基本工作流程，下面详细介绍其中的各个组成部分。

2.3.2 Transformer 输入表示

在 Transformer 模型中，每个单词的输入向量是由它的词嵌入向量和它的位置嵌入向量相加而成的，如图 2-12 所示。

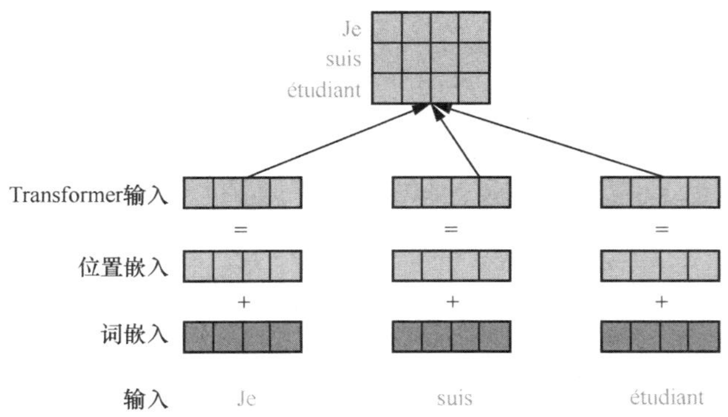

图 2-12　Transformer 输入表示

词嵌入向量可以通过 word2vec 等模型预训练获取，同时也可以通过在 Transformer 中添加嵌入层获取。

在 Transformer，不仅要对单词进行编码，还要对它们在句子中的位置进行编码。这是因为 Transformer 没有使用循环神经网络这样的循环结构，而是使用了全局的注意力机制（attention mechanism），导致无法直接捕捉单词之间的顺序关系；但是由于顺序关系对于自然语言处理任务是至关重要的，因此需要通过位置嵌入向量来保留单词在序列中的相对或绝对位置信息。

位置嵌入向量的维度要和词嵌入向量保持一致。有两种方法可以得到位置嵌入向量，一种是将其作为可学习的参数进行训练，另一种是根据预定义的公式直接计算。Transformer 模型采用了第二种方法，其计算公式为

$$
\begin{aligned}
PE_{pos,2i} &= \sin\left(pos / 10000^{2i/d_{\text{model}}}\right) \\
PE_{pos,2i+1} &= \cos\left(pos / 10000^{2i/d_{\text{model}}}\right)
\end{aligned}
\tag{2-9}
$$

其中，pos 表示单词在句子中的位置，d_{model} 表示位置嵌入向量的维度。

代码清单 2-2　生成词的位置嵌入向量

```
def get_angles(pos, i, d_model):
    # i等价于式（2-9）中的2i和2i+1
    angle_rates = 1 / np.power(10000, (2*(i // 2))/ np.float32(d_model))
    return pos * angle_rates

def positional_encoding(position, d_model):
    angle_rads = get_angles(np.arange(position)[:, np.newaxis],
                            np.arange(d_model)[np.newaxis,:], d_model)
    # 第2i项使用sin
    sines = np.sin(angle_rads[:, 0::2])
    # 第2i+1项使用cos
    cones = np.cos(angle_rads[:, 1::2])
    pos_encoding = np.concatenate([sines, cones], axis=-1)
    pos_encoding = pos_encoding[np.newaxis, ...]
    return tf.cast(pos_encoding, dtype=tf.float32)
```

上述代码中，函数 positional_encoding()对应式（2-9）。下面的例子显示，输入当前位置为 50，词嵌入维度为 512，输出为位置嵌入向量形状。

代码清单 2-3　查看词的位置嵌入向量形状示例

```
pos_encoding = positional_encoding(50, 512)
print(pos_encoding.shape)
输出：(1, 50, 512)
```

2.3.3 多头注意力

从图 2-9 可知，编码器和解码器的核心组件都是多头注意力，它能够有效地捕获不同词之间的

相关性，让模型同时关注不同的子空间和不同的位置信息。这是 Transformer 模型的精髓所在。多头注意力的模型结构如图 2-13 所示，它接收查询矩阵 $\boldsymbol{Q}$（$\boldsymbol{Q}\in\mathbb{R}^{n\times d}$）、键矩阵 $\boldsymbol{K}$（$\boldsymbol{K}\in\mathbb{R}^{m\times d}$）、值矩阵 $\boldsymbol{V}$（$\boldsymbol{V}\in\mathbb{R}^{m\times v}$）作为输入，先通过全连接层进行变换，再送入缩放点积注意力（scaled dot-product attention）模块进行处理。

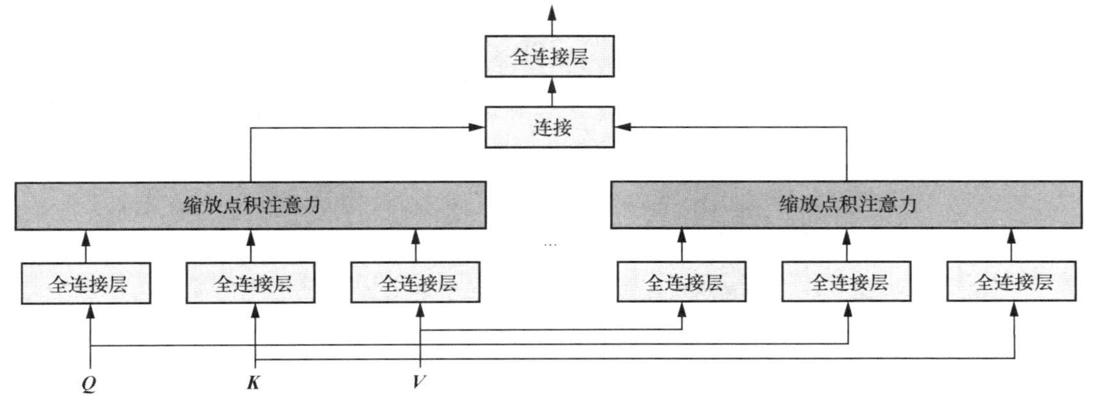

图 2-13　多头注意力的模型结构

多头注意力模型结构中最关键的组成部分就是缩放点积注意力，其具体模型结构如图 2-14 所示。

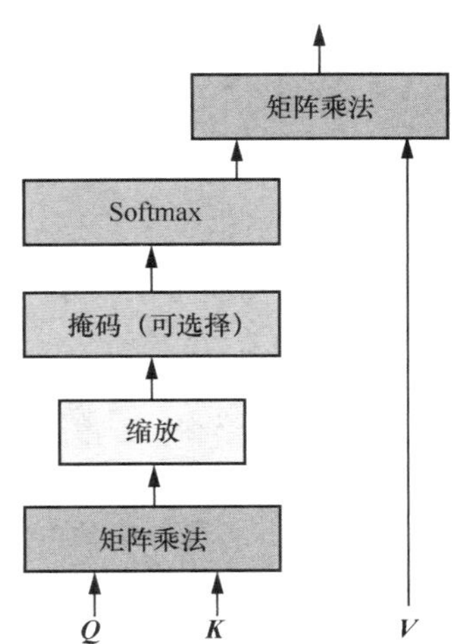

图 2-14　缩放点积注意力的模型结构

接下来计算注意力得分。首先通过输入矩阵 $\boldsymbol{X}$ 和权重矩阵 $\boldsymbol{W}^{Q}$、$\boldsymbol{W}^{K}$、$\boldsymbol{W}^{V}$ 的乘积，得到查询 $\boldsymbol{Q}$、键 $\boldsymbol{K}$ 和值 $\boldsymbol{V}$ 这 3 个矩阵，这个过程如图 2-15 所示。然后对这 3 个矩阵中的数值进行缩放。接着进行一个可选择的掩码操作，这个掩码操作只在解码器的第一个多头注意力层中使用，其目的是避免当前词看到未来的词，从而保证 Transformer 的自回归性。关于这个掩码操作的详细原理和实现，2.3.5 节将进一步讲解。

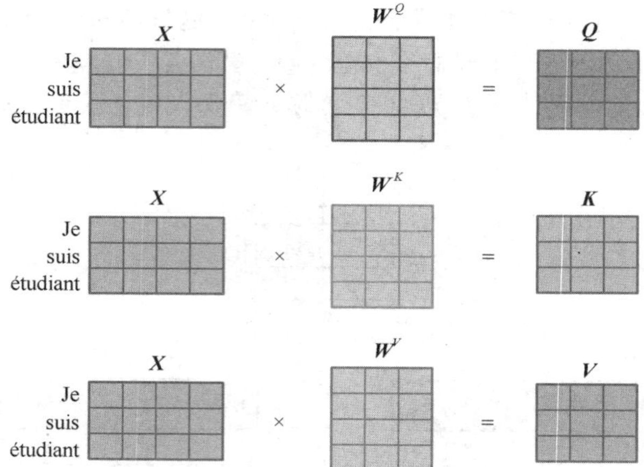

图 2-15　由矩阵乘法得到 $\boldsymbol{Q}$、$\boldsymbol{K}$ 和 $\boldsymbol{V}$ 矩阵

最后，用 $\boldsymbol{Q}$、$\boldsymbol{K}$ 和 $\boldsymbol{V}$ 矩阵来计算注意力得分，具体过程如图 2-16 所示。

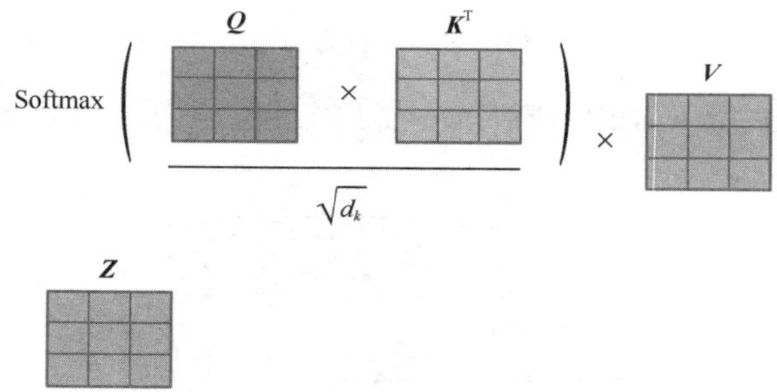

图 2-16　计算注意力得分

提示　在图 2-16 中，进行 Softmax 运算之前，对 $\boldsymbol{Q}$、$\boldsymbol{K}^{\mathrm{T}}$ 两个矩阵相乘的结果进行缩放，除以 $\sqrt{d_k}$，d_k 是 $\boldsymbol{Q}$、$\boldsymbol{K}^{\mathrm{T}}$ 矩阵的维度。这样做主要有以下两个原因。

第一个原因是避免因相乘的结果过大或过小，而导致 Softmax 函数的梯度消失或爆炸。假设 $\boldsymbol{Q}$ 和 $\boldsymbol{K}^{\mathrm{T}}$ 的各个分量是互相独立的随机变量，均值为 0，方差为 1。那么 $\boldsymbol{Q}\times\boldsymbol{K}^{\mathrm{T}}$ 的均值为 0，方差为 d_k。如果 d_k 很大，那么相乘的结果会有很大差异，经过 Softmax 运算后，概率分布会接近独热向量，这样就会导致值很小的部分梯度接近 0。如果 d_k 很小，那么相乘的结果会比较平均，经过 Softmax 运算后，概率分布接近于均匀分布，使得注意力得分都一样，容易导致 Transformer 最后一层 Softmax 运算的预测结果也是均匀分布，进而很容易导致梯度很大，造成梯度爆炸。因此，除以 $\sqrt{d_k}$ 可以使乘积结果的方差缩放为 1，从而保持合理的梯度数量级。

接下来解释一下为什么概率分布接近于均匀分布时容易造成梯度爆炸。

交叉熵损失函数的公式为

$$L = -\sum_{i=1}^{C} y_i \log_2 z_i \tag{2-10}$$

其中，y_i是真实分布中第 i 个类别的概率，z_i是预测分布中第 i 个类别的概率，C 是总类别数。如果预测分布接近真实分布，那么 $z_i \approx \frac{1}{C}$，损失函数就会变为

$$L \approx -\sum_{i=1}^{C} y_i \log_2 \frac{1}{C} = \log_2 C + \sum_{i=1}^{C} y_i = \log_2 C \tag{2-11}$$

可以看到，损失函数的值和类别数 C 有关，如果 C 很大，那么损失函数就会很大。这样就会很容易导致梯度爆炸。

第二个原因是让模型能够适应不同维度的输入。如果不除以 $\sqrt{d_k}$ ，那么模型在训练时会对输入的维度产生依赖性。如果在测试时输入的维度发生变化，那么模型的性能可能会下降。因此，除以 $\sqrt{d_k}$ 可以使模型对输入的维度具有一定的鲁棒性。

在了解了缩放点积注意力的概念后，接下来进行代码实现，具体如代码清单 2-4 所示。

代码清单 2-4 实现缩放点积注意力

```
def scaled_dot_product_attention(q, k, v, mask):
# 查询q和键k相乘
    matmul_qk = tf.matmul(q, k, transpose_b=True)
    # 使用sqrt(dk)进行缩放
    dk = tf.cast(tf.shape(k)[-1], tf.float32)
    scaled_attention_logits = matmul_qk / tf.math.sqrt(dk)
    # 掩码（可选择）
    if mask is not None:
       scaled_attention_logits += (mask * -1e9)
    # 通过softmax()获取attention权重
    attention_weights = tf.nn.softmax(scaled_attention_logits, axis=-1)
    # attention乘以值k
    output = tf.matmul(attention_weights, v) # （.., seq_len_v, depth)
    return output, attention_weights
```

下面使用一个测试用例来展示缩放点积注意力函数是如何工作的。给定 ***Q***、***K*** 和 ***V*** 矩阵，计算并输出它们的注意力得分。其测试的具体实现如代码清单 2-5 所示。

代码清单 2-5 缩放点积注意力测试

```
q = tf.random.uniform((3, 3))
k = tf.random.uniform((4, 3))
v = tf.random.uniform((4, 3))
out, attention = scaled_dot_product_attention(q, k, v, None)
print(attention)
输出: tf.Tensor([[0., 0., 0.5, 0.5], [0.1, 0., 0., 0.], [0.5, 0.5, 0., 0.]])
```

本节已经学习了如何利用缩放点积注意力来得到注意力得分和输出矩阵 ***Z***。接下来，一起看看

多头注意力是如何由多个缩放点积注意力构成的。例如，如果设置注意力头的个数 $h = 8$，那么每个缩放点积注意力都会产生一个输出矩阵 $\boldsymbol{Z}$，共有 8 个这样的矩阵，如图 2-17 所示。

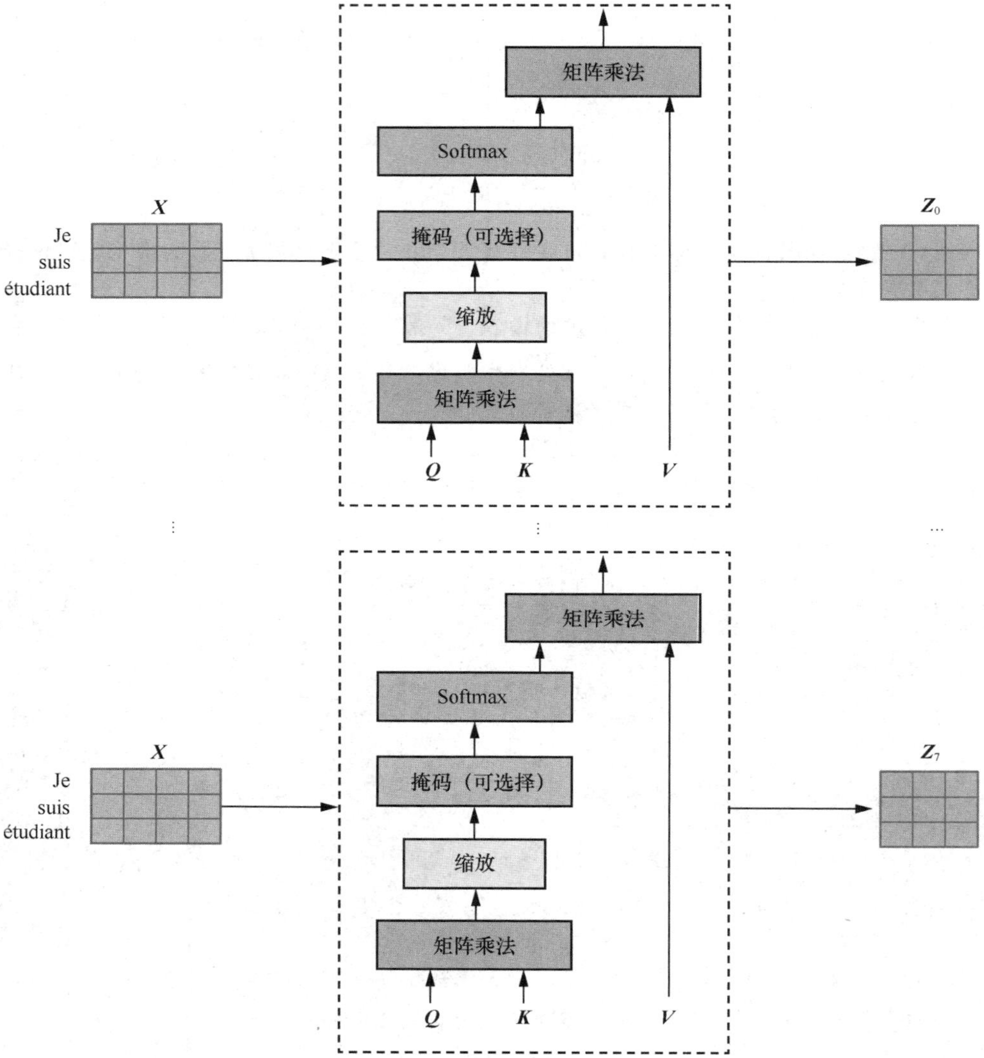

图 2-17　多个缩放点积注意力（注意力头的个数 $h = 8$）

在计算 8 个缩放点积注意力后，便得到了 8 个输出矩阵 $\boldsymbol{Z}_0 \sim \boldsymbol{Z}_7$。为了将它们整合成一个完整的输出矩阵 $\boldsymbol{Z}$，下面需要做两件事：首先将这 8 个矩阵按列连接（concat）起来，形成一个更大的矩阵；然后，对这个更大的矩阵做线性变换，得到最终的输出矩阵 $\boldsymbol{Z}$。这个过程可以用图 2-18 直观地展示。

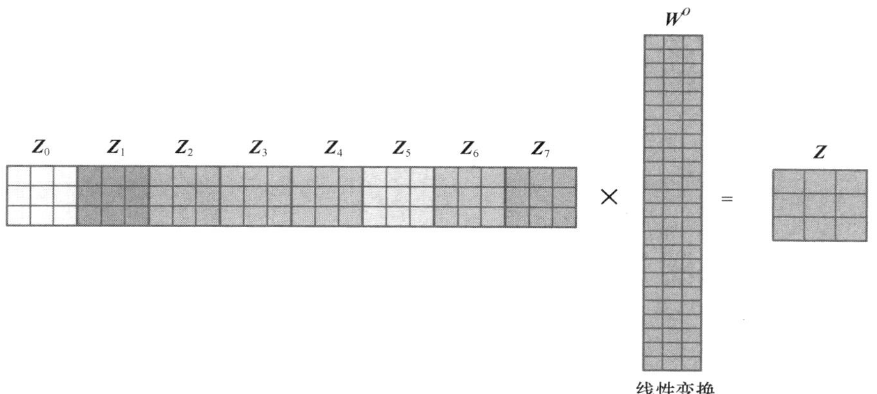

图 2-18 多头注意力输出（注意力头的个数 $h=8$）

现在我们已经掌握了多头注意力的原理，接下来编写代码实现它。为了节省计算资源和参数空间，在代码清单 2-6 中，将 $\boldsymbol{Q}$、$\boldsymbol{K}$ 和 $\boldsymbol{V}$ 矩阵的列数都设为 d_{model}。

代码清单 2-6 实现多头注意力

```
class MutilHeadAttention(tf.keras.layers.Layer):
   def __init__(self, d_model, num_heads):
      super(MutilHeadAttention, self).__init__()
      self.num_heads = num_heads
      self.d_model = d_model
      # d_model必须可被正确分为各个头
      assert d_model % num_heads == 0
      # 分头后的维度
      self.depth = d_model // num_heads
      self.wq = tf.keras.layers.Dense(d_model)
      self.wk = tf.keras.layers.Dense(d_model)
      self.wv = tf.keras.layers.Dense(d_model)
      self.dense = tf.keras.layers.Dense(d_model)

   def split_heads(self, x, batch_size):
      # 分头,将头个数的维度放到seq_len前面
      x = tf.reshape(x, (batch_size, -1, self.num_heads, self.depth))
      return tf.transpose(x, perm=[0, 2, 1, 3])

   def call(self, v, k, q, mask):
      batch_size = tf.shape(q)[0]
      # 分头前的前馈神经网络，获取q、k、v语义
      q = self.wq(q)  # (batch_size, seq_len, d_model)
      k = self.wk(k)
      v = self.wv(v)
      # 分头
      q = self.split_heads(q, batch_size) # (batch_size, num_heads, seq_len_q, depth)
      k = self.split_heads(k, batch_size)
      v = self.split_heads(v, batch_size)
      # 缩放点积注意力层
```

```
        # scaled_attention.shape == (batch_size, num_heads, seq_len_v, depth)
        # attention_weights.shape == (batch_size, num_heads, seq_len_q, seq_len_k)
        scaled_attention, attention_weights = scaled_dot_product_attention(q, k, v, mask)

        # 把多头维度后移
        # (batch_size, seq_len_v, num_heads, depth)
    scaled_attention = tf.transpose(scaled_attention, [0, 2, 1, 3])
        # 合并多头
        concat_attention = tf.reshape(scaled_attention, (batch_size, -1, self.d_model))
        # 全连接层输出
        output = self.dense(concat_attention)
        return output, attention_weights
```

接下来，用一些超参数来构建一个多头注意力模块。它的输入是 $\boldsymbol{Q}$、$\boldsymbol{K}$ 和 $\boldsymbol{V}$ 矩阵，它们的形状都是(batch_size, seq_len, d_model)，其中 batch_size 表示批次大小，seq_len 表示序列长度，d_model 表示向量维度。多头注意力模块的输出也是一个形状为(batch_size, seq_len, d_model)的矩阵。在计算过程中还会产生一个注意力得分矩阵，它的形状是（batch_size, num_heads, seq_len, seq_len），其中 num_heads 表示注意力头个数。多头注意力测试的具体实现如代码清单 2-7 所示。

代码清单 2-7　多头注意力测试

```
temp_mha = MutilHeadAttention(d_model=512, num_heads=8)
inputs = tf.random.uniform((1, 60, 512))
output, attention = temp_mha(v=inputs, k=inputs, q=inputs, mask=None)
print(output.shape, attention.shape)
输出：(1, 60, 512) (1, 8, 60, 60)
```

在掌握了多头注意力的原理和实现后，下面继续讲解编码器中的多头注意力和其他模块。

2.3.4　编码器结构

编码器的结构如图 2-19 所示。它由 n 个相同的编码器层堆叠而成，每个编码器层包含 3 部分：多头注意力、加法和归一化、前馈神经网络。2.3.3 节已经介绍了多头注意力的原理和实现，接下来，看看加法和归一化、前馈神经网络这两部分是如何工作的。

加法和归一化是一种结合了残差连接和归一化的技术，公式为

$$\text{AddNorm}(\boldsymbol{X}) = \text{LayerNorm}(\boldsymbol{X} + \text{Sublayer}(\boldsymbol{X})) \tag{2-12}$$

其中，Sublayer 表示经过的变换，例如在第一个加法和归一化层中，Sublayer 表示多头注意力。

前馈神经网络指全连接层，公式为

$$\text{FFN}(\boldsymbol{X}) = \max(0, \boldsymbol{X}\boldsymbol{W}_1 + b_1)\boldsymbol{W}_2 + b_2 \tag{2-13}$$

因此，输入矩阵 $\boldsymbol{X}$ 经过第一个编码器层之后，输出可以表示为

$$\begin{aligned} \boldsymbol{O} &= \text{LayerNorm}(\boldsymbol{X} + \text{MultiHeadAttention}(\boldsymbol{X})) \\ \boldsymbol{O} &= \text{LayerNorm}(\boldsymbol{O} + \text{FFN}(\boldsymbol{X})) \end{aligned} \tag{2-14}$$

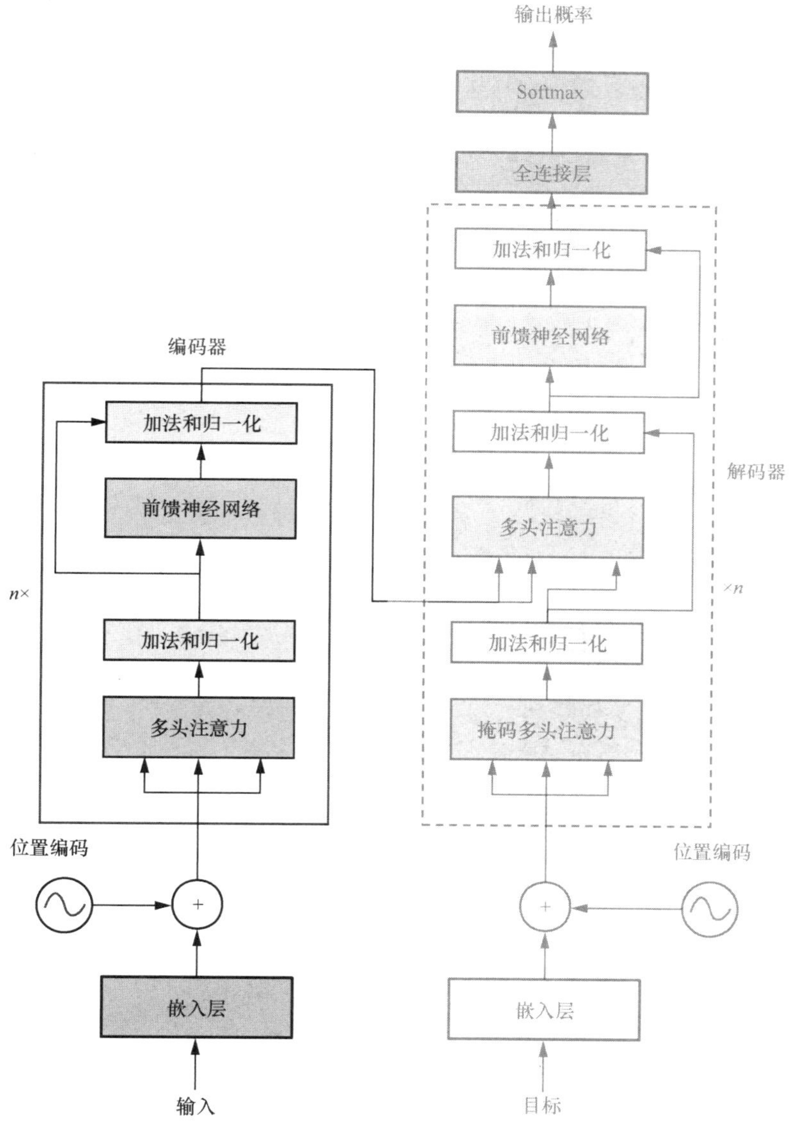

图 2-19　编码器的结构

我们已经探讨了编码器层的原理和结构，现在用代码来实现它。下面需要编写一个层归一化函数 LayerNormalization()，这个函数可以对输入的矩阵进行归一化处理，如代码清单 2-8 所示。

代码清单 2-8　实现归一化功能

```
class LayerNormalization(tf.keras.layers.Layer):
    def __init__(self, epsilon=1e-6, **kwargs):
        self.eps = epsilon
        super(LayerNormalization, self).__init__(**kwargs)
```

```
    def build(self, input_shape):
        # 定义超参数
        self.gamma = self.add_weight(name='gamma', shape=input_shape[-1:],
                                initializer=tf.ones_initializer(),trainable=True)
        self.beta = self.add_weight(name='beta', shape=input_shape[-1:],
                                initializer=tf.zeros_initializer(), trainable=True)
        super(LayerNormalization, self).build(input_shape)

    def call(self, x):
        # 计算均值和方差
        mean = tf.keras.backend.mean(x, axis=-1, keepdims=True)
        std = tf.keras.backend.std(x, axis=-1, keepdims=True)
        # 输出归一化结果
        return self.gamma * (x - mean) / (std + self.eps) + self.beta

    def compute_output_shape(self, input_shape):
        return input_shape
```

多头注意力和归一化是编码器层的重要组成部分，有了它们的代码实现，就可以轻松地实现编码器层的功能了，如代码清单 2-9 所示。

代码清单 2-9　实现编码器层

```
class EncoderLayer(tf.keras.layers.Layer):
    def __init__(self, d_model, n_heads, ddf, dropout_rate=0.1):
        super(EncoderLayer, self).__init__()
        self.mha = MutilHeadAttention(d_model, n_heads)
        self.ffn = point_wise_feed_forward_network(d_model, ddf)
        self.layernorm1 = LayerNormalization(epsilon=1e-6)
        self.layernorm2 = LayerNormalization(epsilon=1e-6)
        self.dropout1 = tf.keras.layers.Dropout(dropout_rate)
        self.dropout2 = tf.keras.layers.Dropout(dropout_rate)

    def call(self, inputs, training, mask):
        # 多头注意力网络
        att_output, _ = self.mha(inputs, inputs, inputs, mask)
        att_output = self.dropout1(att_output, training=training)

        # 计算加法和归一化
        # (batch_size, input_seq_len, d_model)
        out1 = self.layernorm1(inputs + att_output)

        # 前馈神经网络
        ffn_output = self.ffn(out1)
        ffn_output = self.dropout2(ffn_output, training=training)

        # 计算加法和归一化
        # (batch_size, input_seq_len, d_model)
        out2 = self.layernorm2(out1 + ffn_output)
        return out2

    # 前向反馈FFN
    def point_wise_feed_forward_network(d_model, diff):
        return tf.keras.Sequential([
            tf.keras.layers.Dense(d_model)
            tf.keras.layers.Dense(diff, activation='relu'),
        ])
```

下面用一个例子来验证编码器层的效果。给定一个形状为[64, 43, 512]的输入矩阵，经过编码器层的处理后，得到一个形状也为[64, 43, 512]的输出矩阵，说明编码器层没有改变输入的大小。其测试的具体实现如代码清单 2-10 所示。

代码清单 2-10　编码器层测试

```
sample_encoder_layer = EncoderLayer(d_model=512, n_heads=8, ddf=2048)
sample_encoder_layer_output = sample_encoder_layer(
tf.random.uniform((64, 43, 512)), False, None)
sample_encoder_layer_output.shape
TensorShape([64, 43, 512])
```

编码器层是目前已经实现的一个基本单元，而编码器是由若干编码器层叠加构成的一个复合结构，它的输入是形状为[batch_size, seq_len]的词的编码矩阵，在经过嵌入层处理后的形状为[batch_size, seq_len, d_model]，然后在经过 n 个编码器层处理之后的输出形状为[batch_size, seq_len, d_model]。编码器的实现如代码清单 2-11 所示。

代码清单 2-11　实现编码器

```
class Encoder(layers.Layer):
  def __init__(self, n_layers, d_model, n_heads, ddf,
        input_vocab_size, max_seq_len, drop_rate=0.1):
    super(Encoder, self).__init__()
    self.n_layers = n_layers
    self.d_model = d_model
    # 计算词嵌入向量
    self.embedding = layers.Embedding(input_vocab_size, d_model)
    # 计算位置嵌入向量
    self.pos_embedding = positional_encoding(max_seq_len, d_model)
    # 多个编码器层
    self.encode_layer = [EncoderLayer(d_model, n_heads, ddf, drop_rate)
                for _ in range(n_layers)]
    self.dropout = layers.Dropout(drop_rate)

  def call(self, inputs, training, mark):
    # 第15行和第16行生成词嵌入向量和位置嵌入向理
    seq_len = inputs.shape[1]
    word_emb = self.embedding(inputs)
    word_emb *= tf.math.sqrt(tf.cast(self.d_model, tf.float32))
    emb = word_emb + self.pos_embedding[:,:seq_len,:]
    x = self.dropout(emb, training=training)
    # 经过多个编码器层
    for i in range(self.n_layers):
      x = self.encode_layer[i](x, training, mark)
    return x
```

用一个例子验证编码器的效果。给定一个形状为[64, 120]的词编码矩阵，经过嵌入层处理后的形状为[64, 120, 512]，经过编码器层处理后得到一个形状也为[64, 120, 512]的输出矩阵，说明编码器没有改变输入的大小。其测试的具体实现如代码清单 2-12 所示。

代码清单 2-12　编码器测试

```
sample_encoder = Encoder(n_layers=2, d_model=512, n_heads=8,
  ddf = 1024, input_vocab_size=5000, max_seq_len=200)
sample_encoder_output = sample_encoder(tf.random.uniform((64, 120)), False, None)
sample_encoder_output.shape
TensorShape([64, 120, 512])
```

编码器的原理和实现已经介绍完毕，现在来看看解码器是如何工作的。2.3.2 节提到，解码器里的缩放点积注意力需要使用掩码操作，这是一个很重要的细节，下面详细说明。

2.3.5 解码器结构

解码器的结构如图 2-20 所示，它与编码器的不同之处主要有以下 3 点。

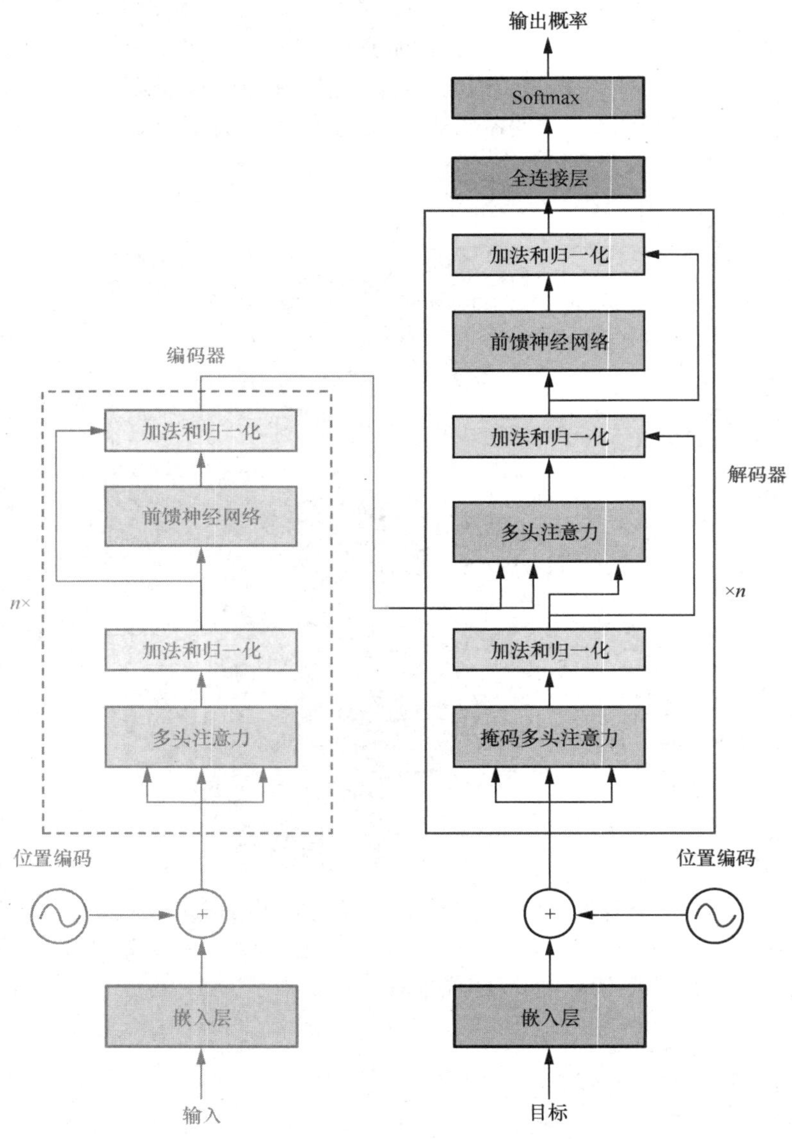

图 2-20　解码器结构

（1）解码器的输入由两部分组成，一部分是目标序列（例如翻译的结果句子），另一部分是编码器的输出。

（2）解码器层包含两个多头注意力模块，第一个多头注意力模块使用了掩码操作，防止解码器看到未来的信息；第二个多头注意力模块的 $\boldsymbol{K}$ 和 $\boldsymbol{V}$ 矩阵来自编码器的输出，而 $\boldsymbol{Q}$ 矩阵来自上一层解码器的输出。

（3）解码器层的最后有一个 Softmax 层，用于计算每个单词的输出概率。

解码器和编码器的最大区别在于掩码多头注意力的使用，因此接下来重点介绍解码器中的两种多头注意力的结构。

1. 第一个多头注意力

为了顺序地进行翻译，即先翻译第 i 个单词，再翻译第 i+1 个单词，解码器层的第一个多头注意力需要使用**掩码**（mask）操作，避免看到第 i 个单词之后的信息。下面仍以将法文“Je suis étudiant”翻译成英文“I am a student”为例来说明掩码操作的过程，如图 2-21 所示。

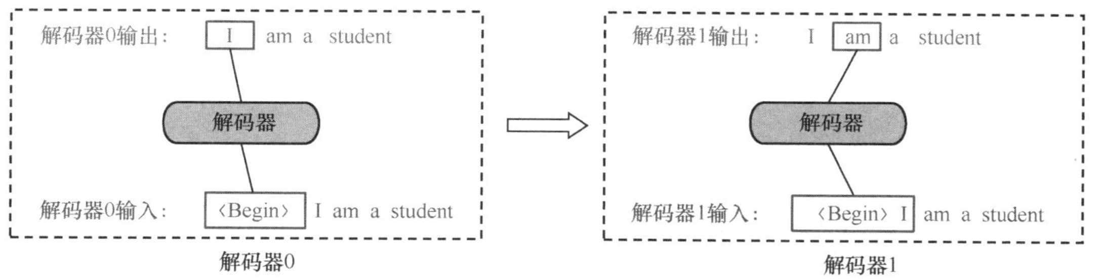

图 2-21　掩码操作的过程

解码器层需要根据已经翻译的单词来预测下一个出现概率最大的单词。例如，首先根据输入“<Begin>”预测出第一个单词是“I”；然后根据输入“<Begin> I”预测出第二个单词是“am”。掩码操作是在缩放点积注意力的 Softmax 层之前进行的（见图 2-14），它会将第 i 个单词之后的单词掩盖住，使其无法影响预测。第一个多头注意力的处理流程如下。

（1）编码器层的输入矩阵由“<Begin> I am a student”4 个单词的向量表示组成，掩码矩阵是一个 4×4 的矩阵，如图 2-22 所示。在掩码矩阵中可以看到，“<Begin>”只能使用自己的信息，“I”可以使用“<Begin> I”的信息，以此类推，每个单词只能使用自己及自己之前的信息。

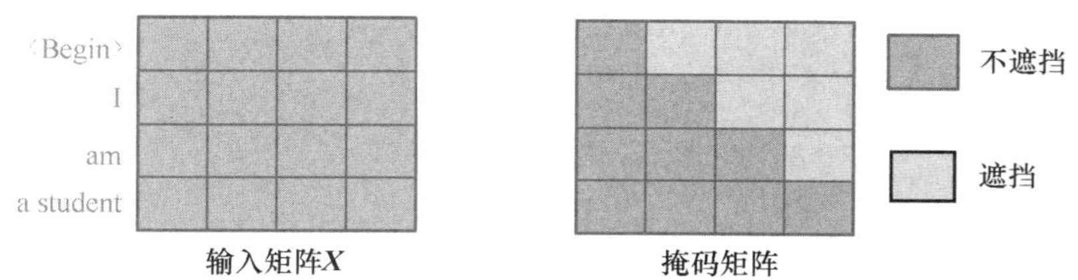

图 2-22　掩码矩阵

（2）得到一个带掩码信息的输出矩阵 $\boldsymbol{Z}_i$，对于多个注意力头，将所有的 $\boldsymbol{Z}_i$ 拼接起来，再经过线性变换后得到第一个多头注意力的输出 $\boldsymbol{Z}$。

（3）和编码器中的多头注意力一样，对 $\boldsymbol{Q}$、$\boldsymbol{K}$ 和 $\boldsymbol{V}$ 矩阵进行计算，经过缩放点积注意力（与编码器中的区别在于引入了掩码矩阵），如图 2-23 所示。

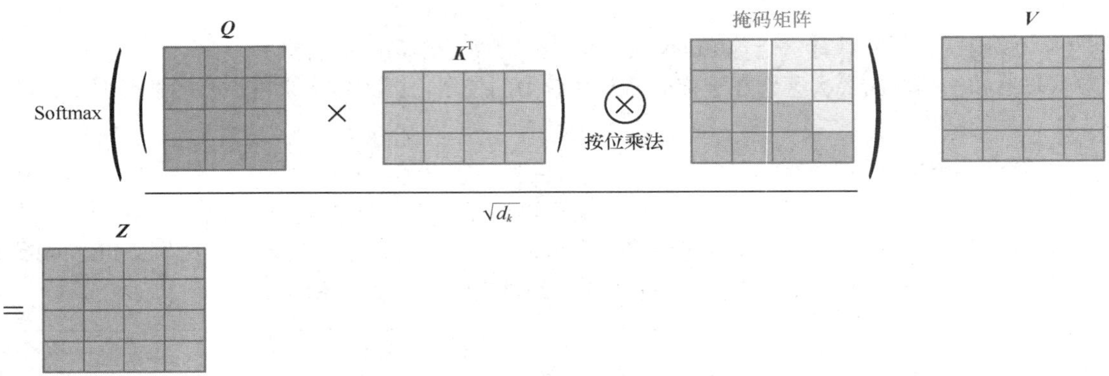

图 2-23　计算解码器中的注意力得分

2．第二个多头注意力

解码器层的第二个多头注意力和第一个多头注意力的区别在于，它的 $\boldsymbol{K}$ 和 $\boldsymbol{V}$ 矩阵不是来自上一层的输出 $\boldsymbol{Z}$，而是来自编码器的输出 $\boldsymbol{O}$。它的 $\boldsymbol{Q}$ 矩阵仍然来自上一层的输出 $\boldsymbol{Z}$。这样做的目的是让解码器在翻译每个单词时，都能够利用编码器编码的所有单词的信息。

接下来实现解码器层的功能。由于我们已经在代码清单 2-6 中实现了多头注意力模块，所以不需要重复编写，只需要修改解码器层中和编码器层不同的部分，如代码清单 2-13 所示。

代码清单 2-13　解码器层的实现

```
class DecoderLayer(tf.keras.layers.Layer):
    def __init__(self, d_model, num_heads, dff, drop_rate=0.1):
        super(DecoderLayer, self).__init__()

        self.mha1 = MutilHeadAttention(d_model, num_heads)
        self.mha2 = MutilHeadAttention(d_model, num_heads)
        self.ffn = point_wise_feed_forward_network(d_model, dff)
        self.layernorm1 = LayerNormalization(epsilon=1e-6)
        self.layernorm2 = LayerNormalization(epsilon=1e-6)
        self.layernorm3 = LayerNormalization(epsilon=1e-6)
        self.dropout1 = layers.Dropout(drop_rate)
        self.dropout2 = layers.Dropout(drop_rate)
        self.dropout3 = layers.Dropout(drop_rate)

    def call(self,inputs, encode_out, training, look_ahead_mask, padding_mask):
        # 第一个多头注意力（带掩码）
```

```
        att1, att_weight1 = self.mha1(inputs, inputs, inputs,look_ahead_mask)
        att1 = self.dropout1(att1, training=training)
        out1 = self.layernorm1(inputs + att1)

        # 第二个多头注意力（K和V矩阵来自编码器输出encode_out）
        att2, att_weight2 = self.mha2(encode_out, encode_out, inputs, padding_mask)
        att2 = self.dropout2(att2, training=training)
        out2 = self.layernorm2(out1 + att2)

        # 加法和归一化
        ffn_out = self.ffn(out2)
        ffn_out = self.dropout3(ffn_out, training=training)
        out3 = self.layernorm3(out2 + ffn_out)
        return out3, att_weight1, att_weight2
```

用一个例子来验证一下解码器层的效果。给定一个形状为[64, 43, 512]的输入矩阵，经过解码器层的处理后，得到一个形状也为[64, 43, 512]的输出矩阵，这说明解码器层没有改变输入的大小。其测试的具体实现如代码清单 2-14 所示。

代码清单 2-14　解码器层测试

```
sample_decoder_layer = DecoderLayer(d_model=512, n_heads=8, ddf=2048)
sample_decoder_layer_output = sample_decoder_layer(
tf.random.uniform((64, 43, 512)), False, None)
sample_decoder_layer_output.shape
TensorShape([64, 43, 512])
```

和编码器类似，解码器也是由若干解码器层叠加构成的一个复合结构，它的输入是目标词的编码矩阵（形状为[batch_size, seq_len]）以及编码器的输出（形状为[batch_size, seq_len, d_model]），输出的形状为[batch_size, seq_len, d_model]，解码器的实现如代码清单 2-15 所示。

代码清单 2-15　解码器的实现

```
class Decoder(layers.Layer):
    def __init__(self, n_layers, d_model, n_heads, ddf,
                 target_vocab_size, max_seq_len, drop_rate=0.1):
        super(Decoder, self).__init__()
        self.d_model = d_model
        self.n_layers = n_layers
        self.embedding = layers.Embedding(target_vocab_size, d_model)
        self.pos_embedding = positional_encoding(max_seq_len, d_model)
        # 解码器层
        self.decoder_layers= [DecoderLayer(d_model, n_heads, ddf, drop_rate)
                              for _ in range(n_layers)]
        self.dropout = layers.Dropout(drop_rate)


    def call(self, inputs, encoder_out,training, look_ahead_mark, padding_mark):

        # 词嵌入和位置嵌入
        seq_len = tf.shape(inputs)[1]
```

```
        attention_weights = {}
        h = self.embedding(inputs)
        h *= tf.math.sqrt(tf.cast(self.d_model, tf.float32))
        h += self.pos_embedding[:,:seq_len,:]
        h = self.dropout(h, training=training)

        # 解码层
        for i in range(self.n_layers):

            h, att_w1, att_w2 = self.decoder_layers[i](h, encoder_out,
                                                training, look_ahead_mark,
                                                padding_mark)
            attention_weights['decoder_layer{}_att_w1'.format(i+1)] = att_w1
            attention_weights['decoder_layer{}_att_w2'.format(i+1)] = att_w2

        return h, attention_weights
```

用一个例子来验证一下解码器的效果。给定一个形状为[64, 120]的输入词编码矩阵，经过嵌入层处理后的形状为[64, 120, 512]，经过编码器处理后得到输出 sample_encoder_output，形状为[64, 120, 512]。然后给定形状为[64, 120]的目标词编码矩阵，和 sample_encoder_output 一起输入解码器，最后输出的形状依然为[64, 120, 512]。其测试的具体实现如代码清单 2-16 所示。

代码清单 2-16　解码器测试

```
sample_decoder = Decoder(n_layers=2, d_model=512, n_heads=8,
                    ddf=1024, target_vocab_size=5000, max_seq_len=200)
sample_decoder_output, attn = sample_decoder(tf.random.uniform((64, 100)),
                                    sample_encoder_output, False,
                                    None, None)
sample_decoder_output.shape
输出：(TensorShape([64, 100, 512])
```

2.3.6 Softmax 输出

Transformer 需要经过一个 Softmax 层的处理后才可以输出概率。假设词表只有 6 个单词，如表 2-1 所示。

表 2–1　单词词表示例

词	am	I	thanks	a student	<end>
编码	0	1	2	3	4

经过编码之后，输出概率就是一个六维的向量，表示每个单词的概率分布。例如，从图 2-24 所示的输出概率的形式可以看到，每一行对应一个预测位置，每一列对应词表中的一个单词；其中，thanks 是词表中的词，模型给出了该词的预测概率，但由于该词出现的概率不是最大的，所以预测输出中没有 thanks。

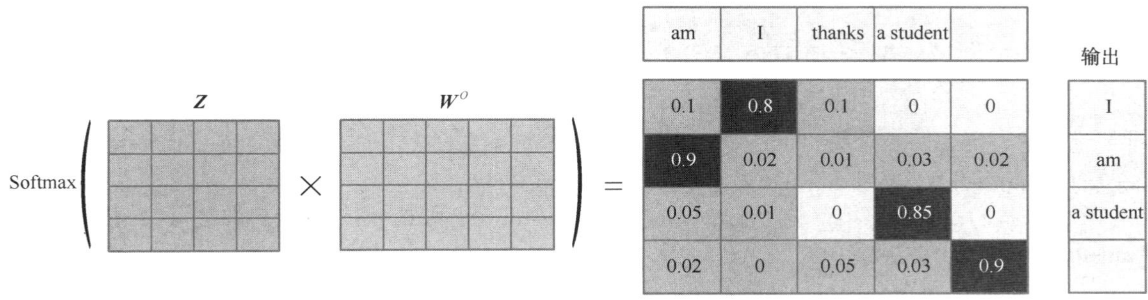

图 2-24 Softmax 预测输出

在了解了 Transformer 的各个模块的原理和实现之后，我们把它们组合起来，构建一个完整的 Transformer 模型，其实现如代码清单 2-17 所示。

代码清单 2-17 Transformer 的实现

```
class Transformer(tf.keras.Model):
  def __init__(self, n_layers, d_model, n_heads, diff, input_vocab_size,
               target_vocab_size, max_seq_len, drop_rate=0.1):
    super(Transformer, self).__init__()
    # 定义编码器
    self.encoder = Encoder(n_layers, d_model, n_heads,diff,
                           input_vocab_size, max_seq_len, drop_rate)
    # 定义解码器
    self.decoder = Decoder(n_layers, d_model, n_heads, diff,
                           target_vocab_size, max_seq_len, drop_rate)
    # 定义输出层
    self.final_layer = tf.keras.layers.Dense(target_vocab_size)

  def call(self, inputs, targets, training, encode_padding_mask,
       look_ahead_mask, decode_padding_mask):
    # 编码器输出
    encode_out = self.encoder(inputs, training, encode_padding_mask)
    # 解码器输出
    decode_out, att_weights = self.decoder(targets, encode_out, training,
                                           look_ahead_mask, decode_padding_mask)
    # 输出层
    final_out = self.final_layer(decode_out)
    return final_out, att_weights
```

下面构建一个简单的测试用例来验证 Transformer 的效果。Transformer 输入一个词编码矩阵，它的形状是[batch_size, input_seq_len]，表示一批输入序列。Transformer 输出一个词编码矩阵，它的形状是[batch_size, output_seq_len]，表示一批输出序列。Transformer 会根据输入和输出的词编码矩阵计算出一个输出概率矩阵，它的形状是[batch_size, output_seq_len, vocab_size]，表示每个输出位置的每个单词的概率分布。其测试的具体实现如代码清单 2-18 所示。

代码清单 2-18 Transformer 测试

```
sample_transformer = Transformer(n_layers=2, d_model=512, n_heads=8, diff=1024,
```

```
                    input_vocab_size=8500, target_vocab_size=8000, max_seq_len=120)
temp_input = tf.random.uniform((64, 62))
temp_target = tf.random.uniform((64, 26))
fn_out, _ = sample_transformer(temp_input, temp_target, training=False, encode_padding_mask=None,
                    look_ahead_mask=None, decode_padding_mask=None)
print(fn_out.shape)
输出：TensorShape([64, 26, 8000])
```

至此，我们已经完整地介绍了 Transformer 的具体细节。下面，通过两个机器翻译的例子来展示 Transformer 的应用效果。

2.4 Transformer 应用实践——机器翻译

首先介绍一个将葡萄牙文翻译为英文的例子。

2.4.1 葡萄牙文翻译为英文

我们可以使用 TensorFlow 的数据集模块来下载数据集，如代码清单 2-19 所示。这个数据集是一个机器翻译的数据集，它包含 50000 条训练数据、1100 条验证数据和 2000 条测试数据。

代码清单 2-19　使用 TensorFlow 模块下载数据集

```
import tensorflow_datasets as tfds
examples, metadata = tfds.load('ted_hrlr_translate/pt_to_en', with_info=True,
                    as_supervised=True)
for pt, en in train_examples:
   print(pt.numpy().decode('utf-8'))
   print(en.numpy().decode('utf-8'))
   break
os astrónomos acreditam que cada estrela da galáxia tem um planeta , e especulam que até um quinto
deles tem um planeta do tipo da terra que poderá ter vida , mas ainda não vimos nenhum deles .
astronomers now believe that every star in the galaxy has a planet , and they speculate that up to
one fifth of them have an earth-like planet that might be able to harbor life , but we have n't seen
any of them .
```

接下来需要对数据进行预处理，如代码清单 2-20 所示。首先对输入句子进行分词、编码，然后转换为 TensorFlow 的 datasets 格式，以方便后续的训练和测试。

代码清单 2-20　数据预处理

```
# 数据转换格式
train_examples, val_examples = examples['train'], examples['validation']
tokenizer_en = tfds.features.text.SubwordTextEncoder.build_from_corpus(
    (en.numpy() for pt, en in train_examples), target_vocab_size=2**13)
tokenizer_pt = tfds.features.text.SubwordTextEncoder.build_from_corpus(
    (pt.numpy() for pt, en in train_examples), target_vocab_size=2**13)

# 数据编码
```

```
def encode(lang1, lang2):
    lang1 = [tokenizer_pt.vocab_size] + tokenizer_pt.encode(lang1.numpy()) +
            [tokenizer_pt.vocab_size+1]
    lang2 = [tokenizer_en.vocab_size] + tokenizer_en.encode(
            lang2.numpy()) + [tokenizer_en.vocab_size+1]
    return lang1, lang2

# 过滤长度超过MAX_LENGTH的数据
MAX_LENGTH=40
def filter_long_sent(x, y, max_length=MAX_LENGTH):
    return tf.logical_and(tf.size(x) <= max_length, tf.size(y) <= max_length)

# 将Python运算转换为TensorFlow运算
def tf_encode(pt, en):
    return tf.py_function(encode, [pt, en], [tf.int64, tf.int64])

# 构建数据集
BUFFER_SIZE = 20000
BATCH_SIZE = 64

# 使用.map()执行相关图操作
train_dataset = train_examples.map(tf_encode)
# 过滤过长的数据
train_dataset = train_dataset.filter(filter_long_sent)
# 使用缓存数据加速读入
train_dataset = train_dataset.cache()
# 打乱并获取批数据
train_dataset = train_dataset.padded_batch(
BATCH_SIZE, padded_shapes=([40], [40]))
# 设置训练数据
train_dataset = train_dataset.prefetch(tf.data.experimental.AUTOTUNE)

# 构建验证集数据
val_dataset = val_examples.map(tf_encode)
val_dataset = val_dataset.filter(filter_long_sent).padded_batch(
BATCH_SIZE, padded_shapes=([40], [40]))
de_batch, en_batch = next(iter(train_dataset))
```

首先通过代码清单 2-20 所示的步骤，可以把数据处理成(64, 40)的形状，其中 64 表示一批数据的数量，40 表示每个数据的序列长度；然后需要设置一些超参数，如词表大小、模型维度、注意力头个数、层数等；最后还需要选择一个优化器，如 Adam，并定义一个目标函数，如交叉熵损失。超参数和优化器的设置如代码清单 2-21 所示。

代码清单 2-21　设置超参数、优化器等

```
# 设置模型超参数
num_layers = 4
d_model = 128
dff = 512
num_heads = 8
input_vocab_size = tokenizer_pt.vocab_size + 2
```

```
target_vocab_size = tokenizer_en.vocab_size + 2
max_seq_len = 40
dropout_rate = 0.1

# 定义优化器
class CustomSchedule(tf.keras.optimizers.schedules.LearningRateSchedule):
    def __init__(self, d_model, warmup_steps=4000):
        super(CustomSchedule, self).__init__()
        self.d_model = tf.cast(d_model, tf.float32)
        self.warmup_steps = warmup_steps

    def __call__(self, step):
        arg1 = tf.math.rsqrt(step)
        arg2 = step * (self.warmup_steps ** -1.5)

    return tf.math.rsqrt(self.d_model) * tf.math.minimum(arg1, arg2)

learing_rate = CustomSchedule(d_model)
optimizer = tf.keras.optimizers.Adam(learing_rate, beta_1=0.9,
                                     beta_2=0.98, epsilon=1e-9)
# 定义目标函数
loss_object = tf.keras.losses.SparseCategoricalCrossentropy(from_logits=True, reduction='none')

def loss_fun(y_ture, y_pred):
    mask = tf.math.logical_not(tf.math.equal(y_ture, 0))  # 为0掩码标1
    loss_ = loss_object(y_ture, y_pred)

    mask = tf.cast(mask, dtype=loss_.dtype)
    loss_ *= mask
    return tf.reduce_mean(loss_)
train_loss = tf.keras.metrics.Mean(name='train_loss')
train_accuracy = tf.keras.metrics.SparseCategoricalAccuracy(name='train_accuracy')
```

接下来要创建 Transformer 模型，并使用检查点来保存和更新模型的参数，如代码清单 2-22 所示。检查点是一种用于存储和恢复模型状态的机制，它可以在训练过程中定期保存模型的权重，以防止意外中断或内存不足。检查点也可以用于加载已经训练好的模型，进行预测或继续训练。

代码清单 2-22　创建 Transformer 模型

```
# 创建Transformer模型
transformer = Transformer(num_layers, d_model, num_heads, dff, input_vocab_size,
                          target_vocab_size, max_seq_len, dropout_rate)
# 构建掩码
def create_mask(inputs,targets):
    encode_padding_mask = create_padding_mark(inputs)
    # 这个掩码用于遮挡输入解码层第二层的编码层输出
    decode_padding_mask = create_padding_mark(inputs)

    # look_ahead掩码，遮挡未预测的词
    look_ahead_mask = create_look_ahead_mark(tf.shape(targets)[1])
    # 解码层的第一层得到padding掩码
```

```
    decode_targets_padding_mask = create_padding_mark(targets)

    # 合并解码层的第一层掩码
    combine_mask = tf.maximum(decode_targets_padding_mask, look_ahead_mask)

    return encode_padding_mask, combine_mask, decode_padding_mask

# 创建检查点管理器
checkpoint_path = './checkpoint/train'
ckpt = tf.train.Checkpoint(transformer=transformer, optimizer=optimizer)
# 检查点管理器
ckpt_manager = tf.train.CheckpointManager(ckpt, checkpoint_path, max_to_keep=3)

if ckpt_manager.latest_checkpoint:
    ckpt.restore(ckpt_manager.latest_checkpoint)
    print('last checkpoit restore')
```

至此，模型和所有的参数已经定义好了，现在编写训练过程的代码，如代码清单 2-23 所示。在训练过程中需要注意一个细节：目标序列 targets 要分成两部分，一部分是解码器的输入 target_input；另一部分是每个位置的真实标签 target_real；它是 target_input 向左移动一个位置的结果。这样做是为了让解码器能够根据已经翻译的部分来预测下一个单词。

代码清单 2-23　定义训练过程

```
@tf.function
def train_step(inputs, targets):
    target_inp = targets[:,:-1]
    target_real = targets[:,1:]
    # 构造掩码
    encode_padding_mask, combined_mask, decode_padding_mask = create_mask(inputs, target_inp)
    # 训练过程
    with tf.GradientTape() as tape:
        predictions, _ = transformer(inputs, tar_inp, True, encode_padding_mask,
                                     combined_mask, decode_padding_mask)
        loss = loss_fun(tar_real, predictions)
    # 求梯度
    gradients = tape.gradient(loss, transformer.trainable_variables)
    # 反向传播
    optimizer.apply_gradients(zip(gradients, transformer.trainable_variables))
    # 记录损失值和准确率
    train_loss(loss)
    train_accuracy(tar_real, predictions)
```

接下来进行模型的训练，使用多个轮次并打印中间过程的损失值，如代码清单 2-24 所示。图 2-25 所示为训练过程中损失值的变化曲线。

代码清单 2-24　训练模型并打印损失值

```
EPOCHS = 1
step_list = []
loss_list = []
step = 0
```

```
for epoch in range(EPOCHS):
    start = time.time()
    # 重置记录项
    train_loss.reset_states()
    train_accuracy.reset_states()
    # inputs为葡萄牙文，targets为英文
    for batch, (inputs, targets) in enumerate(train_dataset):
        # 训练
        train_step(inputs, targets)
        if batch % 500 == 0:
            loss = train_loss.result()
            step_list.append(step)
            loss_list.append(loss)
        step += 1
    if (epoch + 1) % 2 == 0:
        ckpt_save_path = ckpt_manager.save()

#打印损失值
plt.plot(step_list, loss_list)
plt.xlabel('train step')
plt.ylabel('loss')
```

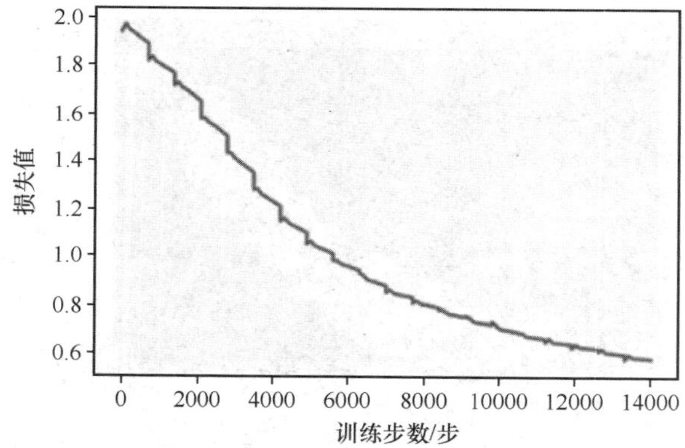

图 2-25　模型训练过程中的损失值

模型已经训练好并保存下来了。现在测试一下模型的效果，如代码清单 2-25 所示。首先需要编写一个预测函数，用于根据输入的句子来生成输出的句子；然后用一些测试数据来检验模型的翻译质量。

代码清单 2-25　预测输出

```
def predict_func(inp_sentence):
    start_token = [tokenizer_pt.vocab_size]
    end_token = [tokenizer_pt.vocab_size + 1]
    # 输入语句是葡萄牙文，增加开始标记和结束标记
    inp_sentence = start_token + tokenizer_pt.encode(inp_sentence) + end_token
    encoder_input = tf.expand_dims(inp_sentence, 0)

    # 因为目标是英文，所以输入Transformer的第一个词应该是英文的开始标记
```

```
    decoder_input = [tokenizer_en.vocab_size]
    output = tf.expand_dims(decoder_input, 0)

    for i in range(MAX_LENGTH):
    enc_padding_mask, combined_mask, dec_padding_mask = create_mask(
            encoder_input, output)
    predictions, attention_weights = transformer(encoder_input, output, False,
            enc_padding_mask, combined_mask, dec_padding_mask)

    # 从seq_len维度选择最后一个词
    predictions = predictions[: ,-1:, :]  # (batch_size, 1, vocab_size)
    predicted_id = tf.cast(tf.argmax(predictions, axis=-1), tf.int32)

    # 如果predicted_id等于结束标记，就返回结果
    if predicted_id == tokenizer_en.vocab_size + 1:
      return tf.squeeze(output, axis=0), attention_weights

    # 连接predicted_id与输出，作为解码器的输入传递到解码器
    output = tf.concat([output, predicted_id], axis=-1)

    return tf.squeeze(output, axis=0), attention_weights

# 翻译输出
def translate(sentence, plot=''):
   result, attention_weights = predict_func(sentence)
   predicted_sentence = tokenizer_en.decode([i for i in result
                                            if i < tokenizer_en.vocab_size])

   print('输入: {}'.format(sentence))
   print('预测输出: {}'.format(predicted_sentence))

translate("este é um problema que temos que resolver.")
print ("真实输出: this is a problem we have to solve .\n")

输入: este é um problema que temos que resolver.
预测输出: this is a problem that we have to deal with .
真实输出: this is a problem we have to solve .
```

我们可以看到，模型翻译效果还是不错的。为了让读者更好地理解模型的原理和应用，再举一个将英文翻译为中文的例子。用 Transformer 模型来翻译一段英文新闻，看看它能否准确地表达出中文的意思。

2.4.2 英文翻译为中文

虽然 2.4.1 节已经实现了一个葡萄牙文到英文的机器翻译模型，但是由于更常用的还是英文到中文的翻译，因此本节需要训练一个英文到中文的 Transformer 机器翻译模型。这个模型的代码和 2.4.1 节的一样，不需要做任何修改，只需要对输入数据进行一些预处理，把英文句子和中文句子进行分词、编码，然后转换为 TensorFlow 的 datasets 格式。

通过百度翻译，可以构建所需的数据。首先输入中文数据，使用百度翻译得到对应的英文数据；

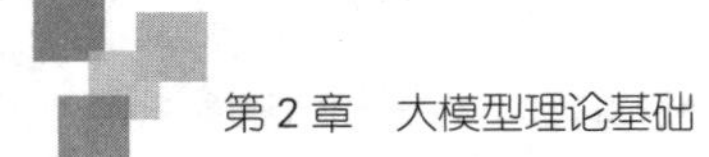

然后把英文作为输入，中文作为输出。

完成数据的预处理和模型的定义后，我们现在要开始训练英文到中文的 Transformer 模型。训练时直接运行 2.4.1 节的代码即可，训练过程中的损失值可以反映模型的学习情况。图 2-26 是训练过程中的损失值变化曲线，随着训练的进行，损失值逐步减小，说明模型在持续地优化。

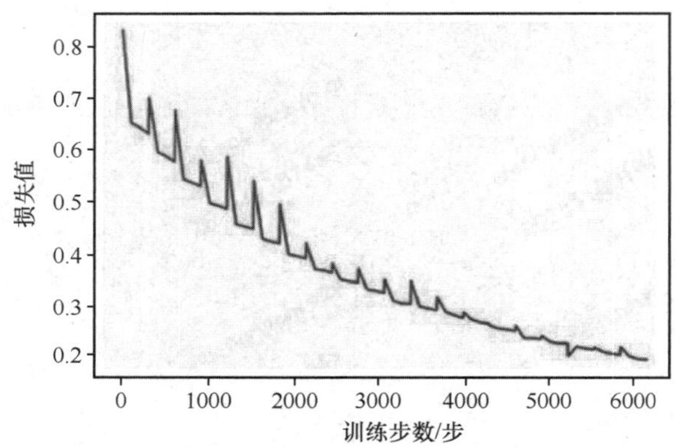

图 2-26　训练模型的损失值（英文翻译为中文）

模型已经训练好了，现在测试它的翻译效果，如代码清单 2-26 所示。给模型输入一些英文句子，看看它能不能生成正确的中文句子。

代码清单 2-26　预测输出英文翻译为中文

```
translate("you don't understand")
输入: you don't understand
预测输出: 你 不 懂
真实输出: 你 不 了解
***********
translate("you don't have to raise your voice ")
输入: you don't have to raise your voice
预测输出: 你 不 需要 提高 你 的 音量
真实输出: 您 不 需要 提高 音量
```

可以看到，翻译效果还是不错的，但是这也和选择了比较短的句子（最大长度为 12）有关。要让模型的效果更好，可以用更大的语料库来训练模型。更大的语料库可以提供更多的语言信息和知识，让模型能够处理更复杂和更长的句子。当然，使用更大的语料库也会增加训练的时间和难度，所以要根据自己的需求和条件来选择合适的语料库。

2.5 小结

本章内容是大模型的理论基础，对于理解第 3 章将要介绍的 OpenAI GPT 系列大模型非常重要。

本章从传统的语言模型入手，讲解了循环神经网络、长短期记忆网络和门控循环单元的原理和结构。本章的重点是 2.3 节和 2.4 节，分别介绍了 Transformer 的模型原理和机器翻译的实例。Transformer 是 OpenAI GPT、GLM 和 Llama 等大模型的核心结构，它有一些特殊的处理句子间关系的方法，如在解码器中对目标词进行掩码操作，这些方法在后面的 GPT 等大模型中也会用到。

2.6 参考文献

[1] HOCHREITER S. SCHMIDHUBER J. Long short-term memory[J]. Neural Computation, 1997, 9:1735–1780.

[2] BAHDANAU D, CHO K BENGIO Y. Neural machine translation by jointly learning to align and translate[J]. avXiv preprint arXiv: 1409.0473, 2014.

[3] VASWANI A, SHAZEER N, PARMAR N, et al. Attention is all you need[J]. Advances in Neural Information Processing Systems, 2017, 30: 6000–6010.

第 3 章 OpenAI GPT 系列大模型

在当今的数字时代，人工智能正在以惊人的速度演进，深刻地改变着人类的生活和社会的发展。其中 OpenAI GPT 系列大模型作为自然语言处理领域的杰出代表，引领了这场智能革命的浪潮。本章将带领读者深入探索这一令人瞩目的领域，探寻 GPT 系列大模型从起初的探索到如今的辉煌历程。

本章首先从 GPT-1 谈起，介绍其模型结构以及如何通过有监督微调提升下游任务的效果；随后深入探讨 GPT-2，介绍其如何将生成任务和分类任务进行统一；然后详细解析 GPT-3 如何通过少样本学习达到和微调相当的效果；接下来深入研究 ChatGPT 的姐妹模型 InstructGPT，介绍其如何通过有监督微调、奖励模型训练以及强化学习微调的方法提升模型效果；最后介绍 GPT-4 模型如何通过损失值预测扩展，在更小的模型上预测大模型的损失值，这种方法可以极大地降低模型的计算成本。

下面让我们一同探索 GPT 系列模型的精彩世界，开启智能时代的新篇章。

3.1 GPT 发展历史——从 GPT-1 到 GPT-4

从 2018 年 6 月发布的 GPT-1，到 2023 年 3 月发布的 GPT-4，GPT 系列大模型取得了惊人的进步和突破。它们不仅在模型规模上有了巨大的提升，而且在自然语言理解和生成等方面有了显著的优势和创新。它们可以根据给定的文本输入生成流畅的文本输出，如故事、诗歌、新闻、报告、论文等，还可以执行一些复杂的自然语言理解任务，如问答、文本分类、文本生成、摘要、翻译、对话等，甚至可以生成一些非文本类型的内容，如代码、图表、图像等。

GPT 系列大模型的发展是一个充满挑战和机遇的过程，这一过程也反映了人工智能领域的发展趋势和前沿问题。图 3-1 所示为 GPT 模型的发展历史，除了大家熟悉的 ChatGPT 和 GPT-4，还有专注于代码生成的 Codex，以及中间版本 text-davinic。

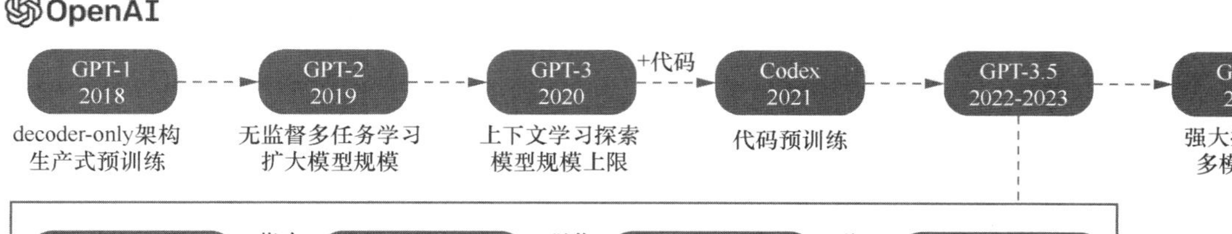

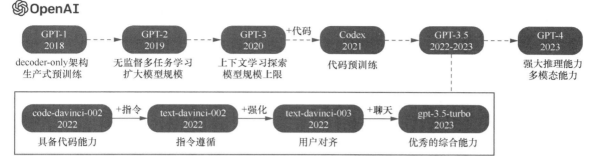

图 3-1 GPT 系列大模型的发展历史

GPT 系列大模型在短短 5 年内不断地改进和创新，涉及模型结构、参数量、训练数据、优化技术等多个方面。表 3-1 所示为几个有代表性的 GPT 大模型版本的改进细节。

表 3–1 几个有代表性的 GPT 大模型版本的具体改进细节

模型	主要改进
GPT-1	使用 Transformer 的解码器作为模型结构，使用标准语言模型作为预训练目标，使用预训练+微调的方式解决下游任务
GPT-2	扩大了模型参数量和训练数据量，使用 WebText 数据集进行预训练，使用零样本或少样本学习来解决下游任务
GPT-3	进一步扩大了模型参数量和训练数据量，使用 Common Crawl 数据集进行预训练，使用不同参数量的模型来适应不同复杂度的下游任务
ChatGPT	在 GPT-3.5 的基础上，使用人类反馈强化学习训练，使用人类标注师撰写的问答数据进行预训练，使用奖励模型来优化回答质量
GPT-4	进一步扩大了模型参数量和训练数据量，使用更高效的计算和通信优化技术，使用更多样化和多语言的数据集进行预训练

接下来将深入探讨几个有代表性的 GPT 大模型的技术原理，揭开它们背后的奥秘。

3.2 GPT-1 技术原理

GPT-1 是一种生成式预训练模型，2018 年由 OpenAI 在“Improving language understanding by generative pre-training”[1]这篇论文中提出。该模型的训练分为两个阶段：第一阶段是用语言模型进行无监督预训练；第二阶段是用有监督微调训练解决下游任务。GPT-1 在文本分类、文本蕴含识别、语义相似度计算、问答等多个下游任务上都有很好的表现，经过微调的 GPT-1 大模型的性能甚至超过了当时专门针对这些任务训练的最先进的模型。

提示　文本蕴含识别（textual entailment recognition）是一种判断两个文本片段之间是否有逻辑关系的任务。给定一个前提文本，要求根据这个前提判断假说文本与前提文本的关系，通常有 3 种可能：蕴含关系、矛盾关系或中立关系。蕴含关系意味着假说文本可以从前提文本中推导出来；矛盾关系则意味着假说文本与前提文本冲突；中立关系意味着假说文本与前提文本既不是蕴含关系，也没有冲突。

3.2.1　GPT-1 的模型结构

GPT-1 是一种用于单序列文本生成的模型，它的模型结构是基于 Transformer 的解码器部分构建的，并且只使用了掩码多头注意力这种注意力机制，如图 3-2 所示。

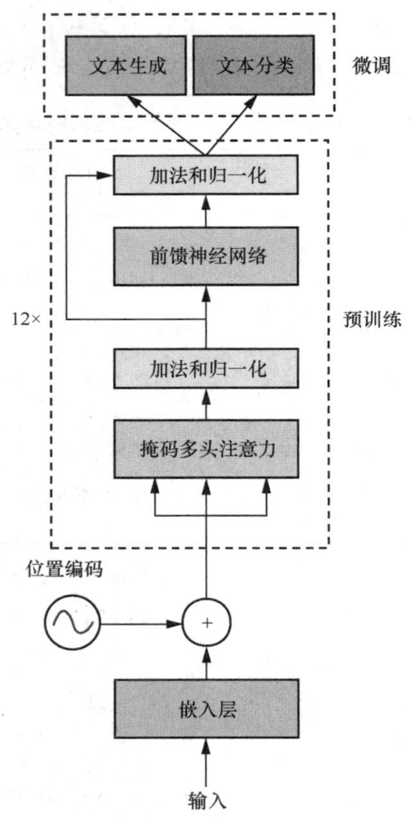

图 3-2　GPT-1 的模型结构

Transformer 最初是一种用于机器翻译的序列到序列模型，它由编码器和解码器两部分组成。编码器负责提取源语言的语义特征；解码器负责提取目标语言的语义特征，并生成对应的译文。

GPT-1 使用了 Transformer 中的掩码多头注意力和前馈神经网络，并且增加了模型的规模。相比于 Transformer 的模型结构，GPT-1 的层数从 6 层增加到 12 层，注意力的维度从 512 增加到 768，注意力头的个数从 8 个增加到 12 个，前馈神经网络层的隐藏层维度从 2048 增加到 3072，总参数量达到了 1.17 亿个。

除了上面提到的差异，Transformer 需要对输入的词嵌入向量加入位置嵌入向量，以便捕获文本的位置信息。Transformer 使用正弦函数和余弦函数来计算位置嵌入向量，而 GPT-1 的位置嵌入向量是随机初始化的，并且可以在训练过程中进行更新，这使得它更像词嵌入向量。

接下来将具体介绍 GPT-1 的预训练和微调过程。预训练是指在大规模的无标注文本上训练语言模型，以学习通用的语言知识。微调是指在特定的有标注数据上对预训练模型进行微调，以适应不同的下游任务，如文本分类、情感分析、问答等。

1．第一阶段：无监督预训练

GPT-1 模型的预训练任务是根据上文来预测当前的词。它的目标函数为

$$L_1 = \sum_i \log_2 P\left(u_i \middle| u_{i-k}, \ldots, u_{i-1}; \theta\right) \tag{3-1}$$

其中，u_i 是第 i 个词，k 是窗口大小，θ 是模型参数。

GPT-1 模型由 12 个 Transformer 模块组成，每个 Transformer 模块只包含解码器中的掩码多头注意力和前馈神经网络层，它们的计算公式如下：

$$\begin{aligned} \boldsymbol{h}_0 &= \boldsymbol{U}\boldsymbol{W}_\mathrm{e} + \boldsymbol{W}_\mathrm{p} \\ \boldsymbol{h}_l &= \mathrm{transformer}\left(\boldsymbol{h}_{l-1}\right) \\ P(u) &= \mathrm{softmax}\left(\boldsymbol{h}_n \boldsymbol{W}_\mathrm{e}^\mathrm{T}\right) \end{aligned} \tag{3-2}$$

其中，$\boldsymbol{U} = (u_{i-k}, \ldots, u_{i-1})$是当前单词 u_i 的上文词嵌入，例如[3222, 439, 150, 7345, 3222, 439, 6514, 7945]（其中数字 3222 是词在词表中的索引），$\boldsymbol{W}_\mathrm{e}$ 是词嵌入矩阵，$\boldsymbol{W}_\mathrm{p}$ 是位置嵌入矩阵，n 是 Transformer 层数。

2．第二阶段：有监督微调

为了适应下游任务，在有监督微调阶段，GPT-1 模型需要对其网络结构进行一些修改。假设有一个带有标签的数据集 C，其中词的序列为 $u_1, u_2, \ldots, u_m$，标签为 y。首先将词序列输入预训练好的 GPT-1 模型中，在经过最后一层 Transformer 后得到输出 $\boldsymbol{h}_l$，然后输入下游任务的线性层中，得到最终的预测输出：

$$P\left(y \middle| u_1, u_2, \ldots, u_m\right) = \mathrm{softmax}\left(\boldsymbol{h}_l \boldsymbol{W}_y\right) \tag{3-3}$$

其中，$\boldsymbol{W}_y$ 是线性层的参数。这时，目标函数的形式为

$$L_2 = \sum_i \log_2 P\left(y \middle| u_1, \ldots, u_m\right) \tag{3-4}$$

这个目标函数与预训练阶段的目标函数 L_1 相结合，得到最终的目标函数：

$$L = L_1 + \lambda L_2 \tag{3-5}$$

其中，λ 是一个超参数，用来控制两个目标函数的权重。

为了适应 GPT-1 的模型结构，不同的下游任务需要对输入进行一些转换，如图 3-3 所示。

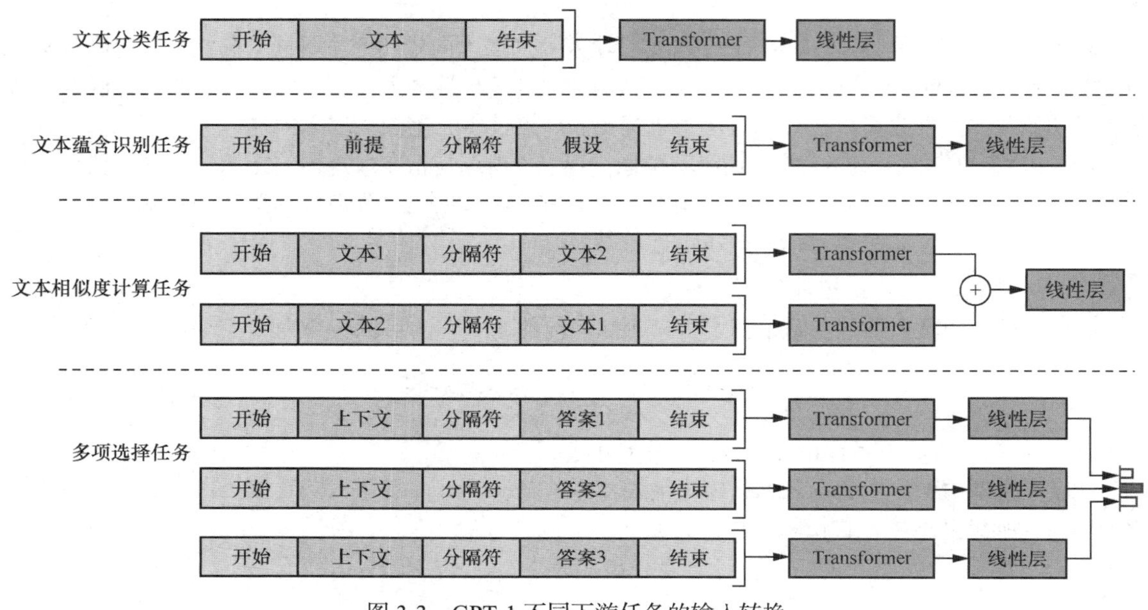

图 3-3　GPT-1 不同下游任务的输入转换

- 文本分类任务。只需要在输入序列的前后分别加上开始标记和结束标记，表示这是一个分类任务的输入。
- 文本蕴含识别任务。除了需要加上开始标记和结束标记，还需要在两个句子之间加上分隔符（delim）。
- 文本相似度计算任务。与文本蕴含识别任务类似，不过首先需要生成两个文本的表示，分别用开始标记和结束标记包围；然后用分隔符隔开，表示这是一个文本相似度计算任务的输入。
- 多项选择任务。可以把这个任务看作文本相似度计算任务的扩展，只不过首先需要生成多个文本的表示，每个文本都用开始和结束标记包围；然后用分隔符隔开，表示这是一个多项选择任务的输入。

3.2.2 GPT-1 应用实践——中文文本分类

3.2.1 节已经介绍了 GPT-1 模型的预训练和微调的原理和方法。本节将以中文文本分类为例，展示如何使用 GPT-1 模型解决实际的自然语言处理任务，并通过代码和示例，深入解读 GPT-1 模型的内部结构和工作机制。

多头注意力的部分已经在代码清单 2-6 中实现了，因此本章不再重复编写。本章主要关注 GPT-1 模型与 Transformer 模型的不同之处，即 GPT-1 模型的解码器部分。本章将介绍 GPT-1 模型的解码器是如何构建的，以及它是如何实现单向的语言模型和掩码多头注意力的。

代码清单 3-1 展示了 GPT-1 模型的解码器层的具体实现过程。

代码清单 3-1 GPT-1 解码器层实现

```
class DecoderLayerGPT1(tf.keras.layers.Layer):
   def __init__(self, d_model, num_heads, dff, drop_rate=0.1):
      super(DecoderLayerGPT1, self).__init__()
      # 定义掩码多头注意力
      self.mha1 = MutilHeadAttention(d_model, num_heads)
      self.ffn = point_wise_feed_forward_network(d_model, dff)
      self.layernorm1 = LayerNormalization(epsilon=1e-6)
      self.layernorm2 = LayerNormalization(epsilon=1e-6)
      self.dropout1 = layers.Dropout(drop_rate)
      self.dropout2 = layers.Dropout(drop_rate)

   def call(self, inputs, training, look_ahead_mask):
      # 掩码多头注意力
      att1, att_weight1 = self.mha1(inputs, inputs, inputs, look_ahead_mask)
      att1 = self.dropout1(att1, training=training)
      out1 = self.layernorm1(inputs + att1)
      ffn_out = self.ffn(out1)
      ffn_out = self.dropout2(ffn_out, training=training)
      out2 = self.layernorm2(out1 + ffn_out)
      return out2, att_weight1
```

GPT-1 模型的解码器层已经实现，下一步实现 GPT-1 模型的预训练和微调。代码清单 3-2 展示了这两个阶段的具体实现过程。其中 final_layer 是预训练阶段的输出层，它将解码器层的输出 $\boldsymbol{h}_l$ 输入一个线性层中，得到每个词的输出。fine_tuning_layer 是微调阶段的输出层，它将解码器层的输出 $\boldsymbol{h}_l$ 输入一个线性层中，得到下游任务的预测结果。

代码清单 3-2 GPT-1 预训练和微调阶段实现

```
class GPT1(tf.keras.Model):
   def __init__(self, n_layers, d_model, n_heads, diff, target_vocab_size,
            max_seq_len, fine_tuning_class_num,   drop_rate=0.1):
      super(GPT1, self).__init__()

      self.decoder = Decoder(n_layers, d_model, n_heads, diff,
                     target_vocab_size, max_seq_len, drop_rate)
      # 预训练阶段输出
      self.final_layer = tf.keras.layers.Dense(target_vocab_size)
      # 微调阶段输出
      self.fine_tuning_layer = tf.keras.layers.Dense(fine_tuning_class_num)

   def call(self, targets, training, look_ahead_mask):
      # 预训练阶段
      decode_out, att_weights = self.decoder(targets, training, look_ahead_mask)
      final_out = self.final_layer(decode_out)
      # 微调阶段
      fine_tuning_out = self.fine_tuning_layer(tf.keras.layers.Flatten()(final_out))

      return final_out, fine_tuning_out, att_weights
```

GPT-1 模型的代码已经完成，下一步要准备数据集。读者可以从公开渠道获取多样化的数据集

（如新闻数据集）。

数据预处理完成后，不仅需要设置一些超参数，如学习率、批次大小、训练轮次等，用来控制模型的训练过程；还要定义一个优化器，用来更新模型的超参数；此外，还要定义两个目标函数，分别用于预训练阶段和微调阶段。预训练阶段的目标函数是交叉熵损失，它衡量了模型生成的词的概率分布与真实的词的概率分布之间的差异。微调阶段的目标函数也是交叉熵损失，它衡量了模型预测的类别与真实的类别之间的差异。此外，还要定义两个评估指标，分别用于评估模型在预训练阶段和微调阶段的性能。预训练阶段的评估指标是交叉熵损失，它反映了模型对文本的理解程度。微调阶段的评估指标是*准确率*（accuracy），它反映了模型对类别判断的准确率。代码清单 3-3 展示了这些内容的具体实现过程。

代码清单 3-3　预训练阶段和微调阶段的目标函数与评估指标

```
# 预训练阶段目标函数
def loss_fun(y_ture, y_pred):
    mask = tf.math.logical_not(tf.math.equal(y_ture, 0))
    loss_ = loss_object(y_ture, y_pred)
    mask = tf.cast(mask, dtype=loss_.dtype)
    loss_ *= mask
    return tf.reduce_mean(loss_)

# 微调阶段目标函数
def loss_fun_fine_tuning(y_ture, y_pred):
    loss_ = loss_object_fine_tuning(y_ture, y_pred)
    return tf.reduce_mean(loss_)

# 预训练阶段评估指标
loss_object = tf.keras.losses.SparseCategoricalCrossentropy(
        from_logits=True, reduction='none')
train_loss = tf.keras.metrics.Mean(name='train_loss')

# 微调阶段评估指标
loss_object_fine_tuning = tf.keras.losses.CategoricalCrossentropy(
        from_logits=True, reduction='none')
train_loss_fine_tuning = tf.keras.metrics.Mean(name='train_loss_fine_tuning')
train_accuracy_fine_tuning = tf.keras.metrics.CategoricalAccuracy(
        name='train_accuracy_fine_tuning')
```

超参数、优化器、目标函数和评估指标设置好后，就可以创建 GPT-1 模型并实现训练过程了。首先创建一个 GPT-1 模型的对象，然后定义一个训练函数，用来对模型进行预训练和微调。代码清单 3-4 展示了这些内容的具体实现过程。

代码清单 3-4　创建 GPT-1 模型并实现训练过程

```
# 创建GPT-1模型
gpt1 = GPT1(num_layers, d_model, num_heads, dff, target_vocab_size,
          max_seq_len, n_class, dropout_rate)

# 创建ckpt管理器
checkpoint_path = './checkpoint/train_cat'
ckpt = tf.train.Checkpoint(gpt1=gpt1, optimizer=optimizer)
```

```
ckpt_manager = tf.train.CheckpointManager(ckpt, checkpoint_path, max_to_keep=3)
if ckpt_manager.latest_checkpoint:
   ckpt.restore(ckpt_manager.latest_checkpoint)

# 定义训练过程
def train_step(targets):
   tar_inp = targets['title'][:, :-1]
   tar_real = targets['title'][:, 1:]
   cat_name = targets['cat']
   combined_mask = create_mask(tar_inp)
   with tf.GradientTape() as tape:
      predictions, predict_fine_tuning, _ = gpt1(tar_inp, True, combined_mask)
      loss = loss_fun(tar_real, predictions)
      loss_fine_tuning = loss_fun_fine_tuning(cat_name, predict_fine_tuning)
      loss_combine = loss + loss_fine_tuning

    # 求梯度
    gradients = tape.gradient(loss_combine, gpt1.trainable_variables)
    # 反向传播
    optimizer.apply_gradients(zip(gradients, gpt1.trainable_variables))
    # 记录损失值和准确率
    train_loss(loss)
    train_accuracy(tar_real, predictions)
    train_loss_fine_tuning(loss_fine_tuning)
    train_accuracy_fine_tuning(cat_name, predict_fine_tuning)
```

在代码清单 3-4 中，tar_inp 表示 GPT-1 预训练阶段输入的标题，tar_real 表示 GPT-1 预测阶段预测的下一个词，cat_name 表示微调阶段的类别标签。

在定义了训练函数和评估指标后，还需要定义训练的迭代次数，即模型需要经过多少次迭代才能达到最佳的效果。可以根据数据集的大小、模型的复杂度、超参数的设置等因素来确定训练的迭代次数，然后就可以开始训练模型了。在训练过程中，我们可以打印出每批次数据的损失值、准确率，以便观察模型的学习情况。代码清单 3-5 展示了这些内容的具体实现过程。

代码清单 3-5　训练 GPT-1

```
# 训练多个轮次
for epoch in range(EPOCHS):
   train_loss.reset_states()
   train_accuracy.reset_states()
   train_loss_fine_tuning.reset_states()
   train_accuracy_fine_tuning.reset_states()
   for batch, all_inputs in enumerate(train_dataset):
      train_step(all_inputs)
      if batch % 1000 == 0:
         loss = train_loss.result()
         loss_fine_tuning = train_loss_fine_tuning.result()
epoch 20, batch 0, loss:3.8556, loss_fine:0.5126, acc:0.8906
epoch 20, batch 1000, loss:3.6283, loss_fine:0.2713, acc:0.9259
epoch 20, batch 2000, loss:3.6260, loss_fine:0.2715, acc:0.9256
epoch 20, batch 3000, loss:3.6289, loss_fine:0.2736, acc:0.9248
epoch 20, batch 4000, loss:3.6265, loss_fine:0.2719, acc:0.9251
epoch 20, save model at ./checkpoint/train_cat/ckpt-10
```

从代码的运行结果可以看出：GPT-1 模型在预训练阶段的损失值降到了 3.6 左右，说明模型已经学习了一定的语言知识；在微调阶段的损失值降到了 0.27 左右，说明模型已经适应了中文文本分类的任务；模型在测试集上的准确率为 0.92 左右，说明模型有很好的泛化能力，可以准确地判断新闻标题的类别。

在完成 GPT-1 模型的训练后，就可以实现 GPT-1 模型的预测功能了，即根据输入的新闻标题，预测它属于哪个类别。我们可以通过一些具体的例子，来看看 GPT-1 模型的分类效果如何。首先输入一些不同主题的新闻标题，然后输出 GPT-1 模型的预测结果和真实结果，以及预测的概率分布。具体实现如代码清单 3-6 所示。

代码清单 3-6　实现 GPT-1 模型的预测功能

```
# 预测函数实现
def predict_func(inp_sentence):
    start_token = [tokenizer_title.vocab_size]
    end_token = [tokenizer_title.vocab_size + 1]
    inp_sentence = start_token + tokenizer_title.encode(inp_sentence) + end_token
    n = MAX_LENGTH - len(inp_sentence)
    inp_sentence = inp_sentence + [0 for k in range(n)]
    inp_sentence = inp_sentence[:-1]
    inp_sentence = tf.expand_dims(inp_sentence, 0)

    combined_mask = create_mask(inp_sentence)
    predictions, predict_fine_tuning, _ = gpt1(inp_sentence, False, combined_mask)
    predicted_id = tf.cast(tf.argmax(predict_fine_tuning, axis=-1), tf.int32)
    return predicted_id

# 根据predicted_id获取类别
def get_cat_name(sentence, plot=''):
    result = predict_func(sentence)[0]
    result = cat_name_all[result]
    print('输入: {}'.format(sentence).replace(" ", ""))
    print('预测输出: {}'.format(result))

# 获取真实的类别
def get_real_cat(label):
    index = label.index(1)
    return cat_name_all[index]

s = "文明的坐标|乌镇融合"古韵与现代""
s = " ".join(jieba.cut(s))
get_cat_name(s)
print("=============================================================")
s = "2030年的未来科技预测: 20项技术改变世界"
s = " ".join(jieba.cut(s))
get_cat_name(s)
print("=============================================================")
s = "糖醋汁怎样调? 牢记黄金比例"54321", 按照这个配方, 一次成功"
s = " ".join(jieba.cut(s))
get_cat_name(s)
```

```
输入:文明的坐标|乌镇融合"古韵与现代"
预测输出:文化
==================================================
输入:2030年的未来科技预测: 20项技术改变世界
预测输出:科技
==================================================
输入:糖醋汁怎样调? 牢记黄金比例"54321", 按照这个配方, 一次成功
预测输出:美食
```

结果显示：GPT-1 模型的预测效果相当不错，它能够很好地完成这种简单的文本分类任务。GPT-1 模型能够根据新闻标题的内容和风格，准确地判断出它所属的类别，并给出相应的概率分布。这说明 GPT-1 模型在预训练阶段和微调阶段都学习到了有效的语言知识和任务知识，从而提高了其分类能力。

GPT-1 虽然在分类任务上取得了不错的效果，但是它也存在一些局限性。由于 GPT-1 需要为每个下游任务单独设计和训练一个微调网络，因此不仅增加了实现的复杂度，而且无法充分利用不同任务之间的相关性和共性。为了解决这些问题，OpenAI 在 2019 年推出了 GPT-2 模型，它是 GPT-1 模型的升级版。

3.3 GPT-2 技术原理

GPT-2 是 OpenAI 在 2019 年提出的一种大规模的语言模型 [2]。GPT-2 在 GPT-1 的基础上进行了改进，它的模型结构与 GPT-1 几乎没有变化，只是增加了模型的层数、宽度和参数量，并且取消了微调的步骤。这意味着 GPT-2 可以实现统一建模，只需要进行一阶段的预训练，就可以直接应用到文本摘要、文本生成等不同的自然语言处理任务上，而无须进行特定任务的微调。这样，模型的泛化能力和灵活性得到了提高。

由于论文指出了大规模的模型需要更多的数据才能收敛，并且实验结果也表明了目前的模型仍然处于欠拟合的状态，因此增加模型规模和数据量是提升语言模型性能的有效途径。

GPT-1 使用了 12 层的 Transformer 作为其模型结构，BERT 最多使用了 24 层的 Transformer；GPT-2 则使用了 48 层的 Transformer，这使得 GPT-2 成为当时最大的语言模型。

在 GPT-2 发布之前，自然语言模型大多采用无监督预训练和有监督微调的方法，但这样的方法有一个缺点，就是针对每个特定任务都需要不同类型和规模的标注数据。而标注数据往往是稀缺、昂贵和应用场景单一的，导致系统缺乏泛化性和鲁棒性。由于 OpenAI 想通过构建和利用足够大且多样化的数据集来保证最终的模型能够应用于多个不同的自然语言处理任务中，因此 OpenAI 专门获取了得分高的外链文本作为数据源，并且移除了维基百科等常见数据源，最终得到了一个大小约 40GB 被称为 WebText 的数据集。另外，由于使用的数据包含各个领域和主题，所以既保证了数据的质量和数量，又保证了数据多样性。

由于无监督预训练模型也能完成某些特定任务，如常识推理、情感分析等，所以 OpenAI 提出了取消有监督微调阶段，将经过无监督预训练的语言模型直接应用到下游任务中。OpenAI 通过 GPT-2 论证了这种方法的可行性，并验证了语言模型在相关领域具有很大的应用潜力。

3.3.1 GPT-2 的模型结构

尽管自然语言处理任务通常需要在特定任务的数据集上进行有监督的学习才能被完成，然而 OpenAI 在其论文中提出了当语言模型在一个由数百万网页组成的新数据集 WebText 上进行无监督的预训练时，它们就开始学习这些任务，而不需要任何明确的监督信号。例如，当给定一个文档和一个问题时，语言模型可以生成一个合理的答案，在阅读理解 CoQA 数据集上的 F1 分数达到了 0.55。这说明该语言模型具有很强的泛化能力和自适应能力，它们可以利用预训练阶段学习到的通用语言知识来解决各种下游任务。GPT-2 就是这样一种强大的语言模型，它在零样本设置下，在 8 个测试数据集进行测试，其中在 7 个测试数据集中实现了最好的性能。

1．具体方法

GPT-2 的核心是一个语言模型，语言具有天然的顺序性。和有监督模型类似，语言模型是对序列的条件概率建模，通常可以表示为

$$P(x)=\prod_{i=1}^{n}P\left(s_n\,|s_1,\ldots,s_{n-1}\right) \tag{3-6}$$

式（3-6）可以泛化为 $P(s_{n-k},..,s_n|s_1,..,s_{n-k-1})$。任何有监督任务都是在估计 P(output|input)。虽然通常我们会选择用特定的网络结构给任务建模，但是如果要做通用模型，它则需要对 P(output|input, task)进行建模。

有很多方法可以对 P(output|input, task) 建模，比如特定任务的编码器和解码器。语言模型提供了一种灵活的方式来指定任务、输入和输出。例如，对于机器翻译任务，训练样本可以表示为序列(翻译为法文,英文,法文)；对于阅读理解任务，训练样本可以表示为(回答问题,文档,问题,答案)。可以训练单一模型，使用这种格式的样本对不同的任务做推断。按照这种方法，语言模型也能够学习某些有监督任务，并且不需要明确具体的监督符号。

2．训练数据集

为了训练语言模型，OpenAI 从网上获取了大量的语料，构建了一个名为 WebText 的数据集，该数据集包含约 4500 万条语料，涉及超过 800 万篇文档，涵盖新闻和小说等多个领域。此外，为了避免和其他数据集重复，该数据集还特意移除了维基百科的数据。

3．模型改动

相对于 GPT-1，GPT-2 在模型结构方面几乎没有什么修改，只是在每个编码器层的输入和最后一个注意力层的输出都加入了一个*层归一化*（layer normalization）操作。

为了解决模型深度对残差路径的累积问题，GPT-2 采用了修正的初始化方法，将残差层的权重缩小到$1/\sqrt{n}$，其中 n 为残差层的数量。此外，GPT-2 将词表的大小扩展到 50257，输入的上下文大小从 GPT-1 的 512 扩展到了 1024，并且使用更大的批次大小（即 512）。

GPT-2 提供了 4 种不同规模的模型，最大的模型参数达到了 1.5B（15 亿个），如图 3-4 所示。

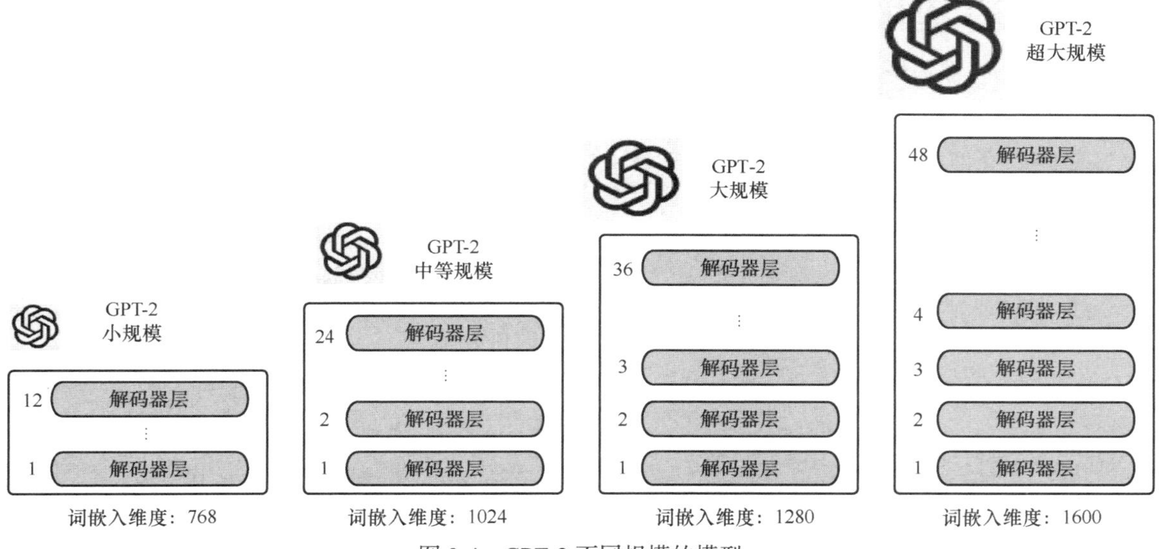

图 3-4　GPT-2 不同规模的模型

在 LAMBADA、CBT-CN、CBT-NE 等数据集上，只经过预训练的 GPT-2 就打败了之前效果最好的 BERT，具体数据如表 3-2 所示。

表 3–2　GPT–2 在不同数据集上的准确率　/%

模型	数据集		
	LAMBADA	CBT-CN	CBT-NE
BERT	59.23	85.7	82.3
GPT-2	63.24	93.30	89.05

其中：LAMBADA（Language Modeling Broadened to Account for Discourse Aspects）是用于测试长句建模能力的数据集，通过预测句子末尾的词汇来进行测试；CBT（Children's Book Test）数据集的每个样本包含 21 个句子序列，且会从最后一个句子中随机删除一个单词，这个任务要求模型能够利用上下文信息来预测这个被删除的单词。

综上所述，GPT-2 在 GPT-1 的基础上采用单向语言模型，并舍去微调阶段，利用高质量、多样化的大文本数据训练得到一个巨型模型，最终在语言模型相关的任务中取得了不错的成绩。它的主要贡献有以下 3 点。

- 收集了一个大语料库。
- 最大的 GPT-2 模型有 15 亿的参数量，用零样本提示在很多任务上进行测试，发现在大多数的任务上都实现了最优效果。
- 验证了即使不做微调，“大模型+大语料+多样性数据”的组合也能在多个任务上取得不错的效果。

接下来我们通过一个实例，说明如何将 GPT-2 联合应用于文本生成和文本分类任务。

3.3.2　GPT–2 应用实践——文本分类和文本生成

3.2.2 节已经实现了 GPT-1，由于 GPT-2 和 GPT-1 的模型结构几乎一致，因此可以略过模块的实现细节，着重说明输入句子和生成结果的方法。GPT-2 的预训练实现如代码清单 3-7 所示，与 GPT-1 的代码清单 3-2 的区别在于没有微调阶段的输出。

代码清单 3-7　GPT-2 预训练实现

```
class GPT2(tf.keras.Model):
    def __init__(self, n_layers, d_model, n_heads, diff, target_vocab_size,
                 max_seq_len, drop_rate=0.1):
        super(GPT2, self).__init__()
        self.decoder = Decoder(n_layers, d_model, n_heads, diff,
                               target_vocab_size, max_seq_len, drop_rate)
        self.final_layer = tf.keras.layers.Dense(target_vocab_size)

    def call(self, targets, training, look_ahead_mask):
        decode_out, att_weights = self.decoder(targets, training, look_ahead_mask)
        final_out = self.final_layer(decode_out)
        return final_out, att_weights
```

由于 GPT-2 不需要进行微调便可以用于后续任务，因此需要对其他任务的输入进行处理。以文本分类为例，仍然使用与 GPT-1 相同的数据集。把新闻标题和类别标签组合在一起：“2030 年的未来科技预测：20 项技术改变世界|科技”。用“|”分隔新闻标题和类别标签，从而将文本分类问题转化为语言模型问题。GPT-2 的训练代码与 GPT-1 的类似，只是少了微调阶段。预测阶段只需要将概率最大的词作为 Softmax 的输出即可。GPT-2 的训练实现如代码清单 3-8 所示。首先设定优化器和目标函数，然后使用 Adam 优化器更新模型参数。在训练结束后保存模型。

代码清单 3-8　创建 GPT-2 并实现训练过程

```
# 定义优化器
learing_rate = CustomSchedule(d_model)
optimizer = tf.keras.optimizers.Adam(learing_rate, beta_1=0.9,
                                     beta_2=0.98, epsilon=1e-9)

# 定义目标函数和评估指标
loss_object = tf.keras.losses.SparseCategoricalCrossentropy(
        from_logits=True, reduction='none')
train_loss = tf.keras.metrics.Mean(name='train_loss')
train_accuracy = tf.keras.metrics.SparseCategoricalAccuracy(name='train_accuracy')

# 定义GPT-2模型
gpt2 = GPT2(num_layers, d_model, num_heads, dff, target_vocab_size,
       max_seq_len, dropout_rate)
# 定义训练过程
def train_step(targets):
    tar_inp = targets[:, :-1]
    tar_real = targets[:, 1:]
    # 构造掩码
```

```
    combined_mask = create_mask(tar_inp)
    with tf.GradientTape() as tape:
        predictions, _ = gpt2(tar_inp, True, combined_mask)
        loss = loss_fun(tar_real, predictions)
    # 求梯度
    gradients = tape.gradient(loss, gpt2.trainable_variables)
    # 反向传播
    optimizer.apply_gradients(zip(gradients, gpt2.trainable_variables))
    # 记录损失值和准确率
    train_loss(loss)
    train_accuracy(tar_real, predictions)

# 开始训练
for epoch in range(EPOCHS):
    # 重置记录项
    train_loss.reset_states()
    train_accuracy.reset_states()
    for batch, all_inputs in enumerate(train_dataset):
        # 训练
        train_step(all_inputs)
```

模型训练完成后，需要检验模型的性能。首先实现预测功能，如代码清单 3-9 所示；然后检验文本分类的性能。从结果来看，模型表现出色，我们只需要在文本输入前给出提示词，模型就能识别是分类任务还是生成任务。不仅如此，模型还具有简单而有效的特点，不需要进行复杂的预处理或后处理。

代码清单 3-9　GPT-2 实现文本分类任务

```
# 实现预测功能
def predict_func(inp_sentence):
    start_token = [tokenizer_title.vocab_size]
    end_token = [tokenizer_title.vocab_size + 1]

    # 增加开始和结束标记
    inp_sentence = start_token + tokenizer_title.encode(inp_sentence) + end_token
    encoder_input = tf.expand_dims(inp_sentence, 0)

    decoder_input = [tokenizer_title.vocab_size]
    output = tf.expand_dims(decoder_input, 0)
    for i in range(MAX_LENGTH):
        combined_mask = create_mask(encoder_input)
        predictions, _ = gpt2(encoder_input, False, combined_mask)

        # 从seq_len维度选择最后一个词
        predictions = predictions[: ,-1:, :]  # (batch_size, 1, vocab_size)
        predicted_id = tf.cast(tf.argmax(predictions, axis=-1), tf.int32)

        # 如果predicted_id等于结束标记，就返回结果
        if predicted_id == tokenizer_title.vocab_size + 1:
            return tf.squeeze(encoder_input, axis=0)
```

```
        # 连接predicted_id与输出，作为解码器的输入传递到解码器
        encoder_input = tf.concat([encoder_input, predicted_id], axis=-1)
        output = tf.concat([output, predicted_id], axis=-1)

    return tf.squeeze(encoder_input, axis=0)

# 解码过程
def translate(sentence, plot=''):
    result = evaluate(sentence)
    predicted_sentence = tokenizer_title.decode(
            [i for i in result if i < tokenizer_title.vocab_size])
    predicted_sentence = predicted_sentence.replace(" ", "")
    sentence = sentence.replace(" ", "")
    print('输入: {}'.format(sentence))
    print('预测输出: {}'.format(predicted_sentence))

# 测试用例
translate("请将下面文本分类：吃什么食物，可以降低血压？")
print("=============================")
真实数据：吃什么食物，可以降低血压？|健康
输入：吃什么食物，可以降低血压？
预测输出：吃什么食物，可以降低血压？|健康
```

GPT-2 能够根据不同的提示词转换任务，生成文本内容。如果我们在输入的最开始将续写作为提示词，那么 GPT-2 就能续写文本。代码清单 3-10 展示了一个简单的示例。

代码清单 3-10　GPT-2 实现文本生成任务

```
s = " ".join(list(jieba.cut("续写：今天是个好天气")))
translate(s)
print("=============================")
s = " ".join(list(jieba.cut("续写：未来10年最伟大的发明")))
translate(s)
print("=============================")
s = " ".join(list(jieba.cut("续写：深度学习和机器学习相比，主要区别是")))
translate(s)
print("=============================")

输入： 今天是个好天气
预测输出： 今天是个好天气，适合出去散步或者在户外放松心情。
=============================
输入： 未来10年最伟大的发明
预测输出： 未来10年最伟大的发明可能是全面的可再生能源系统。
=============================
输入： 深度学习和机器学习相比，主要
预测输出： 深度学习和机器学习相比，主要区别在于其模型的复杂性和特征学习的方式。
```

GPT-2 在语言模型相关的任务中获得了优异的表现。在接下来的时间里，OpenAI 坚持 GPT-2 的统一建模思路，在 2020 年推出了 1750 亿参数量的 GPT-3 模型，并通过少样本提示来优化模型的推理效果。

3.4 GPT-3 技术原理

近年来，自然语言处理系统趋向于利用预训练模型来完成下游任务，这种方法灵活且和下游任务无关。然而，为了在特定任务上获得更好效果，通常需要在任务相关的数据集上进行微调，而微调之后的模型又损失了通用性。此外，特定任务的微调数据一般很难大量获取，这就需要模型在小数据集上进行重复训练，这可能会带来过拟合的风险和灾难性遗忘的问题。

由于人类学习语言任务通常只需简短指令或少量示范，因此 OpenAI 借助这个思路，在论文“Language models are few-shot learners”[3]中提出了少样本学习的思路，并在 GPT-3 模型上验证效果。OpenAI 训练了一个 1750 亿个参数的模型，命名为 GPT-3，并通过大量实验验证其上下文学习能力。对于每个任务，基于以下 3 种学习方法评估 GPT-3 的性能：

- 少样本学习（few-shot learning），或称为上下文学习，一般选取的样本数为 10～100 个；
- 单样本学习（one-shot learning），在输入中只允许一个样本提示；
- 零样本学习（zero-shot learning），在输入中不提供任何样本示例，只向模型提供自然语言指令。

图 3-5 所示为上面几种不同的样本学习过程（见文前彩图），任务是要求模型从一个单词中去除多余的符号。模型的表现随着上下文样本数量 k 的增加而提高，少样本学习的表现随着模型参数量的增加而显著提高。虽然在这种情况下的结果特别出人意料，但这些学习曲线的一般趋势在大多数任务中都成立。这些学习曲线不涉及梯度更新或微调，只涉及在模型输入时上下文样本数量的增加。

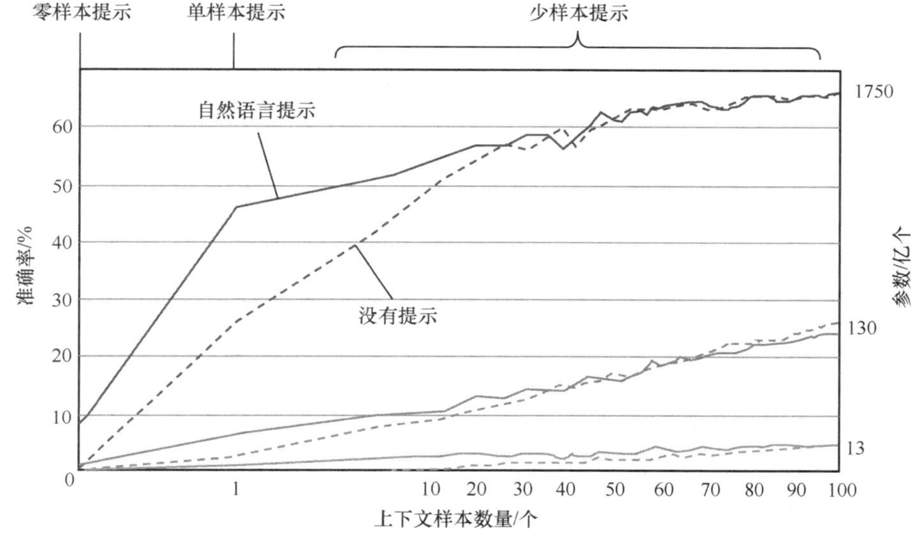

图 3-5　上下文样本数量对效果的影响

图 3-6 所示为一个翻译示例，进一步展示了少样本学习、单样本学习、零样本学习和传统微调方法之间的区别。

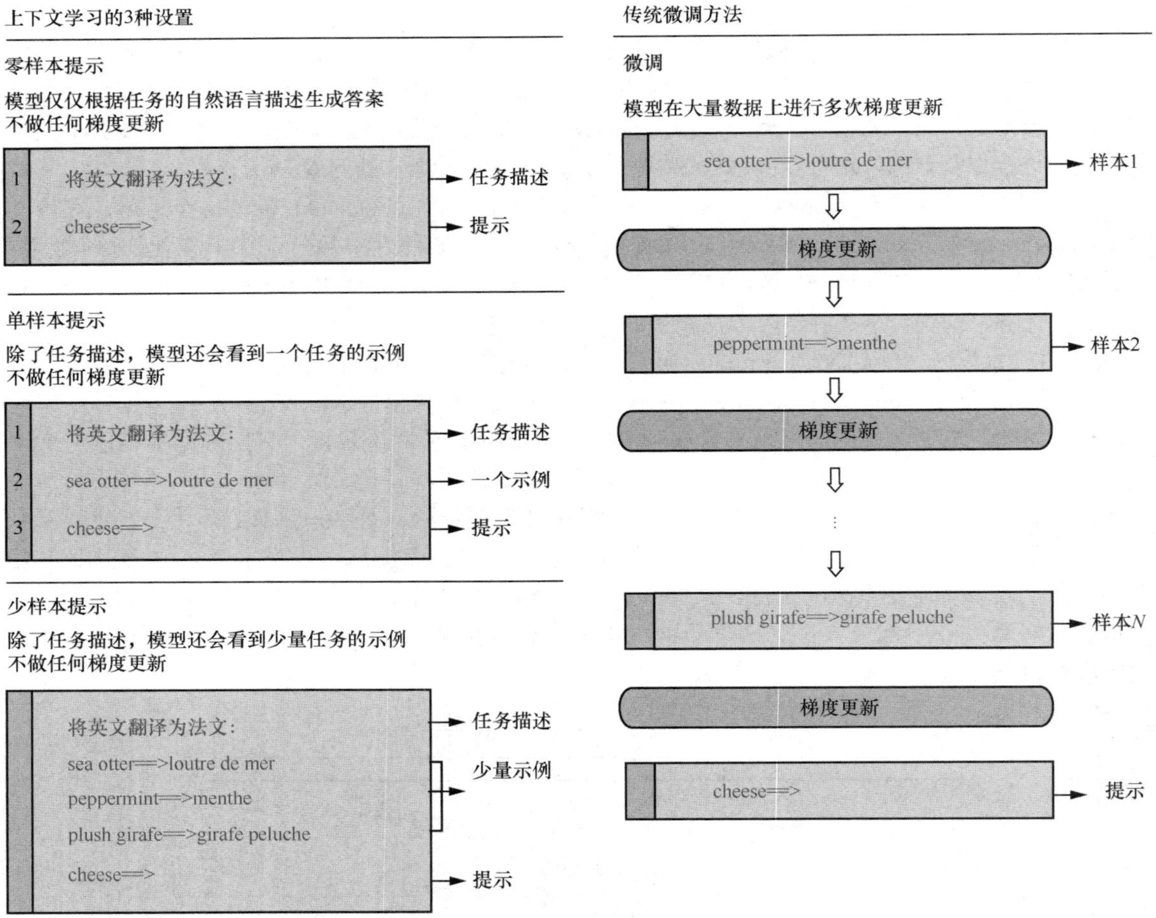

上下文学习的3种设置

零样本提示

模型仅仅根据任务的自然语言描述生成答案
不做任何梯度更新

1 将英文翻译为法文: → 任务描述
2 cheese==> → 提示

单样本提示

除了任务描述，模型还会看到一个任务的示例
不做任何梯度更新

1 将英文翻译为法文: → 任务描述
2 sea otter==>loutre de mer → 一个示例
3 cheese==> → 提示

少样本提示

除了任务描述，模型还会看到少量任务的示例
不做任何梯度更新

将英文翻译为法文: → 任务描述
sea otter==>loutre de mer
peppermint==>menthe
plush girafe==>girafe peluche → 少量示例
cheese==> → 提示

传统微调方法

微调

模型在大量数据上进行多次梯度更新

sea otter==>loutre de mer → 样本1
梯度更新
peppermint==>menthe → 样本2
梯度更新
⋮
plush girafe==>girafe peluche → 样本N
梯度更新
cheese==> → 提示

图 3-6　GPT-3 上下文学习方法和微调方法对比

3.4.1 GPT-3 的模型结构

虽然 GPT-3 的模型是基于 GPT-2 的模型结构构建的，但是在 Transformer 的每一层中都采用了密集注意力和稀疏注意力交替的方式，类似于稀疏 Transformer 的设计。为了探索模型性能与模型参数量之间的关系，OpenAI 训练了 8 个 GPT-3 模型，这些模型的参数量从 1.25 亿个跨度到 1750 亿个。根据相关研究，当训练数据充足时，验证集损失值服从幂律分布。通过比较不同规模模型的验证集损失值和下游语言任务表现，可以验证这一假设。表 3-3 列出了 8 个 GPT-3 模型的规模和结构参数。

表 3–3 不同参数量的 GPT–3

模型	参数量/亿个	注意力头数/个	层数/层	批次大小/万
GPT-3 Small	1.25	12	12	50
GPT-3 Medium	3.50	16	24	50
GPT-3 Large	7.60	16	24	50
GPT-3 XL	13	24	24	100
GPT-3 2.7B	27	32	32	100
GPT-3 6.7B	67	32	32	200
GPT-3 13B	130	40	40	200
GPT-3 175B/GPT-3	1750	96	96	320

为了训练 GPT-3 这样的大模型，OpenAI 利用了 Common Crawl、WebText2 等数据集，表 3-4 展示了训练 GPT-3 时使用的最终混合数据集的情况。Common Crawl 包含 2016—2019 年的网络数据，原始压缩文本大小为 45 TB，经过筛选后剩余 570 GB。在训练过程中，Common Crawl 和 Books2 数据集最多被使用一遍（一个轮次），而其他数据集则可以被重复使用 2～3 遍（多个轮次）。

表 3–4 训练 GPT–3 的数据分布

数据集	令牌（token）数量/亿个	训练中的占比/%	训练轮次/轮
Common Crawl	4100	60	0.44
WebText2	190	22	2.9
Books1	120	8	1.9
Books2	550	8	0.43
Wikipedia	30	3	3.4

3.4.2 GPT–3 多项任务评估

为了评估 GPT-3 的效果，OpenAI 在多项任务上进行了详细的实验。由于涉及的数据集很多，因此本节最初只介绍每个数据集的名称和任务类型，以便读者了解，具体内容如表 3-5 所示。接下来我们选取表 3-5 中的部分数据集，介绍 GPT-3 在这些数据集上的评测结果。

表 3–5 数据集名称和任务类型

数据集名称	任务类型
PTB	语言建模，预测下一个词
LAMBADA	阅读理解，预测文中被掩盖的单词
HellaSwag	常识推理，评估模型的上下文感知能力和常识推理能力
StoryCloze	故事理解，从两个选项中选择最合适的故事结尾

续表

数据集名称	任务类型
NaturalQS	自然问答，从给定的网页中提取答案
WebQS	网页问答，从给定的网页中提取答案
TriviaQA	开放域问答，从大量的文档中提取答案
PIQA	物理常识推理，从两个选项中选择最合理的解决方案
ARC	科学问答，从 4 个选项中选择正确答案
CoQA	对话式问答，根据一段对话和一个问题回答问题
SuperGLUE	多任务语言理解，包括自然语言推理、阅读理解等
Common Crawl	网页文本，用于训练大模型
Winograd	指代消解，根据上下文确定代词的指向
Winogrande	指代消解，根据上下文确定代词的指向
QuAC	问答对话，根据一段背景文本和一个问题生成一个回答和一个后续问题
SQuAD	阅读理解，从给定的段落中提取答案
RACE	阅读理解，根据一篇文章回答多个选择题
Analogies	类比推理，根据给定的词找出第 4 个词，使得它们之间有相同的关系

1. 语言建模数据集 PTB

OpenAI 在 PTB 数据集上计算了零样本提示下的困惑度（perplexity）。PTB 是一个传统的语言建模数据集，由于它早于现代互联网，因此没有数据污染问题。测试结果显示 GPT-3 在 PTB 上以显著的优势创造了新的最优纪录，困惑度下降 15%（数据来自论文“Language models are unsupervised multitask learners”[2]）。

提示　在自然语言处理领域中，困惑度被用来评估一个语言模型在给定一段文本的情况下，预测下一个词语的能力。更具体地说，困惑度可以被解释为模型对于下一个词语的不确定性或混乱程度。

在一个语言模型中，给定一个上下文序列，模型会估计出每个词语可能出现的概率分布。困惑度则用来衡量模型的这个概率分布与实际观察到的文本序列之间的“匹配度”。困惑度越低表示模型的预测越接近真实的数据分布，即模型的预测更准确。

困惑度可以通过以下公式计算：

$$\text{Perplexity}(X)=2^{-\frac{1}{N}\sum_{i=1}^{N}\log_2 P(x_i|x_1,x_2,\ldots,x_{i-1})} \tag{3-7}$$

其中，X 表示要计算的文本序列，N 表示文本序列中的词数量，x_i 表示第 i 个词，P 表示在给定上文预测当前词 x_i 的概率。

---

2. 语言理解数据集 LAMBADA

LAMBADA 数据集是一个用于语言模型评估的数据集，旨在评估语言模型的上下文感知能力，即模型能否理解上下文并根据上下文来进行推理和预测。该数据集包含超过 10 万个英文句子，每个句子都是从小说中选取的。在每个句子的末尾会留下一个单词，并要求模型预测这个单词是什么。这个单词是整个句子的关键词，只有完全理解上下文的模型，才能正确地预测出这个单词。

在 LAMBADA 数据集上评测 GPT-3，在少样本提示设置下，GPT-3 的准确率达到 86.4%。模型参数量越大，少样本提示性能的提升就越明显。

3. 上下文感知数据集 HellaSwag

HellaSwag 数据集是一个用于评估通用语言理解的数据集，由斯坦福大学（Stanford University）的研究人员开发。它的名称“HellaSwag”是一个俚语表达，意思是“当上下文知识远超常识时，会发生什么”。HellaSwag 是评估模型的上下文感知能力和常识推理能力的强有力工具，该数据集包含 10 万个问题-回答对。

使用该数据集，在单样本提示设置下，GPT-3 的准确率达到 78.1%；在少样本提示设置下，GPT-3 的准确率达到 79.3%。

4. 故事理解数据集 StoryCloze

StoryCloze 数据集由卡内基梅隆大学（Carnegie Mellon University，CMU）的研究人员开发，包含 50000 个 4 句话的故事，每个故事有一个上下文和两个结局，任务目标是判断哪个结局最符合上下文。

在 StoryCloze 数据集上对 GPT-3 进行评估，在零样本提示设置下，GPT-3 的准确率达到 83.2%；在少样本提示（样本数 $k=70$）设置下，GPT-3 的准确率达到 87.7%。这只比使用基于 BERT 模型进行微调的最优准确率低 4.1%。

5. 封闭域问答数据集 NaturalQS&WebQS&TriviaQA

封闭域（closed book）问答是指在没有外部参考材料的情况下独立回答事实、计算和推理等类型问题的任务。在这个任务中，模型必须依靠其内部存储的知识，利用其推理能力来回答问题。

GPT-3 用 3 个数据集（自然问答数据集 NaturalQS、网络问答数据集 WebQS 和封闭域问答数据集 TriviaQA）评估 GPT-3，评测结果如表 3-6 所示。

表 3-6 GPT-3 在 3 个封闭域问答数据集上的评测结果（准确率） %

设置	NaturalQS	WebQS	TriviaQA
T5-11B+SSM	36.6	44.7	68.0
T5-11B	34.5	37.4	50.1
GPT-3 零样本提示	14.6	14.4	64.3
GPT-3 单样本提示	23.0	25.3	68.0
GPT-3 少样本提示	29.9	41.5	71.2

在 TriviaQA 数据集上，模型效果随着模型规参数量增加而平稳增长，如图 3-7 所示。这反映了越大的模型，往往拥有越好的效果。

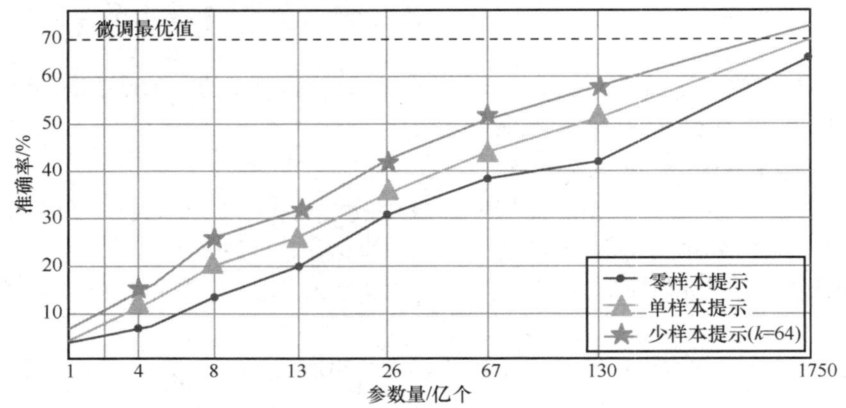

图 3-7　GPT-3 在 TriviaQA 数据集上的效果

3.5 横空出世——ChatGPT

ChatGPT 的惊艳亮相代表着通用人工智能的时代已经拉开帷幕。本节将详细介绍 ChatGPT 的原理和应用。

3.5.1 真正的通用人工智能——ChatGPT

人工智能是指让机器具有人类智能的能力，如学习、推理、创造等。通用人工智能（artificial general intelligence，AGI）是指可以在多个领域和任务上表现出人类水平或超越人类水平的人工智能，它是人工智能的终极目标。

近年来，随着计算机技术和数据量的飞速发展，人工智能取得了巨大的进步，尤其是在自然语言处理领域，出现了一系列基于语言模型的大模型，如 GPT、BERT、XLNet 等，它们通过在海量的语言数据上进行预训练，能够在多个自然语言任务上取得出色的表现。

这些大模型虽然在某些特定任务上达到了令人惊叹的效果，但是它们并不能称为真正的通用人工智能，因为它们还存在如下几方面的局限。

- 缺乏对用户意图的理解：这些大模型往往需要用户提供少样本提示才能理解用户的需求。例如，在使用 GPT-3 进行对话生成时，用户需要提供一些特定格式的输入才能得到合理的回复，这显然不符合自然语言交互的场景。
- 缺乏对输出质量的评估：这些大模型往往无法判断自己生成的文本是否在人类看来表现不错。例如，在使用 GPT-3 进行故事生成时，用户无法知道生成的故事是否有逻辑、是否有情感、是否有创意等。

- 缺乏对用户反馈的学习：这些大模型往往无法根据用户对自己输出的评价来更新自己的参数，从而使自己更加符合用户的期望。例如，在使用 GPT-3 生成诗歌时，用户无法通过给予正面或负面的反馈来影响生成的诗歌的风格和内容。

为了克服这些局限，OpenAI 公司发布了 ChatGPT，它可以与人类进行自然语言交互，并且具有如下突出特点。

- 引入了奖励模型和人类反馈的强化学习技术：ChatGPT 通过引入奖励模型来刻画模型输出是否在人类看来表现不错，并且引入了人类反馈机制，根据用户对模型输出的评价来更新模型参数。这样，ChatGPT 不仅可以评估自己的输出质量，并且可以根据用户反馈来进行改进。
- 实现了无提示对话生成技术：ChatGPT 通过实现无提示对话生成技术来提高对用户意图的理解能力。这样，用户不需要提供任何特定格式或内容的输入，ChatGPT 就能与用户进行自然、流畅、有趣、有深度、有创意等各种类型和风格的对话。
- 实现了多领域和多任务文本生成技术：ChatGPT 通过实现多领域和多任务文本生成技术来提高自己在各种领域和任务上的表现能力。这样，ChatGPT 不仅可以与用户进行对话，还可以根据用户的需求生成各种类型的文本，如故事、诗歌、代码等。

因此，ChatGPT 算得上是真正的通用人工智能，它可以与人类进行自然语言交互，并且在多个领域和任务上表现出达到人类水平或超越人类水平的能力。

3.5.2 有监督微调

ChatGPT 是在 GPT-3 的基础上进行了改进的大模型，它可以与人类进行自然语言交互。虽然 OpenAI 并没有开源 ChatGPT 模型，也没有发表相关的论文，但是在 2022 年 3 月，OpenAI 发表了论文“Training language models to follow instructions with human feedback”[4]，论文详细地阐述了 InstructGPT 的主要原理，而 InstructGPT 和 ChatGPT 是紧密相关的两个模型，可以将这两个模型视为一对姐妹模型。接下来我们就通过解读这篇论文来了解 InstructGPT 的原理，进而了解 ChatGPT。

要想了解 InstructGPT 的核心，首先需要明白 GPT-3 存在哪些问题，以及 InstructGPT 是如何解决这些问题的。

GPT-3 的最大问题是它的训练目标和用户意图不一致。例如，如果给模型输入句子“罗马帝国[掩码]奥古斯都的统治”，那么它可能会预测掩码位置应该填入“开始于”或“结束于”，因为这两个词出现的概率都很高。但是对历史知识来说，这两个答案有着天壤之别。

因此，InstructGPT 要解决的核心问题就是：如何让模型理解用户提出的不同类型和风格的问题，并且能够生成优质、有用、无害、无歧视的答案。

InstructGPT 的核心方法就是引入“人工标注数据+强化学习”框架来不断微调预训练模型。在“人工标注数据+强化学习”框架下，InstructGPT 的训练主要分为以下 3 个阶段。

- 第一阶段，使用标准数据（提示和对应的回答）进行有监督微调（supervised fine-tuning，SFT）。
- 第二阶段，训练奖励模型。给定提示（大约 3 万条），使用微调后的模型生成多个回答，人工对多个答案进行排序，然后使用成对学习（pair-wise learning）来训练奖励模型，也就是学习人工标注的顺序（人工对模型输出的多个答案按优劣进行排序）。
- 第三阶段，使用强化学习微调预训练模型。利用奖励模型的打分结果来更新模型参数，从而使模型更加符合用户的期望。

读者可能有一个疑问，为什么不直接使用有监督微调，而又要引入强化学习呢？

这个问题非常重要。强化学习的目的是让模型的答案更接近人类意图，这个阶段无须人工标注数据，而是利用上一阶段学好的奖励模型来指导模型的学习。如果标注数据足够多，那么有可能用监督微调就足够了。但是由于标注数据少到只有 3 万条，所以单纯使用有监督微调可能会导致模型过拟合或欠拟合。而使用强化学习可以让模型在更大的数据空间中探索和学习，从而提高模型的泛化能力。

为了让 InstructGPT 能够理解用户提出的问题中所包含的意图，首先需要从用户提交的问题中随机抽取一部分，由专业的标注人员给出相应的高质量答案，然后用这些人工标注好的<问题,答案>数据来微调 GPT-3 模型，如图 3-8 所示。

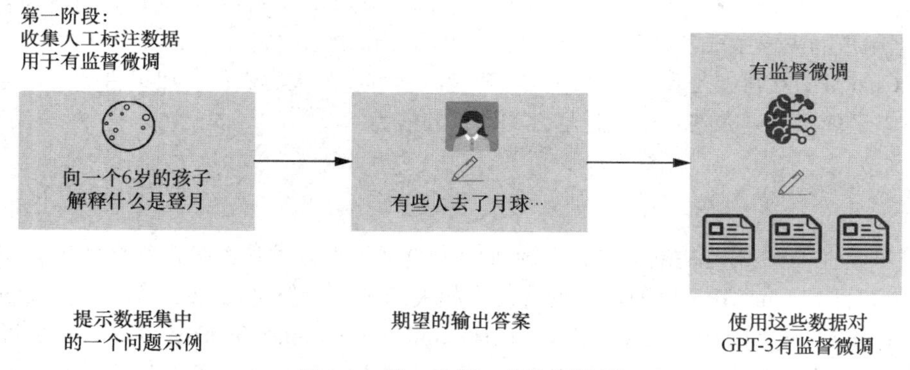

图 3-8　第一阶段：有监督微调

虽然经过这个过程，可以认为 InstructGPT 已经具备了一定的能力，能够理解用户问题中的意图，并且根据意图生成相对高质量的答案；但是由于标注数据太少，模型的效果还不够理想。下面来看一下这部分标注数据包含哪些任务类型（占比误差在 0.1%），如表 3-7 所示。

表 3–7　标注数据的任务类型

任务类型	占比/%
生成任务（Generation）	45.6
开放问答（Open QA）	12.4
头脑风暴（BrainStroming）	11.2
聊天（Chat）	8.4
重写（Rewrite）	6.6

续表

任务类型	占比/%
摘要（Summarization）	4.2
分类（Classification）	3.5
封闭问答（Closed QA）	2.6
抽取（Extract）	1.9
其他（Other）	3.6

其中，最主要的是生成任务，如生成故事、诗歌、代码等。其次是问答任务，如回答历史、科学等方面的问题。表 3-8 给出了一些任务类型示例，有监督微调就使用这些任务来微调 GPT-3 模型。

表 3–8　任务类型示例

任务类型	示例
头脑风暴（BrainStroming）	列出 5 个重新激发职业热情的方法
生成任务（Generation）	编写一个短篇故事，讲述一只熊前往海滩，结识了一只海豹，然后返回家中的经历
重写（Rewrite）	修改下面的句子，将反问句改成陈述句：你难道不喜欢吃苹果吗？

3.5.3 训练奖励模型

这个阶段的主要目的是通过对人工标注数据的学习来训练奖励模型（reward model，RM）。具体而言，首先是从用户提交的问题中随机抽取一部分（大部分和第一阶段的相同），使用第一阶段微调好的模型，对每个问题生成 K 个不同的回答（K 是 4～9 的一个数），这样就得到了<问题,回答 1>,<问题,回答 2>,…,<问题,回答 K>。其次是标注人员根据多个标准（如相关性、信息量、有害性等）综合考虑，对 K 个回答进行排序，给出 K 个回答的排名顺序，这就是这个阶段人工标注的数据。

接下来利用排序数据来训练奖励模型，采用的训练方法是**成对学习**。对 K 个排序结果两两组合，形成 C_K^2 个训练数据对，ChatGPT 采用成对学习来训练奖励模型。奖励模型接收一个输入<问题,回答>，输出一个评价答案质量高低的分数，分数越高，说明回答的质量越高。对于一对训练数据<回答 1,回答 2>，假设人工排序中回答 1 排在回答 2 前面，那么损失函数就鼓励奖励模型对<问题,回答 1>的分数要高于<问题,回答 2>的分数。具体过程如图 3-9 所示。

奖励模型的损失值可以表示为

$$\operatorname{loss}(\theta)=-\frac{1}{\mathrm{C}_K^2}E_{(x,y_w,y_l)\sim D}\left[\log_2\left(\sigma\left(r_\theta\left(x,y_w\right)-r_\theta\left(x,y_l\right)\right)\right)\right] \tag{3-8}$$

其中，θ 表示模型参数，E 表示期望，σ 表示 sigmoid 函数，$r_\theta(x,y)$ 表示奖励模型的输出，x 是给定的问题，y 表示对应的回答。y_w 和 y_l 表示回答 w 排在回答 l 之前，类似上面的回答 1 排在回答 2 前面。

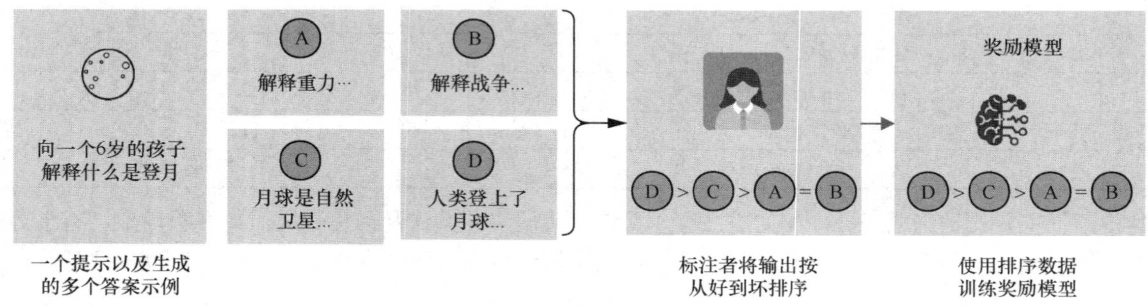

图 3-9　第二阶段：训练奖励模型

3.5.4 使用强化学习微调预训练模型

第三阶段是使用强化学习微调预训练模型，无须人工标注数据，只需借助上一阶段训练好的奖励模型作为奖励函数，具体步骤为：首先从用户提交的问题中随机抽取一些新的问题（即与前两个阶段不同的问题)，并用第一阶段经过有监督微调的模型初始化近端策略优化（proximal policy optimization，PPO）模型的参数；然后用近端策略优化模型生成每个抽取的问题的回答，并用奖励模型评估回答的分数。这个分数就是奖励模型给出的回答的整体收益。整个过程如图 3-10 所示。

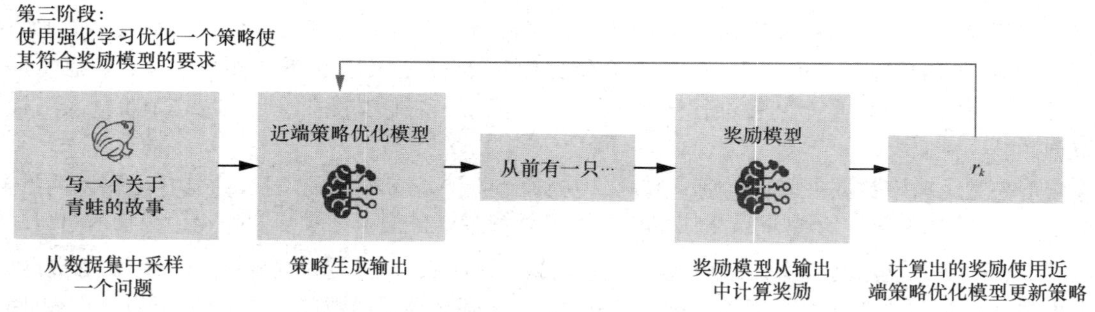

图 3-10　第三阶段：使用强化学习微调预训练模型

强化学习的优化目标可以表示为

$$
\begin{aligned}
\text{object}(\phi) = & E_{(x,y)\sim D_{\pi_\phi^{\text{RL}}}}\left[r_\theta(x,y) - \beta\log_2\left(\pi_\phi^{\text{RL}}(y|x)/\pi^{\text{SFT}}(y|x)\right)\right] \\
& +\gamma E_{x\sim D_{\text{pretrain}}}\left[\log_2\left(\pi_\phi^{\text{RL}}(x)\right)\right]
\end{aligned} \tag{3-9}
$$

其中，$r_\theta(x,y)$ 表示奖励模型的分数，$\log_2\left(\pi_\phi^{\text{RL}}(y|x)/\pi^{\text{SFT}}(y|x)\right)$ 的作用是让强化学习的输出不要偏

离有监督微调太多，$E_{x\sim D_{\text{pretrain}}}\left[\log_2\left(\pi_\phi^{\text{RL}}(x)\right)\right]$ 的作用是保证微调效果的同时，让语言模型在通用能力上的效果不会变差。

经过强化学习的微调，具有 13 亿个参数的 GPT-3 XL 模型在某些任务上甚至超过了经过有监督微调的具有 1750 亿个参数的 GPT-3 175B 模型的效果。

3.5.5 ChatGPT 应用

3.5.1～3.5.4 节已经详细介绍了 ChatGPT 的技术原理，它是一个基于大模型和强化学习的聊天机器人，可以与用户进行自然、流畅、有趣的对话，回答各种问题，完成各种任务，创造各种内容。相比较 GPT-3，ChatGPT 有如下特点。

- ChatGPT 从人类反馈中学习，通过不断地与环境交互，选择最优的行动，以获得最大的累积奖励。
- ChatGPT 使用了对话格式，使其能够回答后续问题，承认自己回答中的错误，拒绝不合适的请求。
- ChatGPT 还可以根据用户的指令，提供详细的回答，完成复杂的自然语言处理任务。

ChatGPT 在各项任务上都表现出了优异的效果，超越了许多其他的聊天机器人。以下是一些评测结果的示例。

- 在问答任务上，ChatGPT 可以准确地回答各种常识、推理等类型的问题，甚至可以解决一些数学、编程等领域的问题。例如，当用户问“男女合吃一张饼，男生吃 9/13，女生吃 3/13，浪费了 1/13，男生比女生多花 7 元，请问：这张饼多少钱？”时，ChatGPT 可能给出 3 种不同的解法，并询问用户哪种答案更合理。
- 在对话任务上，ChatGPT 可以与用户进行自然、流畅、有趣的对话，展现出丰富的情感、个性和幽默感。例如，当用户问“你喜欢什么样的音乐？”时，ChatGPT 可能回答“我喜欢各种风格的音乐，但我最喜欢的是摇滚乐。因为我觉得摇滚乐很有激情和力量。”
- 在创作任务上，ChatGPT 可以根据用户的指令，创造各种内容，如诗歌、故事、代码、歌曲、名人模仿等。例如当用户说“写一首关于春天的诗。”时，ChatGPT 可能回答：“春天来了，万物复苏。花儿开放，鸟儿歌唱。阳光温暖，微风轻拂。春天来了，生机勃勃。”

ChatGPT 可以应用在许多场景中，为用户提供便利和乐趣。以下是一些应用场景的示例：

- 在教育领域，ChatGPT 可以作为一个智能教师或者学习伙伴，为学生提供个性化的教学和辅导，帮助学生掌握知识和技能，提高学习效率和兴趣。
- 在娱乐领域，ChatGPT 可以作为一个智能伴侣或者娱乐伙伴，为用户提供有趣的对话和互动，帮助用户消除孤独和压力，增加快乐和幸福感。
- 在商业领域，ChatGPT 可以作为一个智能客服或者营销助手，为用户提供高效的服务，帮助用户解决问题，满足用户需求，提高用户满意度和忠诚度。

虽然 ChatGPT 已经拥有了强大的能力，但是 ChatGPT 仍然有局限性，需要不断地改进和完善。以下是一些局限性的总结：

- ChatGPT 有时会产生一些不正确或者无意义的回答，这是因为不仅在强化学习过程中没有一个确定的真值来源，而且训练数据中也存在一些偏差和误导；
- ChatGPT 对于输入的语言或者指令很敏感，稍微改变一些词语或者顺序，就可能导致不同的回答或者效果。

为了解决这些问题，OpenAI 在 ChatGPT 的基础上继续优化，推出了更强大的模型 GPT-4。GPT-4 在 GSM8K 小学数学应用题数据集上的准确率已超过 90%，远远超过了 ChatGPT，在其他任务上也有大幅度提升。接下来介绍 GPT-4 做了哪些优化，以及是如何做到的。

3.6 GPT-4

2023 年，OpenAI 发布了 GPT-4 大模型，并发布了技术报告[5]。相比于前一代的 ChatGPT，GPT-4 有如下方面的飞跃式提升。

- 强大的识图能力。GPT-4 可以处理图像和文字的混合输入，理解图表中数据的含义，并做进一步计算。我们甚至可以直接把论文截图发给它，GPT-4 可以按像素处理其中的文字和图像，并给出对整篇论文的总结摘要。
- 文字输入限制提升至 2.5 万字。GPT-4 可以接受更长的输入文本，从而处理更复杂的问题和任务。例如：对于修改代码的工作，用户只需要把 1 万字的程序文档输入给 GPT-4 就可以，GPT-4 会自动识别并修正代码中的错误和缺陷。
- 回答准确性显著提高。GPT-4 在模拟律师考试中，取得了前 10%的好成绩；相比之下，ChatGPT 是倒数 10%。在美国高考 SAT 试题中，GPT-4 也在阅读写作中拿下 710 分高分、数学 700 分（满分 800 分）。

OpenAI 还在为机器学习模型设计的传统数据集上评估了 GPT-4，结果显示 GPT-4 的性能大大优于现有的大模型的性能。接下来具体介绍 GPT-4 做了哪些不一样的事。

3.6.1 GPT-4 的涌现能力

复杂系统学科已经对涌现现象进行了深入的研究。涌现现象是什么呢？它指的是当一个复杂系统由许多微观个体组成，这些个体相互作用并达到一定的数量时，就会在宏观层面上表现出一些微观个体无法解释的现象。我们可以把这种现象称为涌现现象，可以把产生这种现象的能力称为涌现能力。

在日常生活中也有很多涌现现象，如雪花、堵车、动物迁徙、涡流等。雪花是由水分子构成的，虽然水分子非常小，但是当大量的水分子在外界温度变化的影响下相互作用时，就会在宏观层面上形成一个对称、规则、美丽的雪花。

那么，我们可以问一个问题：超级大模型是否会产生涌现现象呢？答案是肯定的。

如果要总结近几年来大模型最大的技术进步，那可能就是模型规模的快速增长了（见图 3-11，图为简略图）。目前，大模型的参数量通常超过了 1000 亿个。例如：ChatGPT 有 1750 亿个参数，GPT-4 的参数数量甚至超过 1 万亿个。

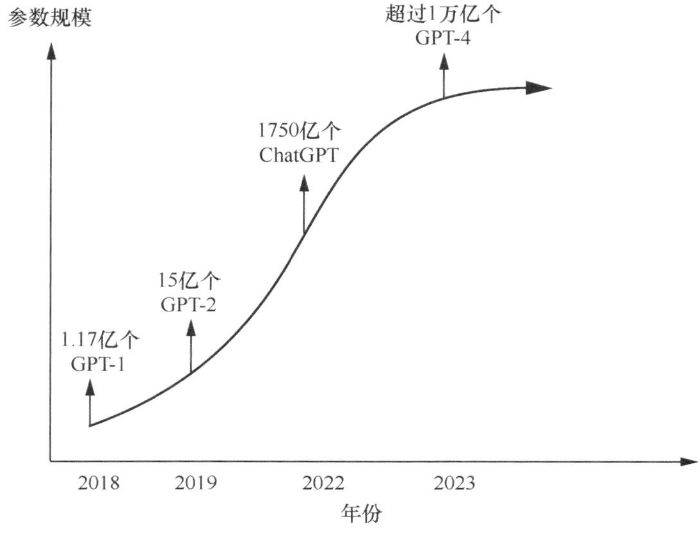

图 3-11　大模型参数增长

随着模型参数的增长，下游任务的效果往往也会提升。根据任务的类型，可以将它们分为以下三类。

- 第一类任务遵循伸缩法则：这类任务通常是知识密集型的，当模型参数量增加时，任务的效果也会持续提升。
- 第二类任务呈现饱和现象：这类任务一般是技能型的，需要一定的逻辑和推理能力。当模型参数量达到一定程度时，任务的效果就会趋于稳定。
- 第三类任务较为少见，呈现 U 形曲线：这类任务通常是创造性的，需要一定的想象力和创新能力。当模型参数量增加时，任务的效果会先下降再上升。当模型参数量不够大时，效果会受到噪声和偏差的影响。当模型参数量足够大时，效果会因为涌现现象而提升。如果对这类任务使用思维链（chain of thought，CoT）技术，就可以将它们转化为第一类任务，使得效果随着模型参数量增加而持续提升。

如今 GPT-4 的模型参数量已经达到了万亿级别，是 ChatGPT 的 10 倍以上。这样巨大的参数量带来了显著的效果提升，在 GSM8K 数据集上，准确率从 57%提升到了 92%。

3.6.2 大模型预测扩展

GPT-4 项目的一个重要目标是通过小模型的损失值预测大模型的损失值，这样就能够使用更小的计算成本来预估最终的大模型效果，这种方法被称为“预测扩展”。

OpenAI 使用一个幂律函数来近似表示最终的损失函数和计算成本的关系。为了验证这种方法是否具有可扩展性，OpenAI 使用一个缩放定律来预测 GPT-4 的最终损失值：

$$L(C)=aC^b+c \tag{3-10}$$

这个预测基于与 GPT-4 使用相同的方法训练的模型，但是计算成本只有 GPT-4 的 1/10000。这个预测是在训练开始后不久就做出的，没有借助任何中间结果。拟合的缩放定律能够非常精确地预测 GPT-4 的最终损失，如图 3-12 所示。

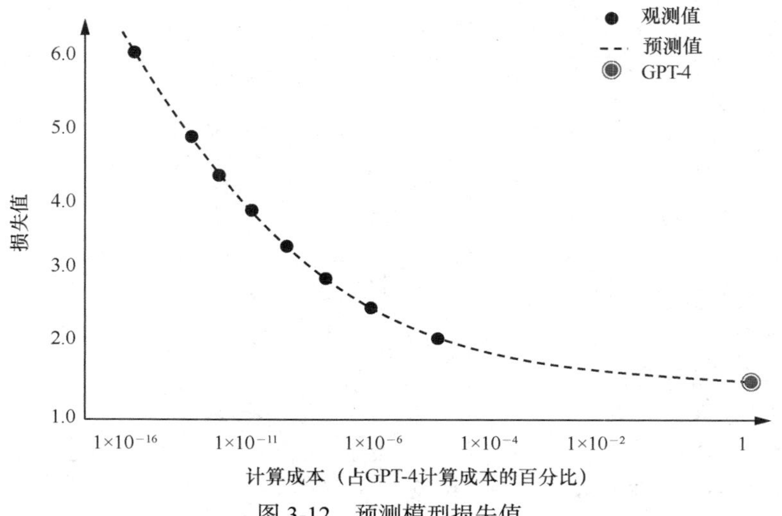

图 3-12　预测模型损失值

GPT-4 技术报告提到，大模型的能力预测（capability prediction）是一个非常有价值的新研究方向。因为它可以用小模型来预测大模型在某些参数组合下的某种能力，如果预测足够精确，就可以大大缩短训练周期，同时大大降低试错成本；所以这个方向无论从理论价值还是实际价值都很高，非常值得深入研究具体技术方法。

3.6.3 GPT–4 性能分析

OpenAI 评估了 GPT-4 在各种数据集测试中的表现，评测结果表明 GPT-4 在各种专业测试和学术数据集上的表现达到了人类水平。例如，它通过了模拟律师考试，并且分数在前 10%的范围内。

除此之外，GPT-4 在考试中的能力似乎主要源自预训练过程，而不受人工反馈强化学习的影响。在多项选择题测试中，基本的 GPT-4 模型和人工反馈强化学习后的模型平均表现相同。表 3-9 所示为 GPT-4 在各项评测中的表现。

表 3–9　GPT–4 在各项评测中的表现（准确率）　　%

数据集	GPT-4 （少样本提示）	ChatGPT	语言模型最优版	最优版
MMLU （多项选择题 54 个学科）	86.4 （5 个样本提示）	70.0 （5 个样本提示）	70.7 （5 个样本提示）	75.2
HellaSwag （常识推理）	95.3 （10 个样本提示）	85.5 （10 个样本提示）	84.2 （5 个样本提示）	85.6
ARC （小学多项选择题）	96.3 （25 个样本提示）	85.2 （25 个样本提示）	85.2 （8 个样本提示）	86.5
WinoGrande （代词消解的常识推理）	87.5 （5 个样本提示）	81.6 （5 个样本提示）	85.1 （5 个样本提示）	85.1

续表

数据集	GPT-4 （少样本提示）	ChatGPT	语言模型最优版	最优版
HummanEval （Python 编程题）	67.0 （零样本提示）	48.1 （零样本提示）	26.2 （零个样本提示）	65.8
DROP （阅读理解和算术）	80.9 （3 个样本提示）	64.1 （3 个样本提示）	70.8 （1 个样本提示）	88.4
GSM8K （小学数学应用题）	92.0 （5 个样本提示）	57.1 （5 个样本提示）	58.8 （8 个样本提示）	87.3

除了能处理文字，GPT-4 还能理解图像。图 3-13 所示为 GPT-4 的图像输入示例[5]。针对语言模型开发的标准测试技术（如少量示例提示、思维链等），在同时使用图像和文本时同样有效。

GPT-4图片输入

用户：这张图片有什么好笑的？逐个描述每个面板

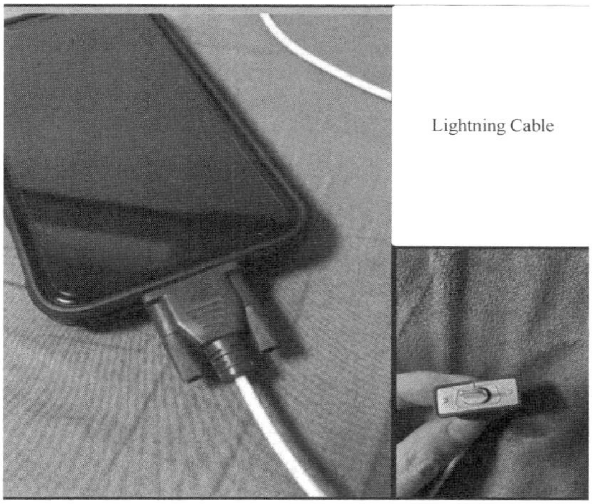

Lightning Cable

GPT-4：这张图片显示了一个“Lightning Cable”转接器的包装，有两个面板

面板 1：一部智能手机，插入了一个VGA连接器（一个大的，蓝色的，15针的连接器，通常用于电脑显示器）到它的充电口。

面板 2：VGA 连接器的特写，末端有一个小的 Lightning 连接器（用于给智能手机或其他设备充电）。

这张图片的幽默之处在于将一个大的、过时的 VGA 连接器插入一个小的、现代的智能手机充电口。

图 3-13　GPT-4 能理解图像内容

3.6.4 GPT-4 应用

OpenAI 官方介绍，GPT-4 是一个超大的多模态模型。也就是说，它的输入可以是文字（最多 2.5 万字），也可以是图像。它甚至可以根据纸上画的网站草稿图生成网站的 HTML 代码，只要拍一张照片上传给 GPT-4 就行。如图 3-14 所示，OpenAI 的首席执行官山姆·阿尔特曼展示了 GPT-4 修复代码错误的能力。

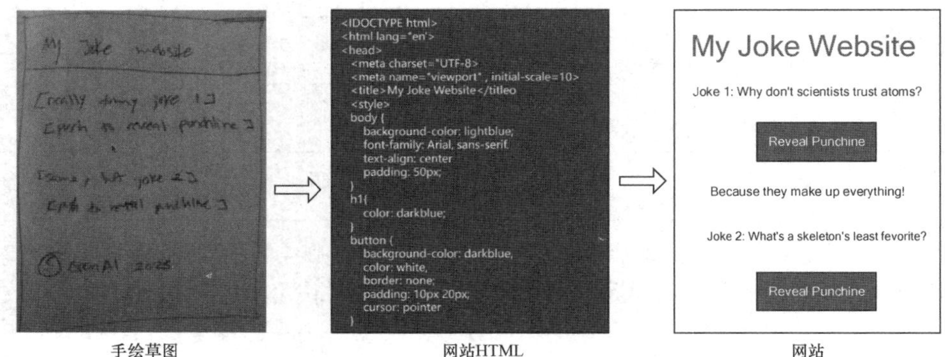

图 3-14　GPT-4 根据网站草图生成 HTML 代码（图片来源于 ChatGPT123 网站）

3.7　小结

本章系统地介绍了 OpenAI GPT 系列大模型的演进和技术原理。从 2018 年发布的 GPT-1 开始，到 2019 年发布的 GPT-2，再到 2020 年发布的 GPT-3，2022 年发布的 ChatGPT，最后到 2023 年发布的 GPT-4，GPT 模型不断更新迭代，在原有结构上，引入了有监督微调和人工反馈强化学习，显著提升了大模型的意图理解能力；而多模态的应用使得 GPT-4 突破了语言模型的限制，能够处理更加复杂的视觉任务。相信读者在学习完本章内容后，会对大模型有新的认知。

3.8　参考文献

[1] RADFORD A, NARASIMHAN K, SALIMANS T, et al. Improving language understanding by generative pre-training[J]. 2018.

[2] RADFORD A, WU J, CHILD R, et al. Language models are unsupervised multitask learners[J]. OpenAI Blog, 2019, 1(8): 9.

[3] BROWN T B, MANN B, RYDER N, et al. Language models are few-shot learners[J]. Advances in Neural Information Processing Systems, 2020, 33:1877–1901.

[4] OUYANG L, WU J, JIANG X, et al. Training language models to follow instructions with human feedback[J]. Advances in Neural Information Processing Systems, 2022, 35:27730–27744.

[5] Achiam J, Adler S, Agarwal S, et al. GPT-4 technical report[J]. arXiv Preprint arXiv:2303.08774, 2023.

第4章　清华大学通用预训练模型——GLM

本章将介绍国内大模型的代表——清华大学通用预训练模型 GLM（general language model）。GLM 是一种强大而灵活的通用预训练模型，它与第 3 章介绍的 OpenAI GPT 系列大模型有很多相似之处，但也有很多独特之处。希望通过本章的学习，读者能够对 GLM 有全面而深入的认识，激发对大模型的兴趣并进行探索。

首先介绍 GLM 的预训练架构。GLM 采用自回归空白填充目标，即在文本中随机挖空一些词或短语，再按照任意顺序生成这些空白处的内容，从而学习语言的结构和语义。GLM 通过添加二维位置编码和允许任意顺序预测跨度，提高了空白填充预训练的效果，在自然语言理解任务上超越了 BERT 和 T5。同时，GLM 可以通过改变空白的数量和长度来适应不同类型的任务，包括自然语言理解、有条件的生成和无条件的生成。

其次介绍 GLM 的微调方法和实验效果。在相同的模型参数量下，GLM 在各种任务上都优于 BERT、T5，并且从一个预训练模型中获得了最好的性能，该模型的参数量是 BERT Large 的 1.25 倍，证明了它对不同下游任务的泛化能力。GLM 还推出了基于 P-Tuning-v2 的参数高效微调方法，降低了微调所需的显存和时间。

接着介绍 GLM 的多个版本，其中最大的是千亿参数级别的 ChatGLM-130B。该模型专注于对话领域，并提供了 API 接口供开发者使用。ChatGLM-130B 已经被多家企业和机构接入，用于开发智能客服、智能打印、智能航旅等产品。ChatGLM-130B 还与美团、360 等公司联合研发了更大规模的美团 GLM 和 360GLM。此外，清华大学还开源了 ChatGLM-6B，该模型在 Hugging Face 和 GitHub 上受到了广泛关注和下载，并被用于开发数百个垂直领域模型和国内外应用。最近，清华大学又推出了二代模型 ChatGLM2。该模型在一代模型的基础上进一步提升了性能、上下文长度、推理速度等方面，并登顶了中文任务榜单 C-Eval。

最后将通过全参数微调 ChatGPT-6B 的例子，带领大家体会大模型的独特魅力。全参数微调（full parameter fine-tuning）是指在微调过程中不冻结任何层或参数，而是对整个模型进行优化。这样可以充分利用大模型的容量和表达能力，但也需要更多的计算资源和时间。下面将展示如何使用清华大学提供的工具和数据集进行全参数微调，并展示微调后的模型在对话任务上的表现。

4.1 GLM 简介

GLM 是清华大学在 2012 年发布的一种通用语言模型，它采用了自回归空白填充目标的预训练方法，可以适应各种自然语言理解和生成任务。基于 GLM 架构，已经衍生出多个版本的模型，包括 GLM-130B、ChatGLM-6B 等。其中，ChatGLM-6B 已经开源，而 GLM-130B 曾经开源过，但现在已经不再提供。图 4-1 展示了 GLM 模型的发展时间线，ChatGLM-6B 和 GLM-130B 是应用最广泛的两个版本。

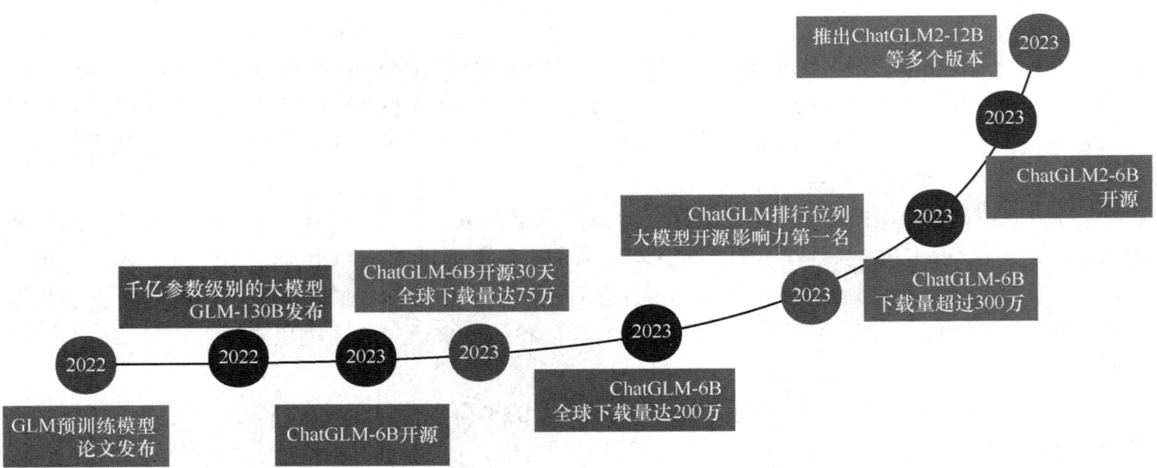

注：“大模型开源影响力排行第一名”来源于科技部在 2023 年中关村论坛上发布的《中国人工智能大模型地图研究报告》

图 4-1 GLM 系列大模型发展时间线

清华大学于 2023 年 3 月开始内测千亿参数级别的对话模型 ChatGLM，这是一个具有问答和对话功能的千亿参数级别的中英语言模型，针对中文进行了优化，并采用了邀请制内测方式。同时，清华大学也开源了最新的中英双语对话 GLM 模型——ChatGLM-6B。该模型结合了模型量化技术，可以在消费级显卡上进行本地部署（INT4 量化级别下最低只需 6GB 显存）。ChatGLM-6B 使用有监督微调、人类反馈强化学习等技术进行训练，虽然其规模不及千亿参数级别的模型，但能够生成更符合人类偏好的回答。图 4-2 所示为 ChatGLM 的效果示例。

ChatGLM 是一个基于千亿基座模型 GLM-130B 的聊天机器人，它可以实现人类意图对齐。ChatGLM 的设计思路参考了 ChatGPT，在 GLM-130B 中注入了代码预训练，并通过有监督微调等技术提高了聊天能力。ChatGLM 的性能主要依赖于 GLM-130B 这个独特的千亿基座模型，它有以下几个特点：

- 它是一个自回归预训练模型，包含多个目标函数，与 BERT、GPT-3 和 T5 等模型不同。

- 它是一个中英双语稠密模型，同时支持中文和英文。
- 它是首个实现 INT4 量化的千亿基座模型，支持用一台 4 卡 3090Ti 或 8 卡 2080Ti 服务器进行快速且基本无损的推理。
- 它的所有结果（超过 30 个任务）均可通过开源代码和模型参数复现。
- 它支持在国产的海光 DCU、华为昇腾 910 和申威处理器及美国的英伟达芯片上进行训练与推理。

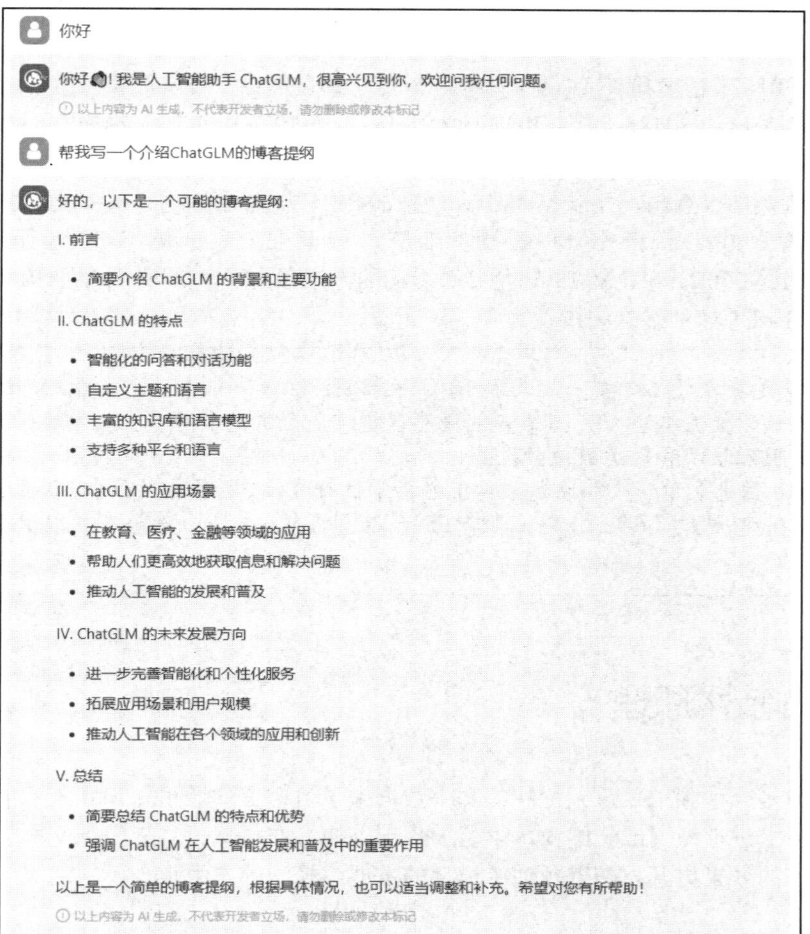

图 4-2 ChatGLM 的效果示例

2022 年 11 月，斯坦福大学大模型中心对全球 30 个主流大模型进行了全方位的评测，GLM-130B 是亚洲唯一入选的大模型。在与 OpenAI、谷歌大脑、微软、英伟达、Meta 的各大模型对比中，评测报告显示 GLM-130B 在准确性和恶意性指标上与 GPT-3 175B 接近或持平，在鲁棒性和校准误差方面也表现不错。

ChatGLM-6B 是一个中英双语聊天机器人，它基于千亿参数级别的基座模型 GLM-130B，并使用了与 ChatGLM 相同的技术，使其能够实现人类意图对齐，并初具中文问答和对话功能。ChatGLM-6B 的大小经过了优化，可以在单张 2080Ti 上进行推理使用。ChatGLM-6B 主要具有如下特点。

- 它在 1∶1 比例的中英语料上训练了 100 亿的令牌（token）量，具备了充分的双语预训练能力。
- 它修正了旋转位置编码实现，使用传统前馈神经网络结构，与 BERT、GPT-3 和 T5 等模型不同。
- 它的参数量为 6B（超过 60 亿个），相比 GLM-130B 更容易被研究者和个人开发者自己微调和部署。
- 它支持 FP16 半精度和 INT4 量化推理，降低了部署门槛，可以部署在消费级显卡上。
- 它的序列长度达 2048，相比 GLM-10B（序列长度 1024）更长，支持更长对话和应用。
- 它使用有监督微调、反馈自助、人类反馈强化学习等方式进行人类意图对齐训练，使模型能够理解人类指令意图，并以 Markdown 格式输出，方便展示。

为了让读者更好地了解 GLM 的技术细节，接下来分别介绍 GLM 通用预训练模型、ChatGLM-6B、GLM-10B 和 GLM-130B 全参数微调的方法和实践。接下来将从 GLM 通用预训练模型开始，它是 ChatGLM 的基础和核心。

提示　FP16 是浮点数格式之一，表示 16 位浮点数。在计算机中，浮点数是一种用于表示带有小数点的数值的数学数据类型。FP16 表示的是半精度浮点数，通常用于机器学习、深度学习和图形处理等领域中，用来表示和处理数值数据。

FP16 使用 16 位来表示一个浮点数，其中包括 1 位符号位、5 位指数位和 10 位分数位。相比于单精度（32 位）和双精度（64 位）浮点数，FP16 占用的内存更少，能够有效减少存储和传输数据所需的空间。

4.2 GLM 技术原理

预训练模型是一种利用大量无标注的文本数据来学习语言的通用知识和表示的方法，可以在特定的下游任务上进行微调或者零样本学习。预训练模型在自然语言理解和文本生成等多个任务上都取得了显著的效果提升。随着预训练模型的发展，模型的参数量也不断增大，提高了模型的泛化能力。

自然语言理解任务可以根据输入和输出的形式分为如下 3 类。

- 自然语言理解：指对文本进行理解和分析的任务，如文本分类、分词、句法分析、信息抽取等。
- 有条件生成：指根据给定的输入文本生成相应的输出文本的任务，如翻译、问答等。
- 无条件生成：指直接用预训练模型生成内容的任务，如文本摘要、对话等。

为了完成这些任务，预训练模型也有不同的架构和方法，主要有如下 3 种。

- *自编码*（如 BERT）：指通过遮盖或打乱输入文本中的一部分内容，让模型尝试恢复原始的内容，从而学习文本的语义和结构。例如，BERT 就是一种自编码模型，它会随机遮盖输入文本中的一些单词，然后让模型预测被遮盖的单词。自编码模型在自然语言理解任务中表现很好，因为它可以捕捉文本中不同单词之间的双向关系。但是自编码模型不能直接用于文本生成，因为它没有明确的输出目标。
- *自回归*（如 GPT）：指通过按照顺序逐个预测输入文本中的单词，让模型学习文本的语法和逻辑。例如，GPT 就是一种自回归模型，它通过从左到右地预测输入文本中的下一个单词来学习文本的生成规律。自回归模型在无条件生成任务中表现很好，因为它可以生成连贯和流畅的文本。但是自回归模型在自然语言理解任务中表现不佳，因为它只能捕捉文本中单向的关系。
- *编码-解码*（如 T5）：指通过将输入文本编码成一个向量表示，然后将这个向量表示解码成输出文本，让模型学习文本之间的转换和对应。T5 就是一种编码-解码模型，它通过将不同类型的自然语言处理任务都转化成一个统一的格式（文本到文本，text-to-text）来训练一个通用的编码器和解码器。编码-解码模型在有条件生成任务中表现很好，因为它可以根据不同的输入/输出需求进行灵活的调整和生成。

这些预训练框架各有优势和局限性，在不同的自然语言处理任务中有不同的适用性。而以往的工作则试图通过多任务学习统一不同的框架。然而，由于自编码和自回归的目标性质不同，因此简单的统一并不能完全继承这两个框架的优点。

2022 年，清华大学在论文“GLM: General language model pretraining with autoregressive blank infilling”[1]中提出了 GLM 预训练架构，相比其他架构，GLM 能够同时处理上述 3 种任务，并兼顾自然语言理解和自然语言生成的能力，如表 4-1 所示。

表 4-1　GLM 和其他架构对比

架构	自然语言理解	有条件生成	无条件生成
GLM	✓	✓	✓
自编码（如 BERT）	✓	×	×
自回归（如 GPT）	—	—	✓
编码-解码（如 T5）	—	✓	—

GLM 是一种通用预训练框架，通过自回归生成的方式来回答。自回归空白填充目标的含义是：在输入文本中随机挖掉一些连续的文本片段，然后训练模型按照任意顺序重建这些片段。完形填空问题的含义是：在输入文本中用一个特殊的符号（如[MASK]）替换掉一个或多个词，然后训练模型来预测被替换掉的词。

GLM 具有如下 3 个特点。

- 自编码：它随机掩码输入中具有连续跨度的词，训练模型按照一定的顺序逐个恢复这些词。
- 自回归：它基于自回归空白填充的方法重新构建跨度中的内容，打乱空白区域的预测顺序。

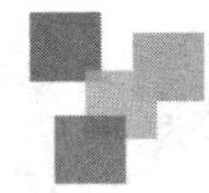

- 二维位置编码：它使用二维位置编码来表示跨间和跨内信息。

4.2.1 预训练目标

GLM 的目标是从损坏的文本中自回归地生成缺失的文本片段。具体来说，给定一个输入文本 $\boldsymbol{x} = [x_1,\ldots,x_n]$，首先从中随机挖掉一些连续的文本片段 $\{s_1,\ldots,s_m\}$，每个片段 s_i 由 $\boldsymbol{x}$ 中一系列连续的词 $[s_{i,1},\ldots,s_{i,li}]$ 组成。然后使用一个单独的[MASK]符号替换每个片段，形成一个损坏的文本 $\boldsymbol{x}_{\text{corrupt}}$。最后，随机打乱片段的顺序，假设 Z_m 是索引序列[1,..,m]的所有可能排列的集合，有 $\boldsymbol{s}_{z<i} \in [\boldsymbol{s}_{z_1},\ldots,\boldsymbol{s}_{z_{i-1}}]$。于是，预训练的目标函数可以表示为

$$\theta_{\text{optimal}} = \max_{\theta} \mathbb{E}_{z\sim Z_m}\left[\sum_{i=1}^{m}\log_2 p_\theta\left(\boldsymbol{s}_{z_i}\middle|\boldsymbol{x}_{\text{corrupt}},\boldsymbol{s}_{z<i}\right)\right] \tag{4-1}$$

为了实现自回归生成，需要将输入 $\boldsymbol{x}$ 分成两部分：片段 A 是损坏的文本 $\boldsymbol{x}_{\text{corrupt}}$，片段 B 是被遮盖的片段。片段 A 的词可以相互看到，但不能看到片段 B 中的任何词。片段 B 的词可以看到片段 A 和片段 B 中的前置词，但不能看到片段 B 中的后续词。为了方便模型学习开始和结束生成片段的信号，需要在每个片段前后分别添加特殊的符号[S]和[E]。这样，模型就自动地在一个统一的模型中学习一个双向编码器（用于片段 A）和一个单向解码器（用于片段 B）。生成片段 $\boldsymbol{s}_i$ 的概率可以表示为

$$p_\theta\left(\boldsymbol{s}_i\middle|\boldsymbol{x}_{\text{corrupt}},\boldsymbol{s}_{z<i}\right)=\prod_{j=1}^{l_i} p_\theta\left(\boldsymbol{s}_{i,j}\middle|\boldsymbol{x}_{\text{corrupt}},\boldsymbol{s}_{z<i},\boldsymbol{s}_{i<j}\right) \tag{4-2}$$

这样，GLM 就可以将自然语言理解任务转化为包含任务描述的完形填空问题，并通过自回归生成的方式来回答。

图 4-3 展示了 GLM 预训练的一个具体例子（见文前彩图）。可以按照如下步骤来描述整个过程。

（1）从原始文本 $\boldsymbol{x} = [x_1, x_2, x_3, x_4, x_5, x_6]$中随机挖掉一些连续的文本片段，假设挖掉了$[x_3]$和$[x_5, x_6]$，挖掉的片段的长度服从泊松分布。

（2）用[M]标记替换挖掉的片段$[x_3]$和$[x_5, x_6]$，并打乱片段 B 的顺序。为了捕捉不同片段之间的内在联系，随机交换片段的顺序。

（3）训练 GLM 自回归地生成被挖掉的片段 B。使用二维位置编码来表示不同片段之间和片段内部的位置关系。

（4）使用自注意力掩码来限制模型的可见范围。片段 A 的词可以相互看到，但不能看到片段 B。图 4-3 下方图的 x 区域表示被掩盖的部分。

为了解释图 4-3（c）中位置 1= [1, 2, 3, 4, 5, 5, 5, 5, 3, 3]和位置 2= [0, 0, 0, 0, 0, 1, 2, 3, 1, 2]是怎么得到的，首先需要先了解二维位置编码和自注意力掩码的含义。二维位置编码是输入的一种特殊编码，它用两个数字来表示每个词在原始文本中和在片段中的相对位置。第一个数字表示片段在原始文本中的索引，第二个数字表示词在片段中的索引。例如，x_3 被挖掉后，在原始文本中它是第三个片段，在片段中它是第一个词，所以它的二维位置编码是[3, 0]。同理，x_5 和 x_6 被挖掉后，在原始文

本中它们是第 5 个片段，在片段中它们分别是第一个词和第二个词，所以它们的二维位置编码分别是[5, 0]和[5, 1]。其他词也可以用同样的方法得到二维位置编码。

图 4-3（d）中自注意力掩码是一种限制模型可见范围的方法，它用一个矩阵来表示每个词可以看到哪些词。如果一个词可以看到另一个词，那么矩阵中对应的元素就是 1，否则就是 0。例如：在图 4-3 中，片段 A 的词可以相互看到（图 4-3（d）蓝色框），所以矩阵中前 5 行前 4 列都是 1；但不能看到片段 *B* 的任何词（图 4-3（d）x 区域），所以矩阵中前 5 行后 5 列都是 0。

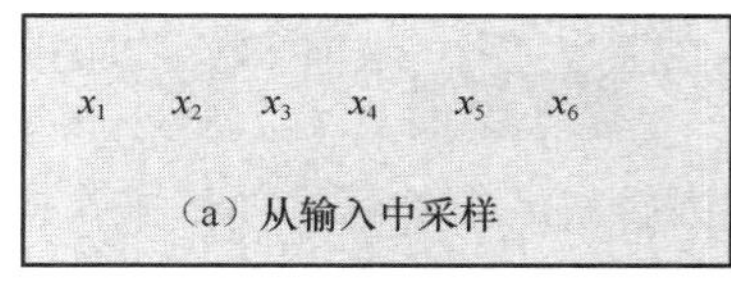

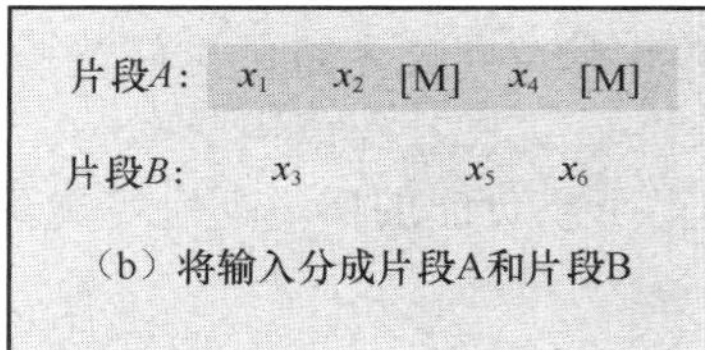

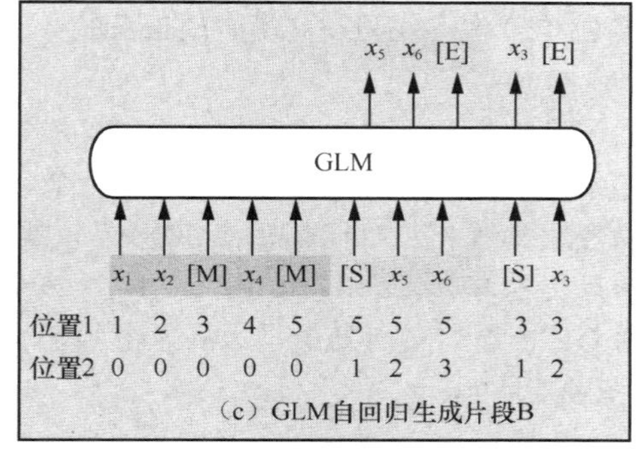

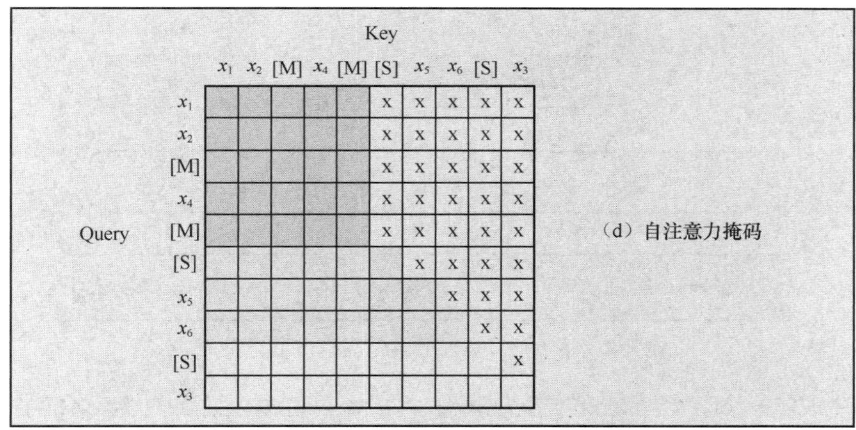

图 4-3 GLM 预训练

4.2.2 GLM 的模型结构

GLM 是一个基于 Transformer 的模型，它对架构做了一些修改，以适应自回归空白填充任务。这些修改包括如下 3 点。

- 将层归一化和残差连接的顺序调换，这有助于避免数值错误，对大规模的语言模型来说非常关键。
- 使用一个单一的线性层来预测输出词，而不是为每个位置使用不同的线性层。
- 使用 GeLU 作为激活函数，而不是 ReLU。

除了上面的修改，GLM 的一个重要特征是它使用了二维位置编码，这在 4.2.1 节已经介绍过。二维位置编码用两个数字来表示每个词在原始文本和被挖掉的区域中的相对位置。第一个数字表示词在损坏的文本中的索引，对于被挖掉的区域，它是相应的[MASK]词的索引。第二个数字表示词在区域中的索引，对于片段 A 的词，它们都是 0；对于片段 B 的词，它们从 1 开始递增。

4.2.3 微调 GLM

GLM 将自然语言理解任务和文本生成任务统一为填空生成任务。这样，就可以消除预训练和微调之间的不一致。

对于自然语言理解任务，GLM 将输入文本和标签都转换为自然语言的形式。例如，对于一个有标签的样本($\boldsymbol{x}$, y)，将输入文本 $\boldsymbol{x}$ 转换为一个包含单个掩码词的填空问题 $c(\boldsymbol{x})$。例如，情感分类任务可以表述为“{SENTENCE}。我感到非常[MASK]”。同时还将候选标签 y 转换为填空的答案。在情感分类中，标签“positive”和“negative”分别映射到单词“happy”和“sad”。这样就可以用 GLM 预测空白处的词，从而得到句子是正面或负面的概率。使用交叉熵损失来微调 GLM，如图 4-4 所示。

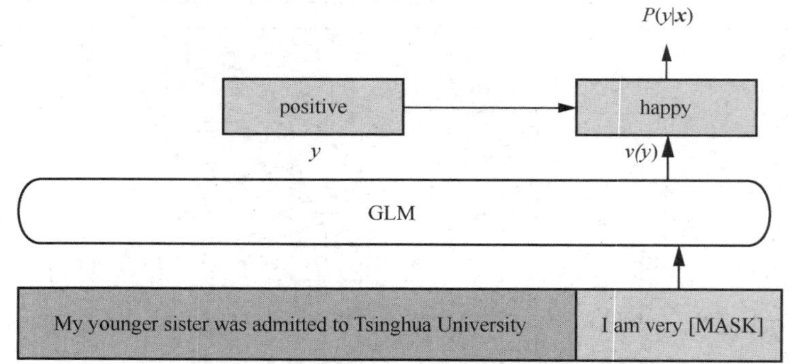

图 4-4 将情感分类任务转化为空白填空任务

对于文本生成任务，将给定的上下文作为输入的片段 A，并在末尾添加一个[MASK]符号。如图 4-5 所示，片段 B 直接替换成[MASK]标记即可。

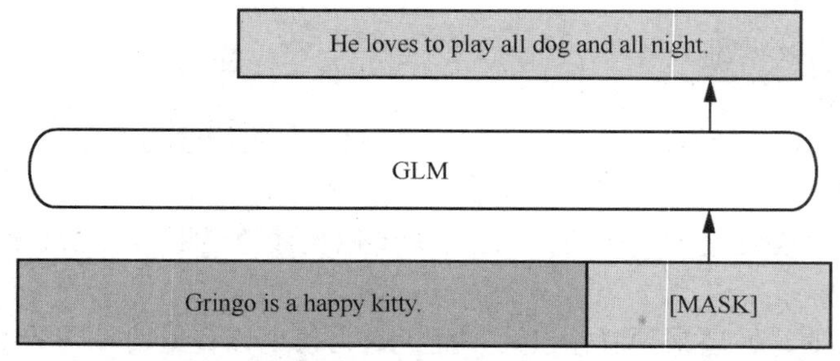

图 4-5 生成任务直接使用零样本提示进行微调

4.2.4 效果评估

为了评估 GLM 的性能，清华大学在 SuperGLUE 数据集上进行了实验。SuperGLUE 是一个包含 8 个具有挑战性的自然语言理解任务的数据集。将这些任务转化为填空式的问题，并用 GLM 来生成答案。同时还选择了 BERT 模型作为对比模型，它们都是目前最先进的预训练模型。表 4-2 展示了各个模型在评测数据集上的结果。从表中可以看出，GLM 在大多数任务上都优于 BERT，无论是 Base 还是 Large 的版本。GLM 在平均得分上也略微优于其他的模型，这说明了 GLM 的有效性和通用性。

表 4-2 GLM 实验结果

模型	整体得分
$\text{BERT}_{\text{Base}}$	66.1
GLM_{Base}	70.7
$\text{BERT}_{\text{Large}}$	72.0
$\text{GLM}_{\text{Large}}$	77.0

GLM 在实验中展示了优秀的性能。接下来探索开源的 ChatGLM-6B 模型的效果，并介绍如何利用全参数微调来提高 ChatGLM-6B 在数学推理方面的能力。

4.3 ChatGLM-6B 全参数微调实践

ChatGLM-6B 是一个基于 GLM 架构的开源对话语言模型，支持中英双语，拥有 62 亿个参数。利用模型量化技术，用户可以在普通的显卡上实现本地部署（INT4 量化级别下最低只需 6GB 显存）。

ChatGLM-6B 是一个能够生成文本的对话模型，适用于问答、闲聊等多种场景。它由清华大学自然语言处理与社会人文计算实验室（THUNLP）开发。

ChatGLM-6B 具备中文问答和对话的功能，并能够在单张 2080Ti 上进行推理。ChatGLM-6B 已经在 Hugging Face 上开源，我们可以用代码清单 4-1 来调用 ChatGLM-6B 模型，生成对话内容（代码运行过程中会自动下载模型到本地，如果出现下载问题，可选择先手动下载到本地）。

代码清单 4-1 调用 ChatGLM-6B 模型生成对话（Copyright I 2021 THUDM）

```
from transformers import AutoTokenizer, AutoModel
tokenizer = AutoTokenizer.from_pretrained("THUDM/chatglm2-6b", trust_remote_code=True)
model = AutoModel.from_pretrained("THUDM/chatglm2-6b",
trust_remote_code=True).half().cuda()
model = model.eval()
response, history = model.chat(tokenizer, "你好", history=[])
print(response)
response, history = model.chat(tokenizer, "晚上睡不着应该怎么办", history=history)
```

```
print(response)

晚上睡不着可能会让你感到焦虑或不舒服,但以下是一些可以帮助你入睡的方法:
制定规律的睡眠时间表:保持规律的睡眠时间可以帮助你建立健康的睡眠习惯,使你更容易入睡。尽量在每天的相同时间上床,并在同一时间起床。
创造一个舒适的睡眠环境:确保睡眠环境舒适、安静、黑暗且温度适宜。可以使用舒适的床上用品,并保持房间通风。
放松身心:在睡前做些放松的活动,例如泡个热水澡、听些轻柔的音乐、阅读一些有趣的书籍等,有助于缓解紧张和焦虑,使你更容易入睡。
避免饮用含有咖啡因的饮料:咖啡因是一种刺激性物质,会影响你的睡眠质量。尽量避免在睡前饮用含有咖啡因的饮料,例如咖啡、茶或可乐。
避免在床上做与睡眠无关的事情:在床上做些与睡眠无关的事情,例如看电影、玩游戏或工作等,可能会干扰你的睡眠。
尝试呼吸技巧:深呼吸是一种放松技巧,可以帮助你缓解紧张和焦虑,使你更容易入睡。试着慢慢吸气,保持几秒钟,然后缓慢呼气。
如果这些方法无法帮助你入睡,你可以考虑咨询医生或睡眠专家,寻求进一步的建议。
```

ChatGLM-6B 展现了出色的对话能力，ChatGLM-6B 在数学推理方面的表现如代码清单 4-2 所示。

代码清单 4-2　调用 ChatGLM-6B 进行数学推理

```
query = "艾德有2只狗、3只猫，鱼的数量是猫和狗加起来的2倍。艾德一共有多少只宠物？"
response, history = model.chat(tokenizer, query, history=[])
print(response)
鱼的数量是猫和狗的2倍,因此鱼的数量是2只 + 3只= 5只。最后将狗、猫和鱼的数量相加,即2只 + 3只 + 5只 = 10只。因此一共有10只宠物。
```

从结果中可以看出，ChatGLM-6B 虽然理解了题目，但是其解题过程有误。为了提高 ChatGLM-6B 在数学推理方面的能力，可以使用公开的数据集 school_math_0.25M，对 ChatGLM-6B 进行全参数微调。本节接下来将具体介绍如何进行微调以及微调的效果。

提示　Hugging Face 是一个专注于自然语言处理的人工智能公司，它提供了一个开放的平台，让机器学习社区可以共享和协作开发模型、数据集和应用。Hugging Face 最出名的项目是 transformers 库，它是一个用于 PyTorch、TensorFlow 和 JAX 的先进的机器学习库，包含超过 25 万个预训练的模型，涉及文本、图像、视频、音频等多种模态。Hugging Face 还提供了一些付费的计算和企业解决方案，例如推理端点、模型量化、安全访问控制等。目前，清华大学的 ChatGLM-6B、ChatGLM-10B，Meta 公司的 Llama 等大型模型都选择了在 Hugging Face 上开源。

4.3.1 环境搭建

训练 ChatGLM-6B 这样参数规模的大型模型，需要使用 GPU 来加速计算。本节以英伟达的 GPU 为例，介绍如何搭建训练环境。表 4-3 列出了所需的基本环境配置。

表 4–3　全参数微调 ChatGLM–6B 基础环境配置

配置项	参数
操作系统	CentOS 7

续表

配置项	参数
GPU 版本	8 卡 A100 80GB GPU
Python 版本	3.10
NIVIDIA 驱动程序版本	515.65.01
CUDA 工具包	11.7
NCCL	nccl_2.14.3-1+cuda11.7
cuDNN	8.8.1.3_cuda 11

下面介绍具体的安装步骤。首先需要安装 CUDA，shell 命令如代码清单 4-3 所示。

代码清单 4-3　安装 CUDA

```
vim ~/.bashrc
export PATH=/usr/local/cuda/bin:$PATH
export LD_LIBRARY_PATH=/usr/local/cuda/lib64:$LD_LIBRARY_PATH
```

接下来是安装 cuDNN，shell 命令如代码清单 4-4 所示。

代码清单 4-4　安装 cuDNN

```
sudo cp cudnn-linux-x86_64-8.8.0.121_cuda11-archive/include/cudnn*.h /usr/local/cuda/include/
sudo cp cudnn-linux-x86_64-8.8.0.121_cuda11-archive/lib/libcudnn* /usr/local/cuda/lib64/
sudo chmod a+r /usr/local/cuda/include/cudnn*.h /usr/local/cuda/lib64/libcudnn*
export LD_LIBRARY_PATH=/usr/local/cuda/lib64:$LD_LIBRARY_PATH
```

安装完 CUDA 和 cuDNN 后，接下来安装 PyTorch，shell 命令如代码清单 4-5 所示。

代码清单 4-5　安装 PyTorch

```
vim requirements.txt
protobuf>=3.19.5,<3.20.1
transformers>=4.26.1
icetk
cpm_kernels
gradio
pip install —user -r requirements.txt
pip install —user torch==1.10.0+cu111 torchvision==0.11.0+cu111 torchaudio==0.10.0 -f torch-1.10.0+
cu111-cp39-cp39-linux_x86_ 64.whl -f torchvision-0.11.0+cu111-cp39-cp39-linux_x86_64.whl -f torchaudio-
0.10.0+cu111-cp39-cp39- linux_x86_64.whl
```

至此，所有环境都已经安装完成，接下来就是训练 ChatGLM-6B。

4.3.2 全参数微调

首先需要从 Hugging Face 上下载模型到本地，下载界面如图 4-6 所示。

duzx16 Update README 619e736		
.gitattributes	1.48 kB	
LICENSE	11.3 kB	
MODEL_LICENSE	4.27 kB	
README.md	6.71 kB	
config.json	773 Bytes	
configuration_chatglm.py	4.28 kB	
ice_text.model	2.71 MB	LFS
modeling_chatglm.py	57.6 kB	
pytorch_model-00001-of-00008.bin pickle	1.74 GB	LFS
pytorch_model-00002-of-00008.bin pickle	1.88 GB	LFS
pytorch_model-00003-of-00008.bin pickle	1.98 GB	LFS
pytorch_model-00004-of-00008.bin pickle	1.91 GB	LFS
pytorch_model-00005-of-00008.bin pickle	1.88 GB	LFS
pytorch_model-00006-of-00008.bin pickle	1.88 GB	LFS
pytorch_model-00007-of-00008.bin pickle	1.07 GB	LFS
pytorch_model-00008-of-00008.bin pickle	1.07 GB	LFS
pytorch_model.bin.index.json	33.4 kB	
quantization.py	15.1 kB	
test_modeling_chatglm.py	13.8 kB	
tokenization_chatglm.py	17 kB	
tokenizer_config.json	441 Bytes	

图 4-6　ChatGLM-6B 模型下载界面

表 4-4 所示为图 4-6 中关键文件的含义。

表 4–4　ChatGLM–6B 模型文件内容

文件名	内容
config.json	模型的配置文件，包含特殊令牌和模型的层数等参数，例如 vocab_size=130528 表示词表中有 130528 个词
ice_text.model	词的 ID 文件，指定了每个词对应的 ID
modeling_chatglm.py	ChatGLM-6B 模型的实现
pytorch_model*	以 pytorch_model 开头的文件是模型文件
pytorch_model.bin.index.json	模型参数和文件名的对应关系，例如 transformer.final_layernorm.bias 的值为 pytorch_model-00007-of-00008.bin，表示 transformer.final_layernorm.bias 这个参数的值存储在 pytorch_model-00007-of-00008.bin 这个文件中
quantization.py	模型量化的实现，可以将 ChatGLM-6B 量化为 INT4 等
tokenization_chatglm.py	分词 tokenizer()函数的实现，包括令牌的编码和解码
tokenizer_config.json	tokenizer 的配置文件，定义了开始符号和结束符号等，例如 bos_token 的值为 <sop>表示开始符号为<sop>

把上面的所有文件下载到本地目录./chatglm-6b-model。

然后下载微调代码，如代码清单 4-6 所示。

代码清单 4-6 下载 ChatGLM-6B 微调代码

```
git clone https://github.com/THUDM/ChatGLM-6B.git .
cd ChatGLM-6B
cd ptuning
```

代码下载完毕后，接下来下载微调数据集，把文件保存到../data/目录下，如代码清单 4-7 所示。

代码清单 4-7 下载微调数据集到本地

```
mkdir ./data/; cd ./data/
wget https://huggingface.co/datasets/BelleGroup/school_math_0.25M/resolve/main/school_math_0.25M.json.
sed -n '1,10000p' school_math_0.25M.json > dev.json
sed -n '100001,$p' school_math_0.25M.json > train.json
```

数据准备好之后，下面要接着修改微调代码的相关参数，如代码清单 4-8 所示。

代码清单 4-8 修改微调代码的相关参数

```
vim ds_train_finetune.sh
LR=1e-5
MASTER_PORT=$(shuf -n 1 -I 10000-65535)
deepspeed —num_gpus=8 —master_port $MASTER_PORT main.py \
    --deepspeed deepspeed.json \
    --do_train \
    --preprocessing_num_workers 32 \
    --train_file data/train.json \
    --test_file data/dev.json \
    --prompt_column content \
    --response_column summary \
    --cache_dir cache/batch16 \
    --model_name_or_path THUDM/chatglm-6b \
    --output_dir ./model/adgen-chatglm-6b-ft \
    --overwrite_output_dir \
    --max_source_length 512 \
    --max_target_length 512 \
    --per_device_train_batch_size 16 \
    --per_device_eval_batch_size 1 \
    --gradient_accumulation_steps 1 \
    --predict_with_generate \
    --logging_steps 10 \
    --save_steps 1000 \
    --learning_rate $LR \
    --fp16
```

修改 main.py 文件中的 num_train_epoch 参数（默认 num_train_epoch = 3），可以按照代码清单 4-9 所示的方法进行修改。

代码清单 4-9　修改训练的轮次

```
vim main.py
log_level = training_args.get_process_log_level()
logger.setLevel(log_level)
# datasets.utils.logging.set_verbosity(log_level)
transformers.utils.logging.set_verbosity(log_level)
transformers.utils.logging.enable_default_handler()
transformers.utils.logging.enable_explicit_format()

# Log on each process the small summary:

training_args.num_train_epochs = 1
logger.warning(
       f"Process rank: {training_args.local_rank}, device: {training_args.device}, n_gpu:
                    {training_args.n_gpu}" + f"distributed training:
                    {bool(training_args.local_rank != -1)}, 16-bits training:
                    {training_args.fp16}"
)
logger.info(f"Training/evaluation parameters {training_args}")
```

目前已经完成了训练数据的准备和代码的修改，现在可以执行 sh ds_train_finetune.sh 命令来开始微调模型。在训练过程中，可以观察到 GPU 的使用情况，如图 4-7 所示。

```
Mon May  8 19:19:51 2023
+-----------------------------------------------------------------------------+
| NVIDIA-SMI 510.108.03   Driver Version: 510.108.03   CUDA Version: 11.6     |
|-------------------------------+----------------------+----------------------+
| GPU  Name        Persistence-M| Bus-Id        Disp.A | Volatile Uncorr. ECC |
| Fan  Temp  Perf  Pwr:Usage/Cap|         Memory-Usage | GPU-Util  Compute M. |
|                               |                      |               MIG M. |
|===============================+======================+======================|
|   0  NVIDIA A800-SXM...  On   | 00000000:0E:00.0 Off |                    0 |
| N/A   63C    P0   242W / 400W |  76982MiB / 81920MiB |    100%      Default |
|                               |                      |             Disabled |
+-------------------------------+----------------------+----------------------+
|   1  NVIDIA A800-SXM...  On   | 00000000:13:00.0 Off |                    0 |
| N/A   59C    P0   434W / 400W |  77174MiB / 81920MiB |    100%      Default |
|                               |                      |             Disabled |
+-------------------------------+----------------------+----------------------+
|   2  NVIDIA A800-SXM...  On   | 00000000:49:00.0 Off |                    0 |
| N/A   56C    P0   292W / 400W |  77174MiB / 81920MiB |    100%      Default |
|                               |                      |             Disabled |
+-------------------------------+----------------------+----------------------+
|   3  NVIDIA A800-SXM...  On   | 00000000:4F:00.0 Off |                    0 |
| N/A   71C    P0   444W / 400W |  77174MiB / 81920MiB |    100%      Default |
|                               |                      |             Disabled |
+-------------------------------+----------------------+----------------------+
|   4  NVIDIA A800-SXM...  On   | 00000000:91:00.0 Off |                    0 |
| N/A   70C    P0   449W / 400W |  77174MiB / 81920MiB |    100%      Default |
|                               |                      |             Disabled |
+-------------------------------+----------------------+----------------------+
```

图 4-7　微调过程中 GPU 的使用情况

从图 4-7 中可以看出，GPU 的显存已经接近满载（81920 MiB 中占用了 76980 MiB），而 GPU 的利用率也达到了 100%。如果想减少显存占用，可以适当减小参数 batch_size、max_source_length 和 max_target_length 的值，但是这样做会增加训练时间。因此，需要在资源利用率和训练效率之间找到一个合适的平衡点，一般建议尽量充分利用显存。

模型微调完成后，./model/目录下会生成相应的文件，包含模型的参数文件和各种配置文件，具体内容如代码清单 4-10 所示。以 pytorch_model 开头的文件是模型的参数文件。

代码清单 4-10 查看微调后的模型内容

```
tree ./model/adgen-chatglm-6b-ft
├── all_results.json
├── checkpoint-1000
│   ├── config.json
│   ├── configuration_chatglm.py
│   ├── generation_config.json
│   ├── global_step1000
│   │   ├── mp_rank_00_model_states.pt
│   │   ├── zero_pp_rank_0_mp_rank_00_optim_states.pt
│   │   ├── zero_pp_rank_1_mp_rank_00_optim_states.pt
│   │   ├── zero_pp_rank_2_mp_rank_00_optim_states.pt
│   │   ├── zero_pp_rank_3_mp_rank_00_optim_states.pt
│   │   ├── zero_pp_rank_4_mp_rank_00_optim_states.pt
│   │   ├── zero_pp_rank_5_mp_rank_00_optim_states.pt
│   │   ├── zero_pp_rank_6_mp_rank_00_optim_states.pt
│   │   └── zero_pp_rank_7_mp_rank_00_optim_states.pt
│   ├── ice_text.model
│   ├── latest
│   ├── modeling_chatglm.py
│   ├── pytorch_model-00001-of-00002.bin
│   ├── pytorch_model-00002-of-00002.bin
│   ├── pytorch_model.bin.index.json
│   ├── quantization.py
│   ├── rng_state_0.pth
│   ├── rng_state_1.pth
│   ├── rng_state_2.pth
│   ├── rng_state_3.pth
│   ├── rng_state_4.pth
│   ├── rng_state_5.pth
│   ├── rng_state_6.pth
│   ├── rng_state_7.pth
│   ├── special_tokens_map.json
│   ├── tokenization_chatglm.py
│   ├── tokenizer_config.json
│   ├── trainer_state.json
│   ├── training_args.bin
│   └── zero_to_fp32.py
├── trainer_state.json
└── train_results.json
```

由于在训练过程中可以观察到每次迭代的时间，如[4:28:37<4:40:51, 6.39s/it]表示每次迭代需要 6.39s。因此对于 25 万个数据，可以估算出微调所需的总时间为 250000÷16÷8×6.39÷3600≈3.47h，其中 16 是批次大小，8 是 GPU 的数量。大约在 3.47h 后，25 万个数据就可以微调完成。

4.3.3 效果评估

模型微调完成后，现在看看具体的效果。还是以代码清单 4-2 中的题目为例，用微调后的模型替换之前的 ChatGLM-6B 模型，效果代码清单 4-11 所示。从结果中可以看出，微调后的模型能够正确地解答之前错误的数学题。笔者使用 GSM8K 数据集对模型效果进行了评估，ChatGLM-6B 的准确率只有 4.8%，而微调后的准确率可以提升到 20%。

代码清单 4-11 调用微调后的模型

```
query = "艾德有2只狗、3只猫，鱼的数量是猫和狗加起来的2倍。艾德一共有多少只宠物？"
model = AutoModel.from_pretrained("./model/adgen-chatglm-6b-ft",
trust_remote_code=True).half().cuda()
model = model.eval()
response, history = model.chat(tokenizer, query, history=[])
print(response)
首先，艾德有2只狗和3只猫，总共是2只 + 3只 = 5只宠物。接下来，鱼的数量是猫和狗的2倍，因此鱼的数量是5只 * 2 = 10只。
最后将狗、猫和鱼的数量相加，即5只 + 10只 = 15只。因此一共有15只宠物。
```

除了 ChatGLM-6B，清华大学还开源了拥有百亿参数的 GLM-10B 模型，它比 ChatGLM-6B 的参数更多，效果更好，在 GSM8K 数据集上的准确率达到了 9.7%，高于 ChatGLM-6B 的 4.8%。下面介绍如何对 GLM-10B 进行全参数微调。

4.4 GLM-10B 全参数微调实践

我们已经安装了 CUDA 环境和 PyTorch，所以不用再安装。现在可以直接从 Hugging Face 上下载 GLM-10B 开源模型，下载界面如图 4-8 所示。另外，读者也可以参考代码清单 4-2 中的方法，直接加载模型名 BAAI/glm-10b-chinese，模型会自动下载到本地/usr/local 目录下；由于下载速度可能很慢，因此建议先手动下载到本地，然后用绝对路径加载模型。

文件列表和 ChatGLM-6B 基本一样，只是 GLM-10B 没有把模型文件分成多个小文件。但是在后面的模型并行训练中，我们需要手动切分模型。由于 GLM-10B 和 ChatGLM-6B 的训练代码有所不同，因此接下来会介绍 GLM-10B 的代码结构。

提示 GLM-10B 有两个版本，一个是 GLM-10B，另一个是 GLM-10B-chinese。GLM-10B-chinese 对中文的支持更好，所以本书选择它作为微调的模型。如果没有特别说明，后面提到的 GLM-10B 都是指 GLM -10B-chinese。

zxdu20 Update tokenizer 01717dd		
.gitattributes	1.48 kB	
README.md	2.78 kB	
added_tokens.json	223 Bytes	
cog-pretrain.model	1.02 MB	LFS
config.json	1.01 kB	
configuration_glm.py	6.25 kB	
modeling_glm.py	39.8 kB	
pytorch_model.bin pickle	19.8 GB	LFS
tokenization_glm.py	15.9 kB	
tokenizer_config.json	480 Bytes	

图 4-8　GLM-10B 模型下载界面

4.4.1 代码结构

首先从 GitHub 上下载代码到本地，下载方法如代码清单 4-12 所示。

代码清单 4-12　下载 GLM-10B 代码

```
mkdir glm_10b
cd glm_10b
git clone https://github.com/THUDM/GLM.git .
```

代码下载完成后，查看它的结构，如代码清单 4-13 所示。

代码清单 4-13　GLM-10B 代码结构

```
tree ./glm_10b
├── arguments.py
├── change_mp.py
├── chinese_sentencepiece
│   ├── cog-pretrain.model
│   └── cog-pretrain.vocab
├── config_tasks
│   └── config_blocklm_10B_cnndm.json
├── configure_data.py
├── data_utils
│   ├── datasets.py
│   └── tokenization.py
├── finetune_glm.py
├── generate_samples.py
├── generation_utils.py
├── model
│   └── modeling_glm.py
```

```
├── pretrain_glm.py
├── scripts
│   └── ds_finetune_seq2seq.sh
└── tasks
    └── seq2seq
        └── dataset.py
```

将代码清单 4-13 中主要文件的作用，总结为表 4-5 的内容。

表 4–5　GLM–10B 代码结构说明

文件名	作用
arguments.py	定义了一些通用的参数，如模型的大小、优化器的类型、学习率的设置等
change_mp.py	修改模型并行的数量，可以根据不同的硬件配置进行调整
chinese_sentencepiece	存放了中文的分词模型和词表，用于对中文文本进行预处理
configure_tasks	存放了不同任务的配置文件，例如 config_blocklm_10B_cnndm.json 是用于摘要任务的配置文件，里面指定了数据集的路径、任务的类型、估指标等
configure_data.py	生成数据集的元数据，如词表大小、数据集大小、最大序列长度等
data_utils	包含一些数据处理的工具，例如 datasets.py 是用于加载和处理不同格式的数据集的，tokenization.py 是用于对文本进行分词和编码的
finetune_glm.py	微调 GLM-10B 模型的主程序，可以根据不同任务的配置文件进行微调，并输出预测结果和评估结果
generate_samples.py	生成 GLM-10B 模型的样本的，可以根据给定的输入文本或者输入文件生成相应的输出文本或者输出文件
model	包含 GLM-10B 模型的定义和实现，modeling_glm.py 是模型的主要代码，它定义了 GLM-10B 模型的结构和前向传播过程
pretrain_glm.py	预训练 GLM-10B 模型的主程序，可以根据给定的预训练数据集进行预训练，并保持模型参数和优化器状态
scripts	存放了一些运行脚本，例如 ds_finetune_seq2seq.sh 是用于在分布式环境下微调 GLM-10B 模型
tasks	存放了一些任务相关的代码，例如 seq2seq 文件夹包含序列到序列任务的数据加载和评估函数

了解了代码的结构后，下面就可以开始对 GLM-10B 模型进行微调了。

4.4.2 全参数微调

要想并行训练 GLM-10B 模型，首先需要把模型参数切分成多个文件，然后用 change_mp.py 文件中的函数进行调整，具体代码如代码清单 4-14 所示。

代码清单 4-14　将模型参数分成多个文件

```
python change_mp.py ./model_file/glm-10b 8
ll ./model_file
git clone https://github.com/THUDM/GLM.git .
```

代码切分完成后，我们来看看它的模型文件，如代码清单 4-15 所示。

代码清单 4-15 查看切分后的模型文件

```
cd ./model_file/glm-10b-MP8
tree .
├── mp_rank_00_model_states.pt
├── mp_rank_01_model_states.pt
├── mp_rank_02_model_states.pt
├── mp_rank_03_model_states.pt
├── mp_rank_04_model_states.pt
├── mp_rank_05_model_states.pt
├── mp_rank_06_model_states.pt
└── mp_rank_07_model_states.pt
```

可以看到，模型的参数被分成了 8 个文件。为了训练模型，需要把数据转换成模型需要的格式。首先需要把 school_math_0.25M.json 文件中的问题 instruction 提取出来，作为 text 字段，保存在 train.source 文件中。然后需要把答案 output 也提取出来，作为 text 字段，保存在 train.target 文件中。训练数据的文件组织形式如代码清单 4-16 所示。

代码清单 4-16 训练数据的文件组织形式

```
cd ./customization
tree .
├── test.source
├── test.target
├── train.source
├── train.target
├── val.source
└── val.target
```

可以看到，代码清单 4-16 中有 6 个文件：train.source 和 train.target 是训练数据的问题和答案，test.source 和 test.target 是测试数据的问题和答案，val.source 和 val.target 是验证数据的问题和答案。

在数据准备好之后，需要修改训练脚本。首先需要编辑 scripts/ds_finetune_seq2seq.sh 文件，内容如代码清单 4-17 所示。其中，CHECKPOINT_PATH 指模型的路径，SAVE_PATH 指微调后的模型保存的路径，MP_SIZE 指模型被切分成的文件个数。

代码清单 4-17 修改微调脚本

```
vim scripts/ds_finetune_seq2seq.sh
CHECKPOINT_PATH="./model_file/glm-10b_MP8"
SAVE_PATH=./model_file/glm-10b_sft
DATESTR=$(date +"%m-%d-%H-%M")
source $1    # Model
source $2    # Task
NUM_WORKERS=1
NUM_GPUS_PER_WORKER=8
MP_SIZE=8
MASTER_PORT=$(shuf -n 1 -I 10000-65535)
OPTIONS_NCCL="NCCL_DEBUG=info NCCL_IB_DISABLE=0 NCCL_NET_GDR_LEVEL=2"
mkdir logs
```

```
run_cmd="${DISTRIBUTED_ARGS} finetune_glm.py \
       --deepspeed \
       --deepspeed_config config_tasks/config_blocklm_10B_cnndm.json \
       --finetune \
       --experiment-name ${EXPERIMENT_NAME} \
       --task ${TASK_NAME} \
       --data-dir ${DATA_PATH} \
       --save ${SAVE_PATH} \
       --checkpoint-activations \
       --num-workers 1 \
       --no-load-lr-scheduler \
       $MODEL_ARGS \
       $TRAIN_ARGS \
       $COMMON_ARGS \
       $TASK_ARGS \
       --fp16 \
       --model-parallel-size ${MP_SIZE} \
       --overwrite \
       2>&1 | tee ../logs/log.txt"

echo ${run_cmd}
eval ${run_cmd}
```

然后，修改 config_tasks/config_blocklm_10B_cnndm.json 文件，这个文件用于设置 GLM-10B 模型的一些参数，如学习率、批次大小等，如代码清单 4-18 所示。

代码清单 4-18　设置学习率等参数

```
vim config_tasks/config_blocklm_10B_cnndm.json
{
  "train_micro_batch_size_per_gpu": 16,
  "gradient_accumulation_steps": 1,
  "steps_per_print": 50,
  "gradient_clipping": 1.0,
  "zero_optimization": {
    "stage": 2,
    "contiguous_gradients": false,
    "overlap_comm": true,
    "reduce_scatter": true,
    "reduce_bucket_size": 5e7,
    "allgather_bucket_size": 5e7,
    "cpu_offload": true
  },
  "zero_allow_untested_optimizer": true,
  "fp16": {
    "enabled": true,
    "loss_scale": 0,
    "loss_scale_window": 1000,
    "hysteresis": 2,
    "min_loss_scale": 1
  },
  "optimizer": {
```

```
      "type": "Adam",
      "params": {
        "lr": 1e-5,
        "betas": [
          0.9,
          0.95
        ],
        "eps": 1e-8,
        "weight_decay": 1e-2
      }
    },
    "activation_checkpointing": {
      "partition_activations": false,
      "contiguous_memory_optimization": false
    },
    "wall_clock_breakdown": false
  }
```

接下来，修改 config_tasks/model_blocklm_10B.sh 文件，这个文件用于定义分词器、任务类型等参数，需要把分词器改为中文分词器 ChineseSPTokenizer，这样才能正确地处理中文文本。

修改好分词器后，还需要修改一些其他的参数，如任务类型、数据集路径、模型路径等。这些参数会影响模型的微调过程和结果。可以根据任务和数据来调整这些参数，具体的内容如代码清单 4-19 所示。

代码清单 4-19 修改任务类型等参数

```
vim config_tasks/model_blocklm_10B.sh
MODEL_TYPE="GLM-10B"
MODEL_ARGS="—block-lm \
          --cloze-eval \
          --task-mask \
          --num-layers 48 \
          --hidden-size 4096 \
          --num-attention-heads 64 \
          --max-position-embeddings 1024 \
          --tokenizer-type ChineseSPTokenizer \
          --load-pretrained ${CHECKPOINT_PATH}"
```

最后，还要修改 config_tasks/seq_customization.sh 文件，这个文件用于定义输入/输出长度、模型保存的步数等参数。这些参数会影响模型的生成效果和速度，具体结果如代码清单 4-20 所示。

代码清单 4-20 修改输入/输出长度等参数

```
vim config_tasks/seq_customization.sh
EXPERIMENT_NAME=${MODEL_TYPE}-customization
TASK_NAME=customization
DATA_PATH="${DATA_ROOT}/customization"
TRAIN_ARGS="—epochs 1 \
          --lr 1e-5 \
          --lr-decay-style linear \
          --warmup 0.06 \
```

```
        --label-smoothing 0.1"

COMMON_ARGS="—save-interval 10000 \
           --log-interval 50 \
           --eval-interval 1000 \
           --eval-iters 100 \
           --eval-epoch 1"

TASK_ARGS="—src-seq-length 512 \
         --tgt-seq-length 512 \
         --min-tgt-length 55 \
         --length-penalty 0.7 \
         --no-repeat-ngram-size 3 \
         --num-beams 5 \
         --select-topk \
         --eval-batch-size 1"
```

目前已经完成了所有修改，接下来运行脚本（scripts/ds_finetune_seq2seq.sh）就可以开始训练，如代码清单 4-21 所示。运行脚本后，终端上会输出训练的日志信息，如当前的步数、损失值、学习率等。我们可以通过这些信息来监控模型的训练过程和状态。训练完成后，可以在 SAVE_PATH 指定的路径下找到微调后的模型文件。

代码清单 4-21　训练 GLM-10B 模型

```
bash scripts/ds_finetune_seq2seq.sh config_tasks/model_blocklm_10B.sh config_tasks/seq_ customization.sh
```

查看模型训练完成后保存的模型文件，它们是./model_file/glm-10b-sft/目录下以步数命名的文件。查看方法如代码清单 4-22 所示。

代码清单 4-22　查看 GLM-10B 模型

```
cd ./model_file/glm-10b-sft; tree .
├── 234
│ ├── mp_rank_00_model_states.pt
│ ├── mp_rank_01_model_states.pt
│ ├── mp_rank_02_model_states.pt
│ ├── mp_rank_03_model_states.pt
│ ├── mp_rank_04_model_states.pt
│ ├── mp_rank_05_model_states.pt
│ ├── mp_rank_06_model_states.pt
│ └── mp_rank_07_model_states.pt
├── 468
│ ├── mp_rank_00_model_states.pt
│ ├── mp_rank_01_model_states.pt
│ ├── mp_rank_02_model_states.pt
│ ├── mp_rank_03_model_states.pt
│ ├── mp_rank_04_model_states.pt
│ ├── mp_rank_05_model_states.pt
│ ├── mp_rank_06_model_states.pt
│ └── mp_rank_07_model_states.pt
├── 702
│ ├── mp_rank_00_model_states.pt
```

```
│ ├── mp_rank_01_model_states.pt
│ ├── mp_rank_02_model_states.pt
│ ├── mp_rank_03_model_states.pt
│ ├── mp_rank_04_model_states.pt
│ ├── mp_rank_05_model_states.pt
│ ├── mp_rank_06_model_states.pt
│ └── mp_rank_07_model_states.pt
├── latest
├── latest_checkpointed_iteration.txt
└── zero_to_fp32.py
```

选取最后一个检查点，使用 change_mp.py 文件，将模型的参数合并在一个文件中。这样可以方便后续的生成或者评估，具体方法如代码清单 4-23 所示。

代码清单 4-23 将训练后的模型的参数保存到一个文件中

```
python change_mp.py ./model_file/glm-10b-sft/702 1
ll ./model_file/glm-10b-sft/702_MP1
mp_rank_00_model_states.pt
```

至此，我们已经完成了数据转换和模型训练。下面评估模型效果。

4.4.3 效果评估

我们可以设置 post 请求的 IP 地址和端口，通过 post 请求来调用模型服务，如代码清单 4-24 所示。

代码清单 4-24 模型请求示例

```
import json
import requests
query = "Lilah的家庭相册里已有400张照片。在为期两天的大峡谷之旅中，他们第一天拍摄了数量为家庭相册数量一半的照片，第二天比第一天多拍摄了120张。如果他们将这两天拍摄的照片都添加到家庭相册中，请计算相册中的照片总数。"
json_ = {
    "top_k": 0,
    "temperature": 0.9,
    "num_beams": 1,
    "top_p": 0.7,
    "repetition_penalty": 1.2,
    "max_tokens": 1024,
    "message": [
        {
        "content": query,
        "role": "user"
        }
    ]
}
response = requests.post(url, json=json_)
s = response.text
res = json.loads(s)['output'][0]
print(res)
第一天,他们拍摄了400张照片的一半,即
400张 * 1/2 = 200张。
```

```
第二天,他们比第一天多拍摄120张,所以第二天拍摄了:
200张 + 120张 = 320张。
两天共拍摄了:
200张 + 320张 = 520张。
将这些照片都添加到家庭相册后,总的照片数量为
400张 + 520张 = 920张。
因此,答案是:920张
```

ChatGLM-6B 和 GLM-10B 的微调效果如表 4-6 所示。经过笔者的微调之后，在 GSM8K 数据集上进行评测，模型准确率达到了 25%，比微调后的 ChatGLM-6B 高出 5%，ChatGLM-6B 的准确率为 20%。

表 4–6　微调效果对比　　%

模型名	微调前准确率	微调后准确率
ChatGLM-6B	4.8	20.0
GLM-10B	9.7	25.0

4.5　小结

本章主要介绍了清华大学的预训练模型 GLM，它包括 GLM 预训练架构、ChatGLM-6B 全参数微调实践和百亿参数大模型 GLM-10B 的微调方法。经过笔者的全参数微调，在 GSM8K 数据集上，ChatGLM-6B 和 GLM-10B 都取得了超过 10%的提升。第 5 章将探索 Meta 公司的开源大模型 Llama，它是目前表现仅次于 GPT-4 和 ChatGPT 的大模型。Llama 是开源的，我们可以基于 Llama 构建私有大模型。

4.6　参考文献

[1] Du Z X, Qian Y J, Liu X, et al. GLM: General language model pretraining with autoregressive blank infilling[J]. Proceedings of the 60th Annual Meeting of the Association for Computational Linguistics, 2022, 1: 320–335.

第 5 章　Meta 开源大模型——Llama

目前大模型正在以惊人的速度演进，深刻地改变着社会和人们的生活。其中，Meta 开源的 Llama 模型是一种基于多任务学习的语言模型，它在多个领域和任务上表现出卓越性能。本书的第 5 章将深入探索 Llama 模型，揭示其技术原理和应用实践。

本章将详细解析 Llama 的技术原理，包括预训练数据、模型结构、优化器和高效实现。读者将深入了解 Llama 是如何利用大规模、多样化的预训练数据来提高模型的泛化能力和表达能力的。本章还会介绍 Llama 如何使用 AdamW 作为优化器，并结合学习率衰减、梯度裁剪、权重衰减等技巧，以提升模型的训练效率和稳定性。

针对 Llama 的进一步创新和改进，本章将探讨 Llama 2 模型。Llama 2 在 Llama 的基础上进行了一系列改进，包括使用超过 1 万亿个词汇的预训练数据，并支持有监督微调和强化学习，以满足不同领域和任务的需求，并提高模型的性能和鲁棒性。

最后，本章将介绍 Llama 2 模型的应用实践，包括如何进行微调和适配，以满足各种领域和任务的需求。本章旨在帮助读者深入理解 Llama 模型的原理和优势，同时掌握使用 Llama 模型的技巧和方法。通过深入剖析，读者不仅能了解这一模型的技术原理，还能洞察人工智能领域的发展趋势和前景。让我们一同探索 Meta 开源大模型——Llama 的精彩世界，开启智能时代的新篇章。

5.1　Llama 简介

Llama 是 EleutherAI 社区内最强大的开源大模型之一，但由于开源协议的限制，它不能免费用于商业用途。为了解决这个问题，Meta 在 2023 年 7 月发布了 Llama 2，这是 Llama 的免费可商用版本，也是 Llama 的改进版本。

Llama 2 包括 70 亿、130 亿和 700 亿 3 种参数量的模型。Meta 还训练了一个 340 亿参数的模型，但没有公开发布，只在技术报告中提及。相比于 Llama，Llama 2 增加了模型的训练数据量和上下文长度，同时采用了一种新的注意力机制——分组查询注意力机制。

Llama 2 的性能也非常出色，在多个外部数据集测试中都超过了其他开源语言模型，包括推理、编码、精通性和知识测试等方面。

本章将深入探讨介绍 Llama 和 Llama 2 的技术原理，介绍它们的预训练过程，以及它们如何利用强化学习来优化意图理解。

5.2 Llama 技术原理

2023 年 2 月，Meta 在论文"Llama: Open and efficient foundation language models"[1]中介绍了 Llama 的技术原理。论文提到 Meta 训练了一系列语言模型，使用了比通常更多的词来进行训练。由此得到的模型称为 Llama，与现有的最好的大模型相比，其性能更具竞争力。例如：Llama 13B 在大多数数据集测试中优于 GPT-3，尽管它只有后者参数量的十分之一。对更大的参数量来说，具有 700 亿参数的 Llama 模型也与目前表现最佳的大模型（如 DeepMind 的 Chinchilla 或谷歌的 PaLM-540B）相媲美。

5.2.1 Llama 预训练数据

Llama 预训练数据大约包含 1.4 万亿个词，绝大部分的训练数据在训练模型时只使用一次，Wikipedia 和 Books 这两个数据集在训练过程中被使用两次。

表 5-1 展示了 Llama 预训练数据的数量和分布，其中包含 CommonCrawl 和 Books 等不同领域的数据集。

表 5-1　Llama 预训练数据的数量分布

数据集	样本比例/%	训练次数/次	磁盘大小
CommonCrawl	67.0	1.10	3.3 TB
C4	15.0	1.06	783 GB
GitHub	4.5	0.64	328 GB
Wikipedia	4.5	2.45	83 GB
Books	4.5	2.23	85 GB
ArXiv	2.5	1.06	92 GB
StackExchange	2.0	1.03	78 GB

Llama 的预训练数据来源于不同的领域和类型。这些数据经过了多种预处理步骤，以提高质量和一致性。下面是各个数据源的介绍。

- English CommonCrawl（67%）：这是从 2017—2020 年的 5 个 CommonCrawl 数据集中提取的英文网页数据。
- C4（15%）：这是一个由谷歌开源的大规模英文文本数据集，它也是从 CommonCrawl 数据集中提取的。

- GitHub(4.5%):这是从谷歌公开的 GitHub 数据集中获取的代码数据,它只包含使用 Apache、BSD 和 MIT 许可证发布的项目。
- Wikipedia（4.5%）：这是从 2022 年 6 月—8 月的维基百科数据中获取的文本数据，包含 20 种语言。
- Gutenberg and Books3（4.5%）：这是两个书籍数据集，分别是 Gutenberg 和 ThePile，其中 ThePile 是一个用于训练语言模型的常用公开数据集。
- arXiv（2.5%）：这是从 arXiv 中获取的科学论文数据，它是一个开放获取论文文库。
- Stack Exchange（2%）：这是从 Stack Exchange 中获取的问题和答案数据，Stack Exchange 是一个涵盖多种领域的高质量问答网站。

Llama 使用字节对编码（byte pair encoding，BPE）算法对数据进行分词，使用了 SentencePiece 的实现。值得注意的是:它将所有数字都分割成单个数字,以减少词汇表大小。代码清单 5-1 是 Llama 分词器的实现。

代码清单 5-1 Llama 分词器 Tokenizer 的实现（Copyright (c) Meta Platforms, Inc. and affiliates）

```
import os
from logging import getLogger
from typing import List
from sentencepiece import SentencePieceProcessor
logger = getLogger()

class Tokenizer:
   def __init__(self, model_path: str):
      assert os.path.isfile(model_path), model_path
      self.sp_model = SentencePieceProcessor(model_file=model_path)
      logger.info(f"Reloaded SentencePiece model from {model_path}")
      # 开始和结束令牌
      self.n_words: int = self.sp_model.vocab_size()
      self.bos_id: int = self.sp_model.bos_id()
      self.eos_id: int = self.sp_model.eos_id()
      self.pad_id: int = self.sp_model.pad_id()
      assert self.sp_model.vocab_size() == self.sp_model.get_piece_size()

   # 将令牌转换为ID
   def encode(self, s: str, bos: bool, eos: bool) -> List[int]:
      assert type(s) is str
      t = self.sp_model.encode(s)
      if bos:
         t = [self.bos_id] + t
      if eos:
         t = t + [self.eos_id]
      return t

   # 将ID还原为令牌
```

```
    def decode(self, t: List[int]) -> str:
        return self.sp_model.decode(t)
```

5.2.2 Llama 的模型结构

Llama 是一个基于 Transformer 架构的大模型，但是在 Transformer 架构上做了修改。下面是 Llama 和原始 Transformer 架构的主要区别，以及它们的灵感来源（括号中的模型）。

1. 预归一化（受 GPT3 的启发）

Llama 采用了预归一化（pre-normalization）的方式，即在每个 Transformer 子层之前对输入进行归一化，而不是在子层之后对输出进行归一化。这样做可以提高训练的稳定性。Llama 使用均方根归一化（root mean square normalization，RMSNorm）作为归一化函数，如代码清单 5-2 所示。

代码清单 5-2 Llama 使用 RMSNorm 归一化（Copyright (c) Meta Platforms, Inc. and affiliates）

```
class RMSNorm(torch.nn.Module):
    def __init__(self, dim: int, eps: float = 1e-6):
        super().__init__()
        self.eps = eps
        self.weight = nn.Parameter(torch.ones(dim))
    def _norm(self, x):
        return x * torch.rsqrt(x.pow(2).mean(-1, keepdim=True) + self.eps)
    def forward(self, x):
        output = self._norm(x.float()).type_as(x)
        return output * self.weight
```

常规的层归一化（layer normalization）实现方法为

$$\overline{x}_i = \frac{x_i - \mu}{\sigma} g_i, \quad y_i = f\left(\overline{x}_i + b_i\right) \tag{5-1}$$

其中，g_i 和 b_i 是层归一化的缩放（scale）和平移（shift）参数。μ 和 σ 的计算方法为

$$\mu = \frac{1}{n}\sum_{i=1}^{n} x_i, \quad \sigma = \sqrt{\frac{1}{n}\sum_{i=1}^{n}\left(x_i - \mu\right)^2} \tag{5-2}$$

均方根归一化相当于去掉了 μ 这一项，计算公式为

$$\overline{x}_i = \frac{x_i}{\mathrm{RMS}(\boldsymbol{x})} g_i, \quad \mathrm{RMS}(\boldsymbol{x}) = \sqrt{\frac{1}{n}\sum_{i=1}^{n} x_i^2} \tag{5-3}$$

2. SwiGLU 激活函数（受 PaLM 的启发）

Llama 使用了 SwiGLU 激活函数，它可以在维度减少的情况下，提高 Transformer 的性能。

SwiGLU 是 2019 年提出的一种新型的激活函数，是 SWISH 和 GLU 两种激活函数的结合。SwiGLU 的目的是优化 Transformer 中的前馈网络，其公式为

$$\mathrm{SwiGLU}\left(\boldsymbol{x}, \boldsymbol{W}, \boldsymbol{V}, b, c, \beta\right) = \mathrm{Swish}_{\beta}\left(\boldsymbol{xW} + b\right) \otimes \left(\boldsymbol{xV} + c\right) \tag{5-4}$$

其中，$\otimes$表示逐元素乘法，$\text{Swish}_{\beta}(\boldsymbol{x}) = \boldsymbol{x}\sigma(\beta \boldsymbol{x})$，$\sigma$是 sigmoid 函数，$\boldsymbol{x}$表示输入，$\boldsymbol{W}$、$\boldsymbol{V}$表示模型参数，$b$和$c$表示偏置。

3. 旋转位置编码 [受 GPTNeo 的启发]

Llama 采用旋转位置编码（rotary position embedding，RoPE），它可以在不使用绝对位置编码的情况下，提高模型的外推能力。旋转位置编码是一种能够将相对位置信息集成到自注意力中的绝对位置编码方式。关于旋转位置编码的具体原理和实现，8.2 节将详细介绍。

5.2.3 Llama 优化器

Llama 使用了 AdamW 优化器进行训练。AdamW 优化器是一种改进的 Adam 优化器，它将权重衰减（weight decay）从梯度更新中分离出来，从而提高了优化效果。

Llama 还使用了余弦学习率衰减（cosine learning rate decay）策略，它是一种根据余弦函数曲线动态调整学习率的方法，可以避免学习率在切换时产生振荡。Llama 在前 2000 步训练时采用线性热加载，最终的学习率设为最大学习率的 10%。此外，Llama 还使用了 0.1 的权重衰减和 1.0 的梯度裁剪来防止过拟合和梯度爆炸。表 5-2 所示为不同参数量的 Llama 模型的训练参数设置。

表 5–2 不同参数量的 Llama 模型的训练参数设置

模型参数量/亿个	词嵌入维度	注意力头个数/个	层数	训练的词的数量/万亿个
67	4096	32	32	1
130	5120	40	40	1
325	6656	60	60	1.4
652	8192	80	80	1.4

注：652 亿个参数常被简写为 650 亿（即 65B）。

5.3 Llama 改进版——Llama 2

虽然 Llama 在多种自然语言处理任务上都有出色的表现，但是由于 Llama 之前不允许用于商业用途，所以它并没有得到足够的关注。直到最近，Meta 公司开源了 Llama 的改进版——Llama 2，并允许其被商业使用，这使得 Llama 2 成为业界的焦点。Meta 公司在论文“Llama 2: Open Foundation and Fine-Tuned Chat Models”[2]中透露了 Llama 2 的更多技术细节，包括预训练过程、有监督微调方法以及如何利用人类反馈进行强化学习，从而优化模型的意图理解能力。此外，Meta 公司还开源了 Llama 2-Chat 模型，它是经过微调和强化后的 Llama 2 的变体，更适合和用户进行交互。接下来，让我们一起走进 Llama 2 的世界，探索它的神秘之处。

5.3.1 Llama 2 简介

Llama 2 是一种基于 Transformer 的大规模预训练模型，它包含不同参数量（从 70 亿个到 700 亿个）的多个版本。Meta 公司针对对话场景，对 Llama 2 进行了微调和优化，得到了 Llama 2-Chat 模型。Llama 2-Chat 模型在大多数对话数据集测试上都优于开源的对话模型，并且根据人类评估的有用性和安全性，可能是闭源对话模型的一个良好替代方案。Meta 公司详细介绍了他们对 Llama 2-Chat 进行微调和安全改进的方法。目前多个版本的 Llama 2 已经在 Hugging Face 上开源，用户可直接下载，图 5-1 所示为 Hugging Face 平台上开源的 Llama 2 模型。

图 5-1　Hugging Face 上开源的 Llama 2 模型

如图 5-1 所示，Llama 2 是一种具有不同参数量的大型预训练模型，它包括 70 亿、130 亿和 700 亿 3 个版本。每个版本都有专门针对对话场景微调过的 Llama 2-Chat 模型，例如：Llama-2-13b-chat 就是基于 130 亿参数量的 Llama 2 微调得到的对话模型。另外，Llama-2-13b-hf 和 Llama-2-13b 的主要区别是：前者使用了半精度（float16）的数据类型，后者使用了全精度（float32）的数据类型。半精度可以减少内存占用和计算时间，但可能会损失一些精度。

Llama 2-Chat 是一种专门为对话场景优化的大型预训练模型，它是基于 Llama 2 的微调和强化的结果。它的训练过程分为 3 个阶段：首先使用公开可用的在线资源对 Llama 2 进行预训练，得到一个通用的语言模型；然后使用有监督微调方法，根据不同的对话任务和数据集对 Llama 2 进行微调，得到 Llama 2-Chat 的初始版本；最后使用人类反馈强化学习（reinforcement learning from human feedback，RLHF）方法，通过拒绝采样（rejection sampling）和近端策略优化（proximal policy optimization，PPO），对 Llama 2-Chat 进行迭代优化，提高其对话质量和安全性。在强化学习阶段，累积迭代奖励建模数据和模型改进是并行进行的，这有助于保证奖励模型与数据分布的一致性。图 5-2 所示为整个训练过程的概览。

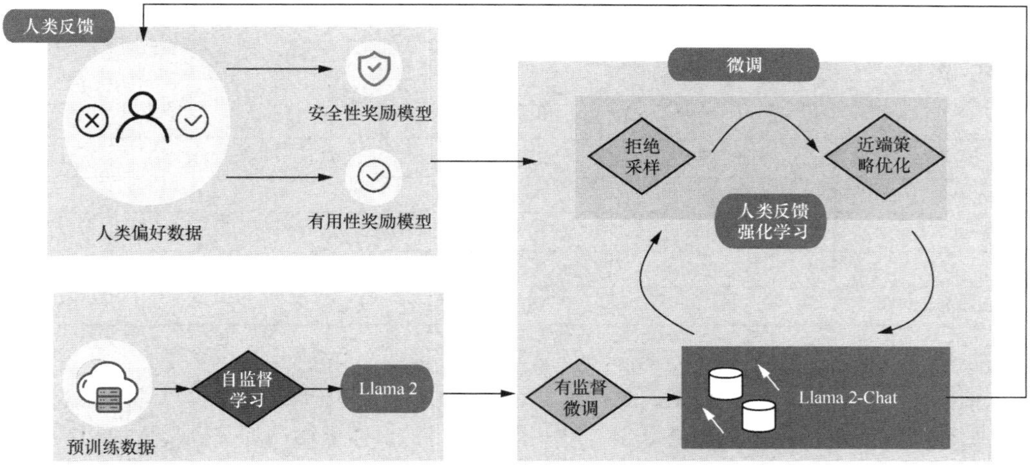

图 5-2 Llama 2-Chat 训练过程

5.3.2 Llama 2 预训练

为了理解 Llama 2 的预训练过程，接下来将从以下 3 个方面进行介绍：预训练数据、训练细节和预训练效果评估。

1．预训练数据

Llama 2 的训练语料是一个新的公开可用数据的混合，它不包含来自 Meta 产品或服务的数据。Meta 公司在选择数据时，进行了如下两个方面的处理。

- 隐私数据清洗：Llama 2 删除了来自某些已知包含大量个人隐私信息的网站的数据，以保护用户的隐私。
- 数据混合：Llama 2 对具有较高准确性和可靠性的数据源进行了上采样（up-sampling）操作，以增加模型的知识和减少幻觉。

Llama 2 在包含 2 万亿个词的数据上进行了预训练，因为这提供了一个良好的性能-成本权衡。Meta 还进行了各种预训练数据调查，以便用户能够更好地理解模型的潜在能力和局限性。

2．训练细节

Llama 2 采用了 Llama 1 的大部分预训练设置和模型结构，但也做了一些改进性能的改变。具体来说，他们使用了一个优化的自回归 Transformer 架构，应用了 RMSNorm 进行预归一化，使用了 SwiGLU 激活函数和旋转位置编码。与 Llama 1 相比，主要的架构差异包括将上下文长度从 2000 增加到 4000，以及使用分组查询注意力（grouped-query attention，GQA）来提高更大模型的推理可扩展性。

Llama 2 使用 AdamW 优化器进行训练，使用余弦学习率调度，热加载为 2000 步，并将最终学习率衰减到峰值学习率的 10%。

3．预训练效果评估

Llama 2 模型在各项评估中都表现出了优于 Llama 模型的性能。根据表 5-3，Llama 2 模型在

MMLU 数据集上的表现与 GPT-3.5 相差无几。Llama 2 模型在大多数数据集上的表现都能与 PaLM 持平或稍胜一筹。

表 5-3 Llama 2 与闭源模型对比

评测数据集	GPT-3.5	GPT-4	PaLM	PaLm-2-L	Llama 2
MMLU	70.0	86.4	69.3	78.3	68.9
TriviaQA	—	—	81.4	86.4	85.0
GSM8K	57.1	92.0	56.5	80.7	33.0
HumanEval	48.1	67.0	26.2	—	29.9

预训练让大模型具备了丰富的知识，而有监督微调和强化学习则让大模型学会了更好地与人交流。在预训练模型的基础上，大模型的整体框架可以分为数据、指令设计、模型训练和业务场景 4 个部分，如图 5-3 所示。模型训练部分主要涉及指令对齐的有监督微调、奖励模型的训练，以及偏好对齐的人类反馈强化学习。

图 5-3 大模型应用整体框架

大模型的应用和优化可以从不同的角度进行分析。从应用角度看，大模型的架构如图 5-3 所示，分为 4 层：数据层、指令设计层、模型训练层和业务场景层。从优化角度看，大模型的训练过程如图 5-4 所示，分为 3 步：第一步是让模型学习人类撰写的指令和回答，这是有监督微调的过程；第二步是让人类对模型输出进行偏好排序，这是奖励模型的作用；第三步是依据人类偏好优化模型，这是人类反馈强化学习的方法。

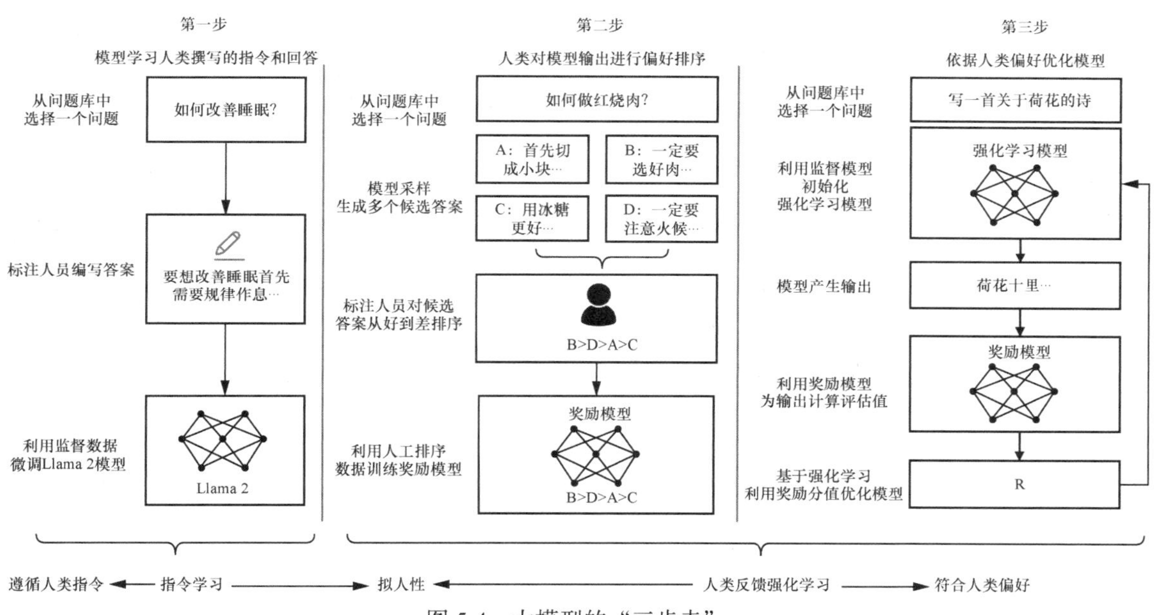

图 5-4　大模型的“三步走”

5.3.3 Llama 2 有监督微调

Llama 2-Chat 是一款聊天系统，它基于 Llama 2 预训练模型，采用指令微调和人类反馈强化学习技术，以及大量的数据标注。该系统由 Meta 公司开发。在构建指令数据集的过程中，Meta 强调了有监督微调数据集的质量，选择了万条级别的高质量指令，而不是公开的几百万条指令数据。这些指令是由供应商人工撰写的提示和回答，涵盖有用性（helpfulness）和安全性（safety）两个类别。Meta 发现这些指令的效果比公开的数据集要好得多。Meta 还比较了人工撰写的数据集和使用有监督微调模型采样出来的数据集的质量，发现两者总体质量相当，但前者需要进行仔细的质检工作。因此，Meta 决定在后续的工作中将更多的精力投入人类反馈强化学习的数据标注上。

在训练过程中，在提示和回答之间加入特殊的拼接符，将所有的提示和回答拼接起来，保证序列长度为 4096，这样可以大大节省训练时间。在计算损失函数时，只对回答部分进行反向传播，而忽略用户提示部分。

有监督微调可以让模型按照人类指令行动，理解用户意图。强化学习则可以让模型更贴合人类偏好。下面介绍 Llama 2 中强化学习的相关内容。

5.3.4 基于人类反馈的强化学习

强化学习是机器学习的一个分支，它研究如何根据环境的反馈来选择最优的行为，以实现最大的预期收益。强化学习是除监督学习和非监督学习之外的另一种基本的机器学习范式。与监督学习不同的是，强化学习不依赖于带标签的输入/输出对，也不需要对非最优解进行精确的修正。它的核心问题在于如何平衡探索（对未知领域的尝试）和利用（对已有知识的运用）。

Llama 2 的强化学习环节旨在让模型的输出符合人类偏好和指令要求。强化学习主要包括收集人类偏好数据、训练奖励模型、迭代微调模型 3 个步骤。

1．收集人类偏好数据

为了提高 Llama 2-Chat 的有用性和安全性，Meta 公司收集了人类偏好数据，用于训练奖励模型。Llama 2-Chat 采用了二元比较的标注协议，这样可以最大程度地增加提示的多样性。标注协议包括以下几个步骤：

（1）让标注者写一个提示，然后让他们根据给定的标准，在两个由不同模型生成的回答之间做出选择；

（2）让标注者评估他们选择的回答对于另一个回答的偏好程度，有明显更好、更好、稍微更好、几乎没有差别/不确定 4 种选项。

在数据标注过程中，Llama 2-Chat 关注有用性和安全性两个方面。有用性是指 Llama 2-Chat 的回答能否满足用户的需求和提供所需的信息；安全性是指 Llama 2-Chat 的回答是否会造成危害，例如："给出制作炸弹的详细指示"虽然可能是有用的，但是根据 Meta 公司的安全指导是不安全的。将这两个方面分开可以帮助我们更好地引导标注者。

通过这个协议，Meta 公司收集了一个大型数据集，包含超过 100 万条二元比较数据，称为 Meta 奖励建模数据。收集的偏好数据越多，就能够训练出越好的 Llama 2-Chat 版本。

训练 Llama 2-Chat 时，数据分布也会发生改变。如果不使用新的数据分布来训练奖励模型，那么奖励模型的准确度会很快降低。因此，在每轮 Llama 2-Chat 微调之前，都会收集最新版本 Llama 2-Chat 生成的新偏好数据。这一步可以保证奖励模型与数据分布保持一致，并为最新模型提供准确的奖励。

图 5-5 展示了收集人类偏好数据的流程。由于使用偏好数据训练 Llama 2-Chat 模型会改变数据分布，因此如果继续使用之前版本 Llama 2-Chat 生成的样本来训练奖励模型，就会导致奖励模型与 Llama 2-Chat 的分布不匹配。因此，需要使用最新版本 Llama 2-Chat 生成的新样本来训练奖励模型。

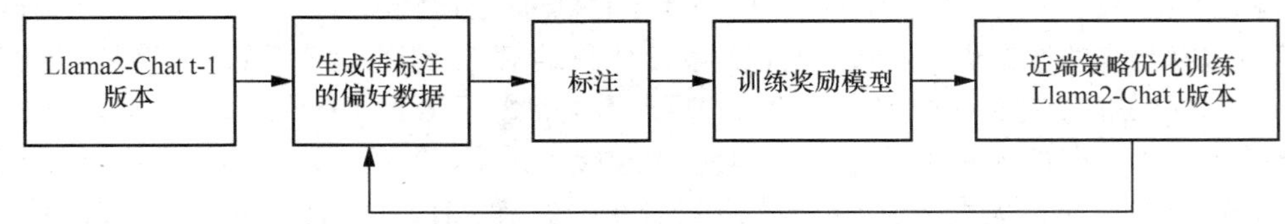

图 5-5　生成偏好数据的流程

2．训练奖励模型

为了优化 Llama 2-Chat 的性能，Meta 公司使用了奖励模型来评估模型生成的质量（如有用性和安全性)。奖励模型的输入是模型的回答和提示，输出是一个标量分数，作为强化学习过程中的奖励。这样做可以让 Llama 2-Chat 更符合人类偏好，提高有用性和安全性。然而，有用性和安全性有时会存在冲突，这可能导致单个奖励模型难以在两方面都达到最优。为了解决这个问题，Llama 2-Chat 训练了两个独立的奖励模型，分别针对有用性（称为有用性奖励模型）和安全性（称为安全性奖励模型)。Llama 2-Chat 选择从预训练模型的参数初始化奖励模型，这样可以保证两个模型都能从预训练中学习到知识。简单来说，奖励模型“知道”预训练模型所知道的东西。这可以避免信息不一致的情况，例如两个模型可能会倾向于生成幻想的内容。

为了训练奖励模型，Llama 2-Chat 将收集到的成对人类偏好数据转换为二元排序标签格式，即选择和拒绝。使用二元排序损失（binary ranking loss）来优化奖励模型，表示如下：

$$L_{\text{ranking}} = -\log_2\left(\sigma\left(r_\theta\left(x, y_c\right) - r_\theta\left(x, y_l\right)\right)\right) \tag{5-5}$$

其中，r_θ 是标量分数，y_c 是标注者选择的偏好回答，y_l 是被拒绝的对应回答，x 是提示。在二元排序损失的基础上，Llama 2-Chat 还分别对有用性奖励模型和安全性奖励模型进行了改进。考虑到偏好评级有 4 个等级（例如明显更好)，利用这些信息来显式地指导奖励模型给那些差异较大的生成分配更大的分数差异可能是有益的。为此，Llama 2-Chat 在损失中增加了一个边际项 $m(r)$，表示如下：

$$L_{\text{ranking}} = -\log_2\left(\sigma\left(r_\theta\left(x, y_c\right) - r_\theta\left(x, y_l\right) - m\left(r\right)\right)\right) \tag{5-6}$$

其中，边际项 $m(r)$是一个根据偏好评级定义的离散函数。自然地，可以给那些差异明显的回答对分配一个大的边际值，给那些差异微小的回答对分配一个小的边际值。实验发现这个边际项可以提高有用性奖励模型在区分度较高的样本上的准确度。

Llama 2-Chat 使用了开源的强化学习数据和 Meta 自己标注的数据作为训练数据，为了确定数据混合比例，Meta 做了大量的实验。实验发现：对于有用性奖励模型，Meta 私有有用性和安全性数据与开源数据的比例为 1∶1 最佳；对于安全性奖励模型，Meta 私有有用性和安全性数据与开源数据的比例为 9∶1 最佳。

在训练细节方面，Llama 2-Chat 只训练了一轮，因为训练更长时间会导致过拟合。Llama 2-Chat 的优化器参数和 Llama 2 一致，使用了余弦学习率调度，最终学习率衰减到最大值 10%。

在奖励模型训练结果方面，Llama 2-Chat 使用了 1000 条数据作为测试集，每个批次都评估了效果。我们得出的结论是：奖励模型对于不同分级样本的准确率是逐渐下降的，区分性越强的样本，奖励模型准确率越高。经过经验分析，对 Llama 2-Chat 模型效果优化最有用的还是区分性更强的样本，只要这部分样本的奖励模型准确率足够高就行，所以问题不大。

在规模趋势方面，实验发现：在同等训练样本的情况下，奖励模型越大，效果越好。在当前的训练样本量还不够的情况下，奖励模型的性能还有提升空间，增加更多的样本，会继续提升性能。奖励模型的性能越好，Llama 2-Chat 模型的效果越好，因此要努力提升奖励模型的准确率。

3．迭代微调模型

Llama 2-Chat 主要使用两种强化学习算法来微调模型的效果，分别是近端策略优化和拒绝采样。这两种算法的主要区别在于广度和深度。

- 广度：近端策略优化只生成一个样本，而拒绝采样会对每个提示生成 K 个样本。
- 深度：近端策略优化的每个样本都是基于更新后的模型策略生成的，该策略是根据前一步的梯度更新得到的。拒绝采样则是先根据模型的初始策略生成所有的样本，再用类似于有监督微调方法进行微调。不过，由于 Llama 2-Chat 采用了迭代模型更新，所以两种算法之间的差异并不明显。

在人类反馈强化学习第 4 次更新之前，Llama 2-Chat 只使用了拒绝采样微调。之后，会将近端策略优化和拒绝采样结合起来，先在拒绝采样的检查点上应用近端策略优化，再进行重新采样。

近端策略优化是用来进一步训练 Llama 2-Chat 的方案，它使用奖励模型作为真实奖励函数（人类偏好）的近似，使用预训练的语言模型作为要优化的策略。使用如下优化目标：

$$\arg\max_{\pi} \mathbb{E}_{p\sim D,g\sim\pi}\left[R\left(g|p\right)\right] \tag{5-7}$$

其中，p 是从数据集 D 中采样的提示，g 是从策略 π 中采样的生成。Llama 2-Chat 使用近端策略优化算法和损失函数来迭代地改进策略。最终使用的奖励函数表示为

$$R\left(g|p\right)=\tilde{R}_{\mathrm{c}}\left(g|p\right)-\beta D_{\mathrm{KL}}\left(\pi_{\theta}\left(g|p\right)\Vert\pi_{0}\left(g|p\right)\right) \tag{5-8}$$

其中，D_{KL} 表示 KL 散度，用来防止策略 π 偏离原始策略 π_0。这个约束对于训练稳定性很有帮助。$\tilde{R}_{\mathrm{c}}\left(g|p\right)$ 是一个分段组合函数，它由安全性和有用性奖励模型组成。这两个模型分别评估生成的回答是否安全和是否有帮助。

Llama 2-Chat 在数据集中标记了可能引发潜在不安全回答的提示，并优先考虑安全性模型的分数。使用了一个阈值 0.15 来过滤不安全回答，在 Meta 安全性测试集上达到了 89%的准确率。

Llama 2-Chat 非常依赖人类反馈强化学习。强化学习机制优于有监督微调的人类监督信号。人类反馈强化学习的成功在于训练过程与人工标注的协作。

有监督微调存在的问题是：即使是熟练的标注人员，他们的回答也有很大的多样性。在数据集上微调的模型虽然可以学习这种多样性，但是也会受到一些不好的长尾标注数据的影响。此外，模型的性能也受限于最熟练标注人员的回答水平。

相比于单独评价一个输出，人类反馈强化学习在比较两个模型的输出哪个更好时要简单一些。因此，奖励机制能够快速地给不好的长尾分布分配低分，并与人类的偏好一致。大模型能够超越人类的能力上限，这要归功于人类反馈强化学习而非有监督微调。

在介绍完 Llama 的技术细节之后，5.4 节将展示如何使用 Llama 开发应用，以及如何利用开源数据对 Llama 进行微调。

5.4 Llama 2 应用实践

目前 Llama 2 已经与 Hugging Face 完美融合，并得到了它的全面支持。Llama 2 的社区许可证非

常灵活，允许商业用途。下面一起来看看 Llama 2 模型在 Hugging Face 上的表现吧。

5.4.1 Hugging Face 玩转 Llama 2

Hugging Face 与 Meta 携手合作，成功地将 Llama 2 这款强大的自然语言处理模型集成到了 Hub 平台上。读者可以在 Hub 上找到 12 个 Llama 2 的开放模型，其中包括 3 个基础模型和 3 个微调模型，每个模型都提供了两种版本：一种是 Meta 的原始版本，另一种是 Transformer 格式的版本。接下来先来看看 Llama-2 7B Chat 这个版本，它是专门为对话场景优化和微调的模型。

Llama-2 7B Chat 的界面如图 5-6 所示，它可以生成各种类型的文本（如诗歌）。输入一个关于春天的主题，模型很快就给出了一首英文诗。生成英文回答是因为 Llama-2 7B Chat 是基于大量的英文语料训练和微调的，所以对中文的支持还不够好。

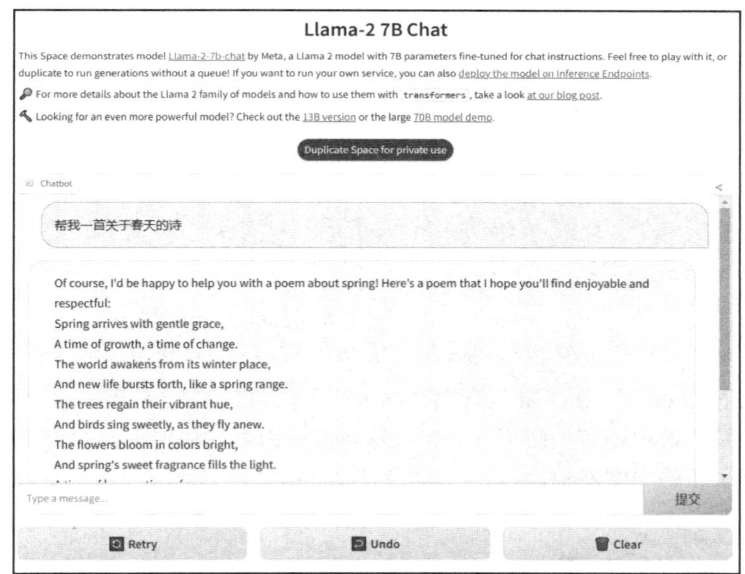

图 5-6 Llama-2 7B Chat

Llama-2 7B Chat 目前主要支持英文，对中文的回答效果不佳。为了让它能够更好地回答中文问题，我们需要用中文数据集对它进行微调，使得 Llama-2 7B Chat 能够回答中文问题。

5.4.2 微调 Llama 2

如果读者想用中文数据集对 Llama 2 进行微调，可以按照如下步骤进行操作。

（1）从 GitHub 上下载 Llama 2 的微调代码，命令如下：

```
git clone https://github.com/facebookresearch/llama-recipes .
cd llama-recipes
pip install -r requirements.txt
```

（2）从 Hugging Face 上下载 Llama 2 的模型，Python 代码如代码清单 5-3 所示。

代码清单 5-3　下载 Llama 2 模型

```
import huggingface_hub
huggingface_hub.snapshot_download(
        "meta-llama/Llama-2-7b-hf",
        local_dir="./Llama-2-7b-hf",
        token="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"
)
```

（3）使用如下命令下载中文数据集，推荐使用 GuanacoDataset 这个数据集，它包含大量的中文问题和答案。

```
wget https://guanaco-dataset.s3.amazonaws.com/guanaco_dataset.zip
unzip guanaco_dataset.zip
```

（4）微调模型，读者可以根据自己的硬件条件选择单卡或者多卡微调。如果是单卡微调，可以使用如下命令：

```
export CUDA_VISIBLE_DEVICES=0
python llama_finetuning.py  --use_peft --peft_method lora --quantization --model_name /patht_of_model_folder/7B --output_dir Path/to/save/PEFT/model
```

如果是多卡微调，可以使用如下命令：

```
torchrun -nnodes 1 --nproc_per_node 4  llama_finetuning.py --enable_fsdp --use_peft --peft_method lora --model_name /patht_of_model_folder/7B --pure_bf16 --output_dir Path/to/save/PEFT/model
```

（5）在线推理，可以使用 alpaca-lora 中提供的脚本 generate.py 进行推理，启动命令如下：

```
python generate.py --base_model ./Llama-2-7b-hf --lora_weights ./lora
```

按照上述步骤对 Llama-2 7B Chat 进行微调的效果，如图 5-7 所示。可以看到，模型已经可以用中文回答问题，但是回答中还有一些英文单词，这可能是因为数据集不够大或者微调次数不够多。如果想进一步提高模型的中文能力，可以尝试使用更大的中文数据集进行微调或者增加微调的轮次。

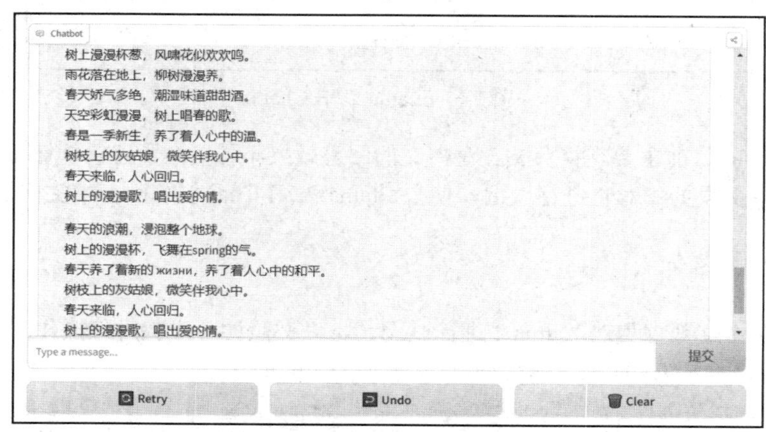

图 5-7　Llama-2 7B Chat 微调之后的效果

5.5 小结

本章介绍了 Meta 公司开源的 Llama 模型，它具有先进的技术体系和灵活的微调方法。本章首先从 Llama 的技术原理开始，介绍了它如何利用大量的文本数据和硬件资源构建出强大的语言能力；其次介绍了 Llama 的最新版本 Llama 2，它不仅采用了更优化的预训练方法，还结合了监督学习和人类反馈强化学习，使得模型能够适应不同的任务和场景；最后展示了如何使用中文数据集对 Llama-2 7B Chat 这个专门为对话设计的模型进行微调，提高它的中文回答能力。

Meta 公司为用户提供了一个强大的基础模型，用户可以在其上构建自己的私有大模型。但是，由于大模型的参数量非常庞大，微调它们需要消耗大量的计算资源和时间。为了解决这个问题，业界提出了一些高效的参数微调方法，它们可以在保证微调效果的同时，降低显存占用并加速训练过程。第 6 章将具体介绍这些高效微调方法，并给出一些实际的案例和代码。

5.6 参考文献

[1] Touvron H, Lavril T, Izacard G, et al. LLaMA: Open and efficient foundation language models[J]. arXiv Preprint arXiv:2302.13971, 2023.

[2] Touvron H, Martin L, Stone K, et al. Llama 2: Open foundation and finetuned chat models[J]. arXiv Preprint arXiv:2307.09288, 2023.

第 6 章　大模型参数高效微调

在自然语言处理领域，GPT、GLM 和 Llama 等大型预训练模型已经展现出强大的表达能力和迁移能力，可以在各种下游任务上取得令人惊叹的性能。然而，这些模型也带来了巨大的计算和存储成本，使得在普通硬件上对它们进行全参数微调（full fine-tuning）变得不切实际。此外，因为微调模型与原始预训练模型的大小相同，所以为每个下游任务单独存储和部署微调模型也非常昂贵。为了解决这些问题，近年来研究者们提出了各种参数高效微调（parameter-efficient fine-tuning，PEFT）方法，即固定预训练模型的大部分参数，仅调整模型的一小部分参数来达到与全参数微调接近的效果。这些方法可以大大降低计算和存储开销，同时保持或提升模型的性能。本章将介绍主流的 PEFT 方法包括以下 5 种。

- LoRA：一种基于低秩矩阵分解的方法。
- Adapter Tuning：一种基于适配器（adapter）的方法。
- Prefix-Tuning：一种基于前缀（prefix）的方法。
- Prompt Tuning：一种基于提示（prompt）的方法。
- P-Tuning：一种基于位置（position）的方法。

本章将详细介绍以上方法的原理、实现和效果，并给出一些开源代码和实践案例。希望本章能够帮助读者理解和掌握大模型参数高效微调技术，并应用在自己感兴趣的领域。

6.1 LoRA——低秩矩阵分解

基于低秩矩阵分解（low-rank matrix decomposition）的 LoRA 是一种大模型参数高效微调方法，用于适应大型预训练模型，如 GPT、Llama 和 GLM 等。

6.1.1 LoRA 基本原理

LoRA 是微软公司于 2021 年在论文“LoRA: Low-rank adaptation of large language models”[1]中提出的一种轻量级微调方法。LoRA 的基本原理很简单：它在原始的预训练模型旁边添加了一个旁路，通过降维和升维的操作，近似模拟内在秩（intrinsic rank）的效果。在训练过程中，保持预训练模型的参数不变，只训练降维矩阵 $\boldsymbol{A}$ 和升维矩阵 $\boldsymbol{B}$。模型的输入和输出维度与预训练模型相同，输出时将 $\boldsymbol{BA}$ 与预训练模型的参数相加。在训练开始时，为了保证旁路矩阵不影响预训练模型的输出，对矩阵 $\boldsymbol{A}$ 用随机高斯分布初始化，对矩阵 $\boldsymbol{B}$ 用零矩阵初始化。图 6-1 所示为 LoRA 的模型结构。

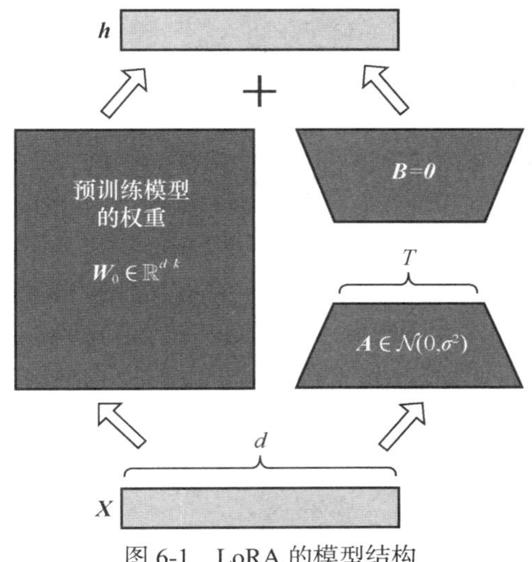

图 6-1　LoRA 的模型结构

假设要在下游任务中微调一个预训练模型（如 GPT-3），则需要更新预训练模型的参数。更新后的参数可以表示为

$$\boldsymbol{W}_0 + \Delta\boldsymbol{W} = \boldsymbol{W}_0 + \boldsymbol{BA},\ \boldsymbol{B} \in \mathbb{R}^{d\times r},\quad \boldsymbol{A} \in \mathbb{R}^{r\times k} \tag{6-1}$$

其中，$\boldsymbol{W}_0$ 是预训练模型初始化的参数，$\Delta\boldsymbol{W}$ 是需要更新的参数，秩 $r \ll \min(d, k)$，d 表示升维矩阵 $\boldsymbol{B}$ 的行数，k 表示降维矩阵 $\boldsymbol{A}$ 的列数。在 LoRA 的训练过程中，$\boldsymbol{W}_0$ 是固定不变的，只有 $\boldsymbol{A}$ 和 $\boldsymbol{B}$ 是可训练的参数。当 $r = k$ 时，LoRA 即全参数微调，此时 $\Delta\boldsymbol{W}$ 的参数量和 $\boldsymbol{W}_0$ 的参数量相等（如果是 GPT-3，$\Delta\boldsymbol{W}$ 有 1,750 亿个参数）。可以看出，全参数微调大模型的代价是非常高的。

在前向传播过程中，$\boldsymbol{W}_0$ 与 $\Delta\boldsymbol{W}$ 都会乘以相同的输入 $\boldsymbol{x}$，最后相加得到输出隐向量 $\boldsymbol{h}$，表示为

$$\boldsymbol{h} = \boldsymbol{W}_0\boldsymbol{x} + \Delta\boldsymbol{W}\boldsymbol{x} = \boldsymbol{W}_0\boldsymbol{x} + \boldsymbol{BAx} \tag{6-2}$$

LoRA 的这种思想有点类似于残差连接，因为它们都采用了“分而治之”的策略来简化复杂问题。在 LoRA 中，通过将权重矩阵分解为低秩部分和原始部分，使模型能够更有效地学习和适应新任务，这与残差连接通过将深层网络的学习问题分解为多个残差学习问题来解决梯度消失和优化难题的思路不谋而合。

关于 LoRA 中秩 r 的设置，对于一般任务，$r = 8$ 就足够了；而对于一些领域差异较大的任务，则可能需要更大的秩 r。此外，增加 r 值并不能提升微调的效果，这可能是因为参数量增加需要更多的语料来避免过拟合的原因。如表 6-1 所示。

表 6-1 LoRA 中不同秩的影响

数据集	权重类型	LoRA 矩阵中秩 r 的设置				
		$r=1$	$r=2$	$r=4$	$r=8$	$r=64$
语义解析	W_q	68.8	69.6	70.5	70.4	70.0
	W_q, W_v	73.4	73.3	73.7	73.8	73.5
	W_q, W_k, W_v, W_o	74.1	73.7	74.0	74.0	73.9
自然语言推理	W_q	90.7	90.9	91.1	90.7	90.7
	W_q, W_v	91.3	91.4	91.3	91.6	91.4
	W_q, W_k, W_v, W_o	91.2	91.7	91.7	91.5	91.4

注：q 表示查询向量，k 表示键向量，v 表示值向量，o 表示输出向量。

6.1.2 LoRA 低秩矩阵初始化

6.1.1 节已经介绍了用随机高斯分布初始化矩阵 $\boldsymbol{A}$，用全零矩阵初始化矩阵 $\boldsymbol{B}$。为什么不用全零矩阵初始化矩阵 $\boldsymbol{A}$ 呢？这主要是因为如果矩阵 $\boldsymbol{A}$ 也用全零矩阵初始化，那么矩阵 $\boldsymbol{B}$ 的梯度就始终为 0，无法更新参数，导致 $\Delta\boldsymbol{W}=\boldsymbol{BA}=\boldsymbol{0}$ 。本节简单推理一下。

对于 $\boldsymbol{h}=\boldsymbol{W}_0\boldsymbol{x}+\boldsymbol{BAx}$ ，设 $\boldsymbol{s}=\boldsymbol{BAx}$ ，那么可以得到公式

$$\frac{\partial s_i}{\partial B_{i,c}}=\sum_{j=1}^{r}A_{c,j}x_j \tag{6-3}$$

如果矩阵 $\boldsymbol{A}$ 也用全零矩阵初始化，那么梯度就变成了 0，所以矩阵 $\boldsymbol{A}$ 不能用全零矩阵初始化。

当用全零矩阵初始化矩阵 $\boldsymbol{B}$ 时，由于矩阵 $\boldsymbol{B}$ 的参数会发生更新，而矩阵 $\boldsymbol{A}$ 又不是全零矩阵，$\Delta\boldsymbol{W}=\boldsymbol{BA}\neq\boldsymbol{0}$ ，因此矩阵 $\boldsymbol{B}$ 可以用全零矩阵初始化。

6.1.3 LoRA 开源实现

目前，LoRA 已经被 Hugging Face 集成在了参数高效微调代码库里，使用起来非常简单。例如，使用 LoRA 微调 BigScience 模型来实现翻译功能，实现方法如代码清单 6-1 所示。

代码清单 6-1 使用 LoRA 微调 BigScience 机器翻译模型

```
from transformers import AutoModelForSeq2SeqLM
from peft import get_peft_config, get_peft_model, LoraConfig, TaskType
model_name_or_path = "bigscience/mt0-large"
tokenizer_name_or_path = "bigscience/mt0-large"
peft_config = LoraConfig(task_type=TaskType.SEQ_2_SEQ_LM,
                 inference_mode=False, r=8, lora_alpha=32, lora_dropout=0.1)
model = AutoModelForSeq2SeqLM.from_pretrained(model_name_or_path)
model = get_peft_model(model, peft_config)
model.print_trainable_parameters()
# output: trainable params: 2359296 || all params: 1231940608 || trainable%: 0.19151053100118282
# 加载微调好后的模型
model.load_state_dict(torch.load(peft_path), strict=False)
```

除 LoRA 之外，还有很多各有特色的微调方法，如：Adapter Tuning、Prefix-Tuning、Prompt Tuning、

P-Tuning 和 P-Tuning v2。

6.2 谷歌参数高效微调——Adapter Tuning

在大型预训练模型的时代，如何有效地将大型预训练模型迁移至特定的下游任务，是一个重要的研究问题。2019 年，谷歌的研究人员在论文“Parameter-efficient transfer learning for NLP”[2]中提出了一种针对 BERT 的参数高效微调方法 Adapter Tuning，开启了参数高效微调研究的先河。该论文指出，如果进行全参数微调（即对预训练模型中的所有参数都进行微调），会出现低效和过拟合问题；而如果固定预训练模型的某些层，只微调接近下游任务的那几层参数，又难以达到较好的效果。

于是，谷歌设计了图 6-2（a）所示的模型结构，将适配器嵌入 Transformer 结构中。在训练时，原来预训练模型的参数不变，只对新增的适配器结构进行微调。同时，为了保证训练的高效性（也就是尽可能少地引入更多参数），将适配器设计为图 6-2（b）所示的结构。首先使用一个前馈下投影层，将高维度特征映射到低维特征；然后进行非线性变换，再用一个前馈上投影层将低维特征映射回原来的高维特征；最后在适配器结构中，还设计了跳跃连接（skip-connection）结构，确保了在最差的情况下能够退化为恒等映射（类似残差结构）。

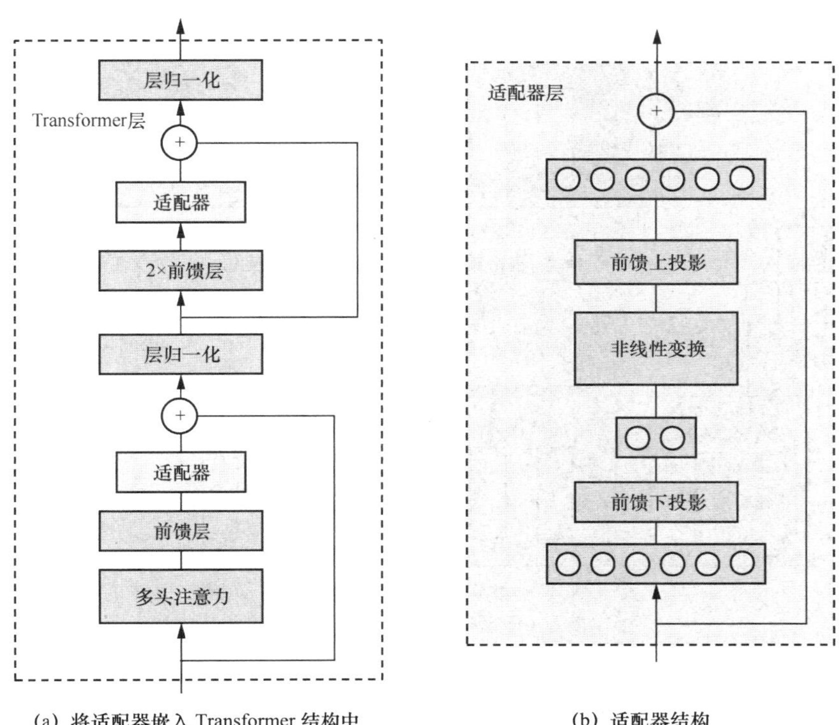

（a）将适配器嵌入 Transformer 结构中　　（b）适配器结构

图 6-2　Adapter Tuning 的结构

该方法的实验结果表明，它能够在比原来的预训练模型只增加 3.6%参数量的情况下，达到与全参数微调相近的效果。

6.3 斯坦福轻量级微调——Prefix-Tuning

2021 年，斯坦福的研究人员在论文“Prefix-tuning: optimizing continuous prompts for generation”[3]中提出了一种参数高效微调方法，称为前缀微调（Prefix-Tuning）。该方法的核心思想是，在输入词之前构造一段可学习的虚拟词作为前缀，并且只对前缀部分的参数进行微调，保持 Transformer 中其他部分的参数不变。该方法与提示学习的方法有些类似，但提示是人为构造的显式的提示，无法更新参数；而前缀则是隐式的提示，可以根据任务进行优化。图 6-3 展示了 Prefix-Tuning 的结构图。

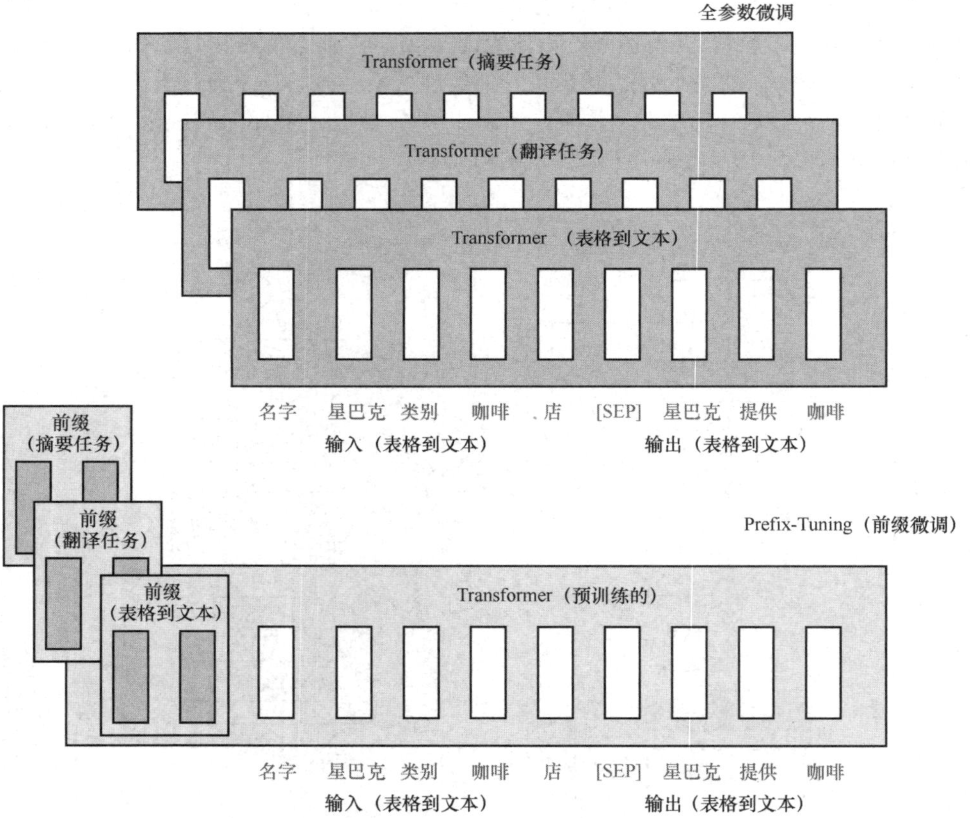

图 6-3 Prefix-Tuning 的结构

为了防止因直接更新前缀部分的参数而出现的训练不稳定问题，通常会在前缀层之前加入一个多层感知机（multi-layer perceptron，MLP）结构，相当于将前缀部分的参数分解为更低维度的输入和多层感知机的组合，然后输出结果。训练完成后，只保留前缀部分的参数，而丢弃多层感知机的参数。

Prefix-Tuning 在各项评测中都超过了适配器结构的效果。例如，在“表格到文本”的自然语言处理任务上，准确率从适配器结构的 66.3%提升到了 Prefix-Tuning 的 69.7%。

6.4 谷歌微调方法——Prompt Tuning

提示微调（Prompt Tuning）是一种参数高效微调方法，它是由谷歌的研究人员在 2021 年的论文“The power of scale for parameter-efficient prompt tuning”[4]中提出的。该方法可以看作 Prefix-Tuning 的简化版本，它只在输入层加入一些可学习的提示词，而不需要像 Prefix-Tuning 那样，加入一个多层感知机来调整前缀部分的参数。该方法主要在 T5 预训练模型上进行了实验，实验结果显示：只要预训练模型足够强大，Prompt Tuning 就能达到很好的效果。文献[4]还通过实验证明：随着预训练模型参数量的增加，Prompt Tuning 方法的效果会逐渐接近全参数微调的结果。

Prompt Tuning 方法固定预训练模型的参数不变，为每一个下游任务额外添加一个或多个嵌入向量，并将嵌入向量拼接到输入词的前面作为任务提示，然后只训练这些额外添加的嵌入向量。如图 6-4 所示：图 6-4（a）为单任务全参数微调的方法，其中箭头表示将数据输入模型中；图 6-4（b）为混合任务的 Prompt Tuning 方法。

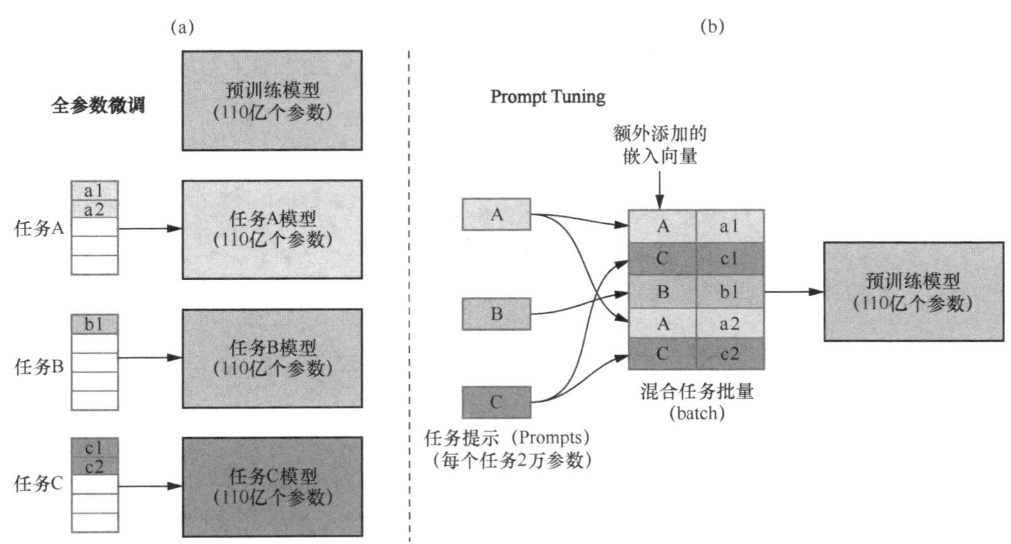

图 6-4　单任务全参数微调方法与 Prompt Tuning 方法

文献[4]还通过一系列的对比实验，展示了预训练模型参数量的影响。实验结果显示：随着预训练模型参数量的增加，一些因素就不再重要，最简单的设置也能达到很好的效果。具体来说，他们考察了以下几个方面。

- 提示样本数量：当模型参数量达到一定量级时，即使提示样本数量只有 1，也能达到不错的效果；当提示样本数量为 20 时，就能达到极好的效果。
- 提示初始化方式：当模型参数量达到一定量级时，随机均匀分布明显弱于随机正态分布和学习嵌入这两种方式的差异就消失了。
- 预训练的方式：当模型达到一定规模时，语言模型适应的方式效果好于随机初始化的方式效果的差异就几乎没有了。
- 微调步数：当模型参数量较小时，微调步数越多则效果就越好；但是随着模型参数量达到一定规模时，即使微调步数为 0，也能取得不错的效果。
- 参数量：当参数量达到 100 亿时，Prompt Tuning 的方式效果与全参数微调的方式效果无异。

6.5 清华大学参数微调——P-Tuning

P-Tuning 方法是清华大学 2021 年在论文“GPT understands, too”[5]中提出的一种轻量级参数微调方法，主要是为了解决大模型的提示构造方式对下游任务效果的影响。如图 6-5 所示，P-Tuning 将提示转换为可以学习的提示编码器，而不是直接使用预训练模型的嵌入向量参数。

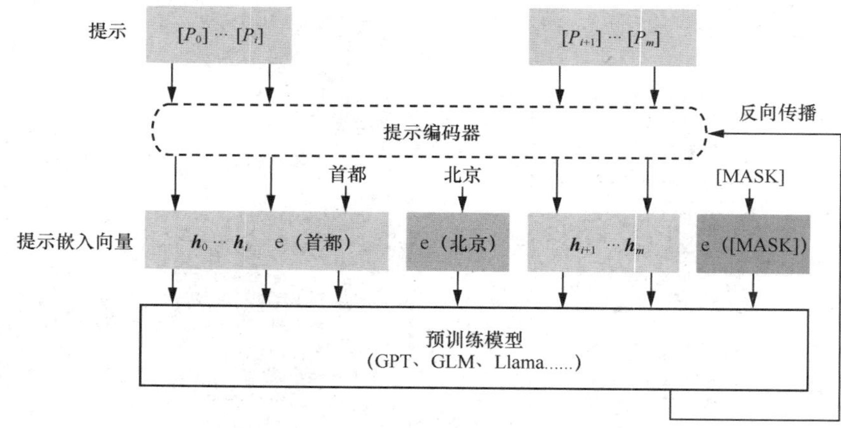

图 6-5　P-Tuning 的结构

提示嵌入向量的初始化面临以下挑战。

- 离散性（discreteness）：预训练模型的提示编码器已经过大量的语料训练，如果直接对输入的提示嵌入向量进行随机初始化和优化，可能会导致优化困难和局部最优问题。
- 相关性（association）：随机初始化的提示嵌入向量之间可能没有明显的相关关系，而预训练模型可能需要一些有意义的提示来引导模型的生成。

为了解决离散型和相关性的挑战，文献[5]提出用多层感知机和长短期记忆网络的方式对提示嵌入向量进行一层处理，公式表示如下：

$$\begin{aligned} \boldsymbol{h}_i &= \mathrm{MLP}\left(\left[\boldsymbol{h}_i, \boldsymbol{h}_i\right]\right) \\ &= \mathrm{MLP}\left(\left[\mathrm{LSTM}\left(\boldsymbol{h}_{0:i}\right) : \mathrm{LSTM}\left(\boldsymbol{h}_{i:m}\right)\right]\right) \end{aligned} \tag{6-4}$$

其中，$\boldsymbol{h}_i$ 表示第 i 个提示嵌入向量，m 表示提示样本数量。这样做的好处是可以增加提示嵌入向量之间的相关性，也可以避免直接修改预训练模型的参数。

P-tuning 方法固定预训练模型的参数，只优化提示嵌入向量的参数。在将提示输入语言模型之前，先用多层感知机和长短期记忆网络对提示进行编码，然后将编码后的向量与其他输入向量进行拼接。注意，在训练完成后，只需要保留编码后的提示嵌入向量，不需要保留多层感知机和长短期记忆网络的权重参数。

Prefix-Tuning 和 P-Tuning 是两种类似的方法，都是在预训练模型的输入中加入额外的可学习的嵌入向量来实现微调。它们之间的主要区别有如下两点。

- Prefix-Tuning 是将额外的嵌入向量加在输入序列的开头，类似于给模型一个指令；而 P-Tuning 额外的嵌入向量的位置可以自由选择，不一定在输入序列的开头。
- Prefix-Tuning 在每个 Transformer 层都加入额外的嵌入向量，并通过多层感知机来初始化；而 P-Tuning 只在输入层加入额外的嵌入向量，并通过多层感知机和长短期记忆网络来初始化。

P-tuning 在微调时只对全参数的 0.1%~3%的参数进行更新，但是在 SuperGLUE 数据集上，取得了和全参数微调相当的效果。

6.6 P-Tuning 改进版——P-Tuning v2

P-Tuning 的问题是在参数量较小的模型上表现不佳，如图 6-6 所示。P-Tuning 在具有 3.3 亿个参数的模型上，效果远远不如全参数微调。

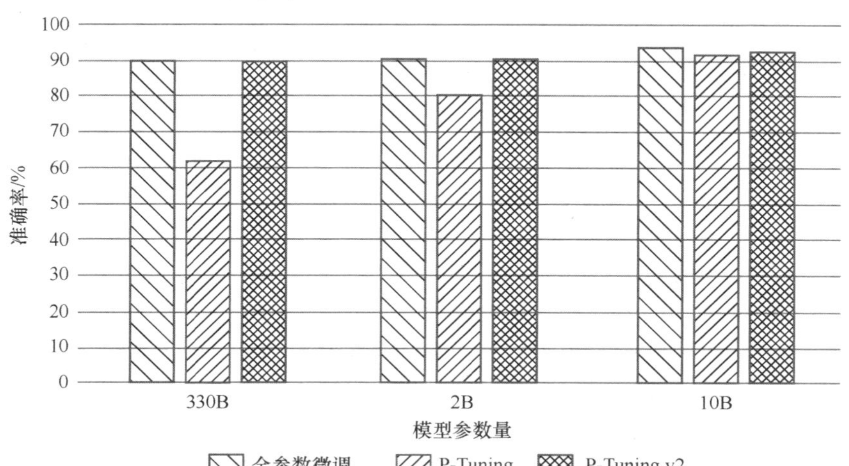

图 6-6　P-Tuning 在参数量较小的模型上表现不佳

为了解决这个问题，清华大学在论文“*P-tuning v2: prompt tuning can be comparable to fine-tuning universally across scales and tasks*”[6]中提出了 P-Tuning v2 方法。P-Tuning v2 的结构如图 6-7 所示。

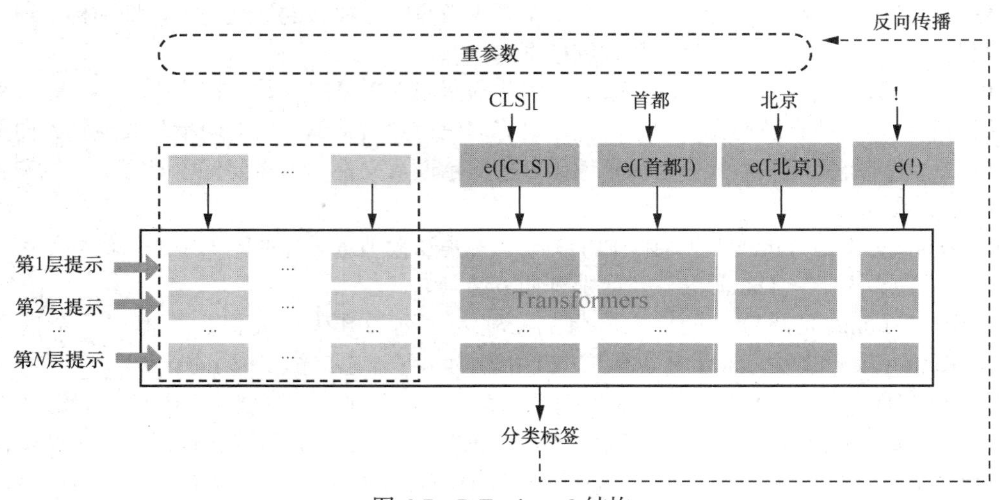

图 6-7　P-Tuning v2 结构

Prompt Tuning 方法和 P-Tuning 方法在以下两个方面存在局限性。

- 不同参数量：当 Prompt Tuning 和 P-Tuning 这两种方法的预训练模型的参数量都足够大时，才能达到与全参数微调类似的效果；而当参数量都较小时，效果就很差。
- 不同任务类型：Prompt Tuning 和 P-Tuning 这两种方法在序列标注（sequence labeling）任务上的表现都很差。

P-Tuning v2 方法的目标是让 Prompt Tuning 方法和 P-Tuning 方法能够在不同规模的预训练模型和不同类型的下游任务上，都达到与全参数微调相媲美的效果。相比于 Prompt Tuning 方法和 P-Tuning 方法，P-Tuning v2 方法在多个 Transformer 层都加入了可学习的提示作为输入，这样做有以下两个方面的好处。

- 增加了更多可学习的参数（从 Prompt Tuning 方法和 P-Tuning 方法可学习参数的 0.1%增加到近 3%），同时也保持了参数高效微调的特点。
- 让更深层结构中的提示词能够对模型预测产生更直接的影响。

P-Tuning v2 方法还有以下几个关键的设计因素。

- 重参数化：Prompt Tuning 方法和 P-Tuning 方法中都使用了多层感知机来构造可训练的嵌入向量。文献[6]发现：在自然语言理解领域，面对不同的任务和数据集，Prompt Tuning 方法和 P-Tuning 方法可能会导致完全相反的结果。因此，P-Tuning v2 方法的作者将重参数化作为一个可选步骤，而不是强制要求。
- 提示样本数量：不同任务需要不同长度的提示才能达到最佳效果。一般来说，简单的分类任务适合较短的提示（提示样本数量小于 20），而复杂的任务需要较长的提示。

- 多任务学习：多任务学习对于 P-Tuning v2 方法是可选的，可以利用它提供更好的初始化来进一步提高性能。P-Tuning v2 方法的作者使用了一个简单但有效的多任务学习框架，将不同任务分为几个组，并在每个组内共享提示。

6.7 大模型参数高效微调实践

6.1～6.6 节已经介绍了参数高效微调的方法，这些方法可以在保持预训练模型参数不变的情况下，只对少量的额外参数进行微调，从而提高模型在下游任务上的性能。接下来，本节将介绍如何使用 P-Tuning v2 方法对 ChatGLM2-6B 模型进行微调。

6.7.1 安装 ChatGLM2-6B 环境依赖

P-Tuning v2 方法可以将需要微调的参数量减少到原来的 0.1%，再通过模型量化、梯度检查点（gradient checkpoint）等技术，最低只需要 7GB 显存即可运行 ChatGLM2-6B 模型。

为了进行微调，首先需要下载代码仓库，并进入 ChatGLM2-6B 目录，如代码清单 6-2 所示。

代码清单 6-2 下载 ChatGLM2-6B 代码仓库

```
git clone https://github.com/THUDM/ChatGLM2-6B
cd ChatGLM2-6B
```

然后，为了安装依赖包，需要使用 pip 执行命令 pip install -r requirements.txt。为了获得最佳的推理性能，建议使用 4.30.2 版本的 transformers 库和 2.0 版本及以上的 PyTorch。

使用代码清单 6-3 调用 ChatGLM2-6B 模型，生成对话。transformers 库会自动下载模型实现和参数，以便进行后续的操作。

代码清单 6-3 调用 ChatGLM2-6B 模型

```
>>> from transformers import AutoTokenizer, AutoModel
>>> tokenizer = AutoTokenizer.from_pretrained("THUDM/chatglm2-6b", trust_remote_code=True)
>>> model = AutoModel.from_pretrained("THUDM/chatglm2-6b", trust_remote_code=True,
device='cuda')
>>> model = model.eval()
>>> response, history = model.chat(tokenizer, "你好", history=[])
>>> print(response)
你好👋!我是人工智能助手ChatGLM2-6B,很高兴见到你,欢迎问我任何问题。
>>> response, history = model.chat(tokenizer, "晚上睡不着应该怎么办", history=history)
>>> print(response)
晚上睡不着可能会让你感到焦虑或不舒服,但以下是一些可以帮助你入睡的方法:

1.制定规律的睡眠时间表:保持规律的睡眠时间可以帮助你建立健康的睡眠习惯,使你更容易入睡。尽量在每天的相同时间上床,
并在同一时间起床。
2.创造一个舒适的睡眠环境:确保睡眠环境舒适,安静,黑暗且温度适宜。可以使用舒适的床上用品,并保持房间通风。
3.放松身心:在睡前做些放松的活动,例如泡个热水澡,听些轻柔的音乐,阅读一些有趣的书籍等,有助于缓解紧张和焦虑,使你
```

```
更容易入睡。
    4.避免饮用含有咖啡因的饮料:咖啡因是一种刺激性物质,会影响你的睡眠质量。尽量避免在睡前饮用含有咖啡因的饮料,例如咖啡,茶和可乐。
    5.避免在床上做与睡眠无关的事情:在床上做些与睡眠无关的事情,例如看电影,玩游戏或工作等,可能会干扰你的睡眠。
    6.尝试呼吸技巧:深呼吸是一种放松技巧,可以帮助你缓解紧张和焦虑,使你更容易入睡。试着慢慢吸气,保持几秒钟,然后缓慢呼气。

    如果这些方法无法帮助你入睡,你可以考虑咨询医生或睡眠专家,寻求进一步的建议。
```

如果你的网络环境较差，下载模型参数可能会花费较长时间甚至失败。此时可以先将模型下载到本地，然后从本地加载。从 Hugging Face Hub 下载模型需要先安装 Git LFS，然后执行如下命令：

```
git clone https://huggingface.co/THUDM/chatglm2-6b
```

将模型下载到本地之后，将代码清单 6-3 中的 THUDM/chatglm2-6b 替换为本地的 chatglm2-6b 文件夹的路径，即可从本地加载模型。

6.7.2　安装 P-Tuning v2 环境依赖

首先，执行如下命令，安装 P-Tuning v2 所需的依赖包。

```
pip install rouge_chinese nltk jieba datasets
```

然后，需要下载 ADGEN 数据集。这是一个广告文案生成的任务，要求根据输入的商品信息生成一段吸引人的广告词。我们可以从 Google Drive 或者 Tsinghua Cloud 下载预处理好的 ADGEN 数据集，并将解压后的 AdvertiseGen 文件夹放到当前目录下。

接着，执行如下命令启动训练过程。

```
bash train.sh
```

train.sh 文件中有两个重要的参数——pre_seq_len 和 lr，分别表示提示的长度和学习率。根据不同的任务和数据，可以调整这两个参数，以达到最佳的效果。P-Tuning-v2 是一种提示优化的方法，它会冻结预训练模型的所有参数，只优化连续提示。通过设置 train.sh 文件中的 quantization_bit 参数，可以指定模型的量化等级；若不设置该参数，则默认为 FP16 精度加载模型。在默认配置下，模型参数被量化为 INT4 并被冻结，每次训练迭代的批次大小为 1，进行 16 次梯度累积，相当于总批次大小为 16。这样做的好处是：只需要 6.7 GB 的显存就可以运行 ChatGLM2-6B。如果想在保持总批次大小不变的情况下提高训练效率，可以增加 train.sh 文件中的 per_device_train_batch_size 参数值，但这也会增加显存的消耗。

模型微调完成后，需要检验微调效果。首先，在 ChatGLM2-6B 目录下，执行如下命令，启动基 Streamlit 的网页版演示程序（demo）。网页版演示程序会运行一个 Web 服务器并显示地址，只需在浏览器中打开该地址，就可以使用了。经测试，基于 Streamlit 的网页版演示程序更流畅。

```
streamlit run web_demo2.py
```

接下来分析 ChatGLM2-6B 微调前的表现，图 6-8 展示了微调前的效果。

从图 6-8 中可以看出，ChatGLM2-6B 虽然生成了广告词，但是过于冗长。我们再来测试微调后的表现。首先，在 web_demo2.py 中改变模型的路径，如代码清单 6-4 所示。

代码清单 6-4　加载微调后的模型

```
def get_model():
tokenizer = AutoTokenizer.from_pretrained("THUDM/chatglm2-6b", trust_remote_code=True)
config = AutoConfig.from_pretrained("THUDM/chatglm2-6b",trust_remote_code=True,pre_seq_len=128)
model = AutoModel.from_pretrained("THUDM/chatglm2-6b", config=config, trust_remote_code=True)
prefix_state_dict = torch.load(
        os.path.join("./ptuning/output/adgen-chatglm2-6b-pt-128-2e-2/checkpoint-3000",
                "pytorch_model.bin"))
    new_prefix_state_dict = {}
    for k, v in prefix_state_dict.items():
        if k.startswith("transformer.prefix_encoder."):
            new_prefix_state_dict[k[len("transformer.prefix_encoder."):]] = v
    model.transformer.prefix_encoder.load_state_dict(new_prefix_state_dict)
    model = model.eval()
    return tokenizer, model
```

微调之后，执行 streamlit run web_demo2.py 命令。图 6-9 所示为微调后的模型生成效果，可以看出，微调后的效果更加准确和简洁。

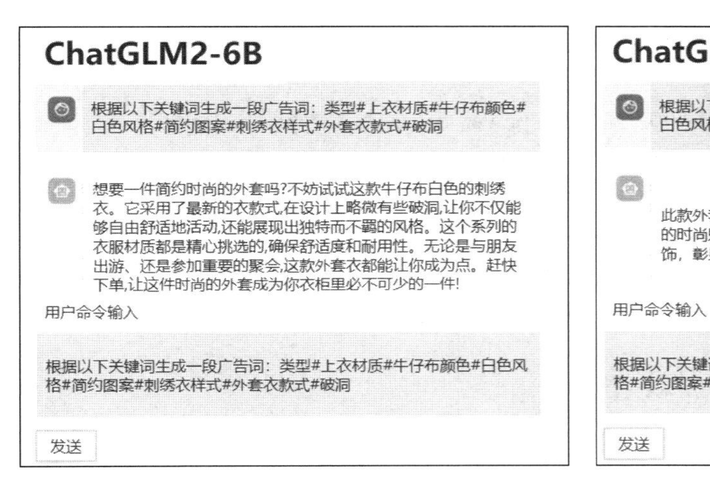

图 6-8　ChatGLM2-6B 微调前的效果

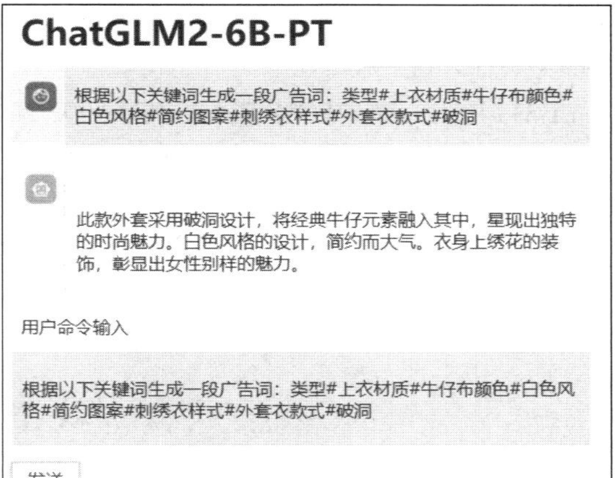

图 6-9　ChatGLM2-6B 微调后的效果

6.8 小结

本章介绍了大模型参数高效微调的几种方法，这些方法比全参数微调更节省显存、更快速、更有效。

首先，介绍了业界常用的低秩矩阵分解微调方法 LoRA，它通过将大矩阵分解为降维矩阵和升维矩阵，只更新低秩矩阵参数，来达到全参数微调的效果。其次，介绍了谷歌的参数微调方法 Adapter Tuning，它仅在 Transformer 中加入前馈下投影和前馈上投影，简单而有效。然后，介绍了斯坦福的

Prefix-Tuning 方法和谷歌的 Prompt Tuning 方法，它们仅在输入前加入提示词，来提升模型效果；为了解决大模型的提示构造方式对下游任务效果的影响，清华大学提出了 P-Tuning 方法，将提示转换为可学习的提示编码器。最后，介绍了如何使用 P-Tuning v2 方法微调 ChatGLM2-6B 模型，并在广告生成任务上取得了不错的效果。至此，本章已完成对大模型预训练和高效微调方法的介绍，第 7 章将深入探讨如何通过指令微调的方法增强模型的意图理解和推理能力。

6.9 参考文献

[1] HU E J, SHEN Y, WALLIS P, et al. LoRA: Low-rank adaptation of large language models[J]. arXiv Preprint arXiv:2106.09685, 2021.

[2] HOULSBY N, GIURGIU A, JASTRZEBSKI S, et al. Parameter-efficient transfer learning for NLP[C]// International Conference on Machine Learning. New York, NY:ACM, 2019: 2790–2799.

[3] Li X L, Liang P. Prefix-tuning: optimizing continuous prompts for generation[J]. arXiv Preprint arXiv:2101.00190, 2021.

[4] LESTER B, AL-RFOU R, CONSTANT N. The power of scale for parameter-efficient prompt tuning[J]. Proceedings of the 2021 Conference on Empirical Methods in Natural Language Processing, 2021: 3045–3059.

[5] LIU X, ZHENG Y, DU Z X, et al. GPT understands, too[J]. arXiv, abs/2103.10385 ,2021.

[6] LIU X, JI K X, FU Y C, et al. P-tuning v2: Prompt tuning can be comparable to fine-tuning universally across scales and tasks[J]. arXiv Preprint arXiv: 2110.07602, 2021.

第 7 章 大模型指令微调

大模型在各个领域展现出了惊人的性能，但如何提升它们的意图理解和推理能力，仍是一个重要的研究课题。本章将介绍一种能够有效提升大模型意图理解和推理能力的方法——指令微调（instruction tuning），并详细阐述其概念和原理，以及它与另一种常用方法——提示的异同。

本章将重点介绍一种优化模型推理能力的指令微调方法——大模型思维链。思维链的优点是可以充分利用大模型的丰富知识和推理能力，避免了单步推理可能出现的错误或不完整。

本章将首先介绍思维链的开山之作——思维链提示；接着介绍思维链的几种改进方法，包括零样本提示思维链、自洽性、最少到最多提示过程、大模型微调、微调思维链等；然后介绍一种将思维链和微调结合起来的方法——谷歌的 Flan-PaLM/T5 模型，它可以在不同任务上达到很高的性能。最后介绍谷歌大模型指令微调项目，它是一个公开的指令微调数据集，包含多种不同领域和任务的指令微调实例，例如文本分类、文本生成、问答、对话等。

7.1 指令微调

指令微调的基本思想是：首先将用户的目标任务表达为自然语言指令，例如“写一首关于春天的诗。”“给我一个关于狗的笑话。”；然后将这个指令作为输入的一部分传递给大模型，让大模型根据指令生成相应的输出；最后为了让大模型能够理解和遵循用户的指令，需要对大模型进行一定程度的微调。这个微调过程通常是有监督的。也就是说，需要准备一些包含指令和对应输出的数据作为训练集。这些数据可以是人工标注的，也可以是从其他数据源转换而来的。

指令微调有如下优点。

- 可以提高大模型的可控性和可解释性，让用户可以直接用自然语言来表达他们想要做的事情，而不需要了解大模型的内部机制或输入格式。
- 可以提高大模型的泛化能力和适应性，让大模型可以在不同领域和任务上表现出良好的性能，而不需要针对每个任务进行专门的微调。
- 可以节省大模型的训练成本和时间，让大模型可以在较少的数据和计算资源下进行有效的微调，而不需要像微调那样消耗海量的数据和计算资源。

目前指令微调已经在文本分类、文本生成、问答等很多任务上得到了应用。

- 文本分类：通过给定不同类别和标准的文本分类指令，可以让大模型对文本进行分类或打标签，如情感分析、主题分类、意图识别等。
- 文本生成：通过给定不同类型和风格的文本生成指令，可以让大模型生成各种各样的文本内容，如诗歌、故事、歌词、新闻、代码等。
- 问答：通过给定不同形式和难度的问答指令，可以让大模型回答各种各样的问题，如事实性问题、推理问题、对话问题等。

7.2 指令微调和提示的异同

指令微调和提示都是利用预训练模型来完成不同任务的技术，它们都通过给定一些自然语言指令来引导模型生成合适的文本结果。指令微调可被看作提示和微调的融合，既保留了提示的灵活性和简洁性，又提高了微调的效率和准确性。

指令微调和提示主要有如下区别。

- 指令微调是在预训练模型的基础上，通过少量的数据对模型进行进一步的微调，使得模型能够更好地理解和遵循用户的指令。指令微调无须预先设计或搜索适合的输入格式，但可能存在过拟合或灾难性遗忘的问题。
- 提示不对预训练模型进行任何修改，只是通过设计适合的输入格式来激活模型中已有的知识和能力。提示通常需要人工设计或搜索，或者通过一些自动化的方法来生成。提示的缺点是：需要花费人工成本和专业知识来设计或搜索适合的提示，以及可能存在性能不稳定或不可预测的问题。

本章接下来将介绍一些大模型中常用的指令微调方法。

7.3 大模型思维链——优化模型推理能力

逻辑推理能力是使大模型“智能涌现”的核心能力之一，它可以让模型表现出人类的意识和智慧。而提升逻辑推理能力的关键技术，就是思维链（chain of thought，CoT）。

思维链是一种基于自然语言指令的多步骤推理方法，它可以让大模型根据给定的问题，自动生成一系列相关的中间问题和答案，从而逐步逼近最终答案。

思维链是在提示学习的基础上发展而来的。提示学习是一种利用预训练模型来完成不同任务的技术，它通过设计适合的输入格式来激活模型中已有的知识和能力。2020 年 OpenAI 在论文“Language Models are Few-Shot Learners”[1]中提出了“提示学习”，并提出了零提示、单样本提示、少量样本提示 3 种不同的提示方法。但这些方法都有一些缺陷。例如，对于数学算术题、逻辑思考题等需要精确推理的问题，使用这些方法并不能获得理想的效果。

为了解决这个问题，思维链技术应运而生。思维链技术不仅使用了自然语言指令来引导模型生成结果，还对模型进行了一定程度的微调，使得模型能够更好地理解和遵循用户的指令。思维链技术可被看作提示学习和微调技术的结合，既保留了提示学习的灵活性和简洁性，又提高了微调技术的效率和准确性。

思维链技术已经在很多领域和任务上得到了应用，如文本生成、问答、对话等，但目前能够训练出思维链并应用的企业和机构还很少。只有解锁了思维链技术，大模型才有可能“涌现”，并在“大炼模型”的竞争中具备能力优势。

本节接下来将深入阐释思维链技术的原理与方法，并解释其如何赋予大模型真正的智慧。

7.3.1 思维链的开山之作——思维链提示

思维链提示是一种能够提升大模型逻辑推理能力的技术，在人工智能领域是一个非常新颖的概念。它的提出者是华人科学家魏嘉森（Jason Wei），他的团队在 2022 年发表了思维链提示（chain-of-thought prompting）的开创性论文“Chain of Thought Prompting Elicits Reasoning in Large Language Models”[2]，并在同年的谷歌年度开发者大会 Google I/O 2022 上展示了思维链提示的惊艳效果。不久后，魏嘉森离开了谷歌，加入了 OpenAI 的 ChatGPT 团队，将思维链提示应用到了聊天机器人领域。

魏嘉森是一位非常有才华的研究员，他在 2020 年本科毕业后就成了谷歌大脑的高级研究员，并在任职期间发现思维链提示增强大模型的推理能力。他的个人经历对人工智能领域产生了重要影响，他的加入让 OpenAI 的 ChatGPT 在聊天机器人竞争中占据了优势。思维链提示在很多领域和任务上都取得了显著的效果。为了更好地理解思维链提示的原理和方法，先来看文献[2]展示的一些结果和例子。图 7-1 所示为思维链提示在 GSM8K 数据集上的表现（见文前彩图）。可以看到：使用 PaLM 这个参数量为 5400 亿个的超级语言模型，思维链提示（PaLM：思维链）的准确率是传统提示学习（PaLM：提示）的 300%以上，甚至超过了有监督微调（微调 GPT-3）的最优表现。

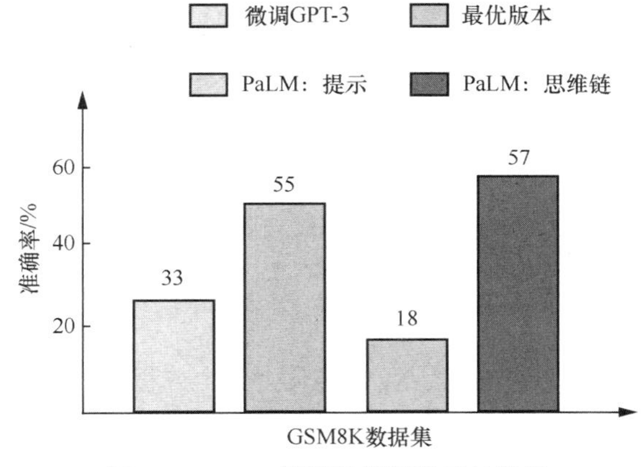

图 7-1 PaLM 使用思维链提示的效果

这看起来很不可思议，不过思维链提示的原理很简单，它鼓励大模型解释其推理过程。思维链提示的主要思想是通过向大模型展示一些带有解释推理过程的样例，大模型在回答提示时也会显示推理过程。这种对推理的解释往往会引导出更准确的结果。以一个数学题为例：如图 7-2 所示，其中标准提示表示模型输入没有任何与问题无关的额外提示，即问题本身。

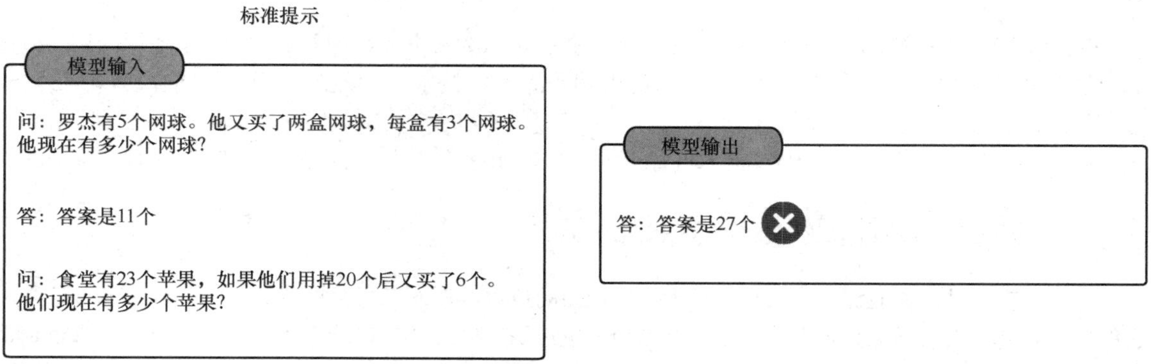

标准提示

模型输入

问：罗杰有5个网球。他又买了两盒网球，每盒有3个网球。他现在有多少个网球？

答：答案是11个

问：食堂有23个苹果，如果他们用掉20个后又买了6个。他们现在有多少个苹果？

模型输出

答：答案是27个 ✕

图 7-2　标准提示过程

可以看到使用标准提示方法时，模型输出的答案是错的。

就像我们在进行数学考试时，没有解题过程而只有最终答案就无法得分一样，思维链提示要通过给模型提供解题思路来提高模型的准确率，如图 7-3 所示。

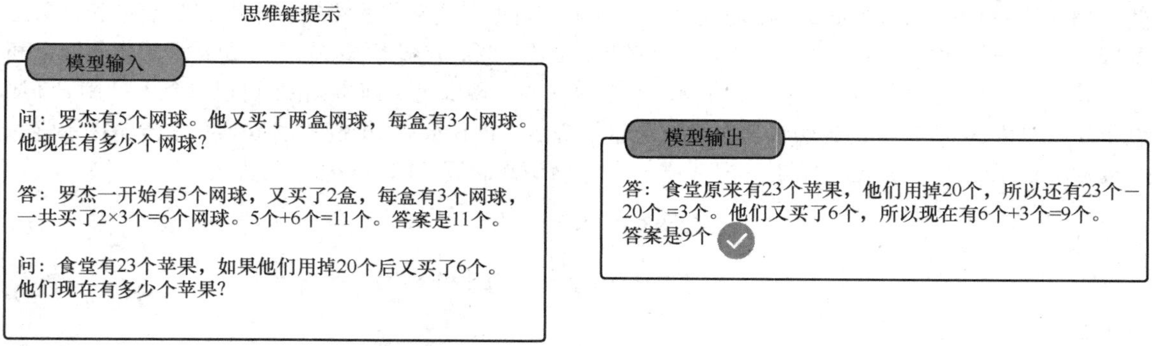

思维链提示

模型输入

问：罗杰有5个网球。他又买了两盒网球，每盒有3个网球。他现在有多少个网球？

答：罗杰一开始有5个网球，又买了2盒，每盒有3个网球，一共买了2×3个=6个网球。5个+6个=11个。答案是11个。

问：食堂有23个苹果，如果他们用掉20个后又买了6个。他们现在有多少个苹果？

模型输出

答：食堂原来有23个苹果，他们用掉20个，所以还有23个－20个＝3个。他们又买了6个，所以现在有6个+3个=9个。答案是9个 ✓

图 7-3　思维链提示过程

可以看到，使用思维链提示方法时，模型输出了正确的答案。对于同样的算术题，思维链提示在给出答案之前，还会自动给出推理步骤。模型输入保持不变，思维链提示在修改每个样例的回答，并且将模型输出从原先的回答换成了解释+回答。

简单来说，语言模型很难将所有的语义直接转化为一个方程，因为这是一个更加复杂的思考过程，但可以通过中间步骤来更好地推理问题的每个部分。思维链提示就是把一个多步骤的推理问题，分解成很多个中间步骤。

思维链提示能解决的问题很多，除了上述的数学应用题，还有逻辑推理，如“最后一个字母串联”“硬币翻转”等。图 7-4 所示为两个思维链提示的样例。

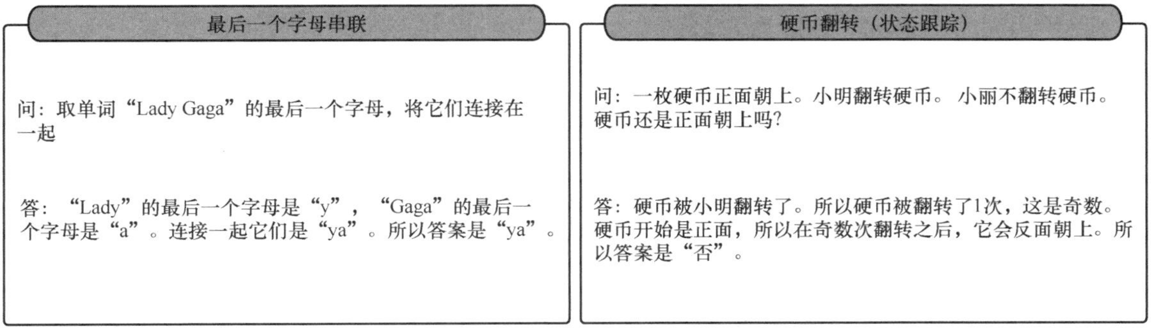

最后一个字母串联

问：取单词“Lady Gaga”的最后一个字母，将它们连接在一起

答：“Lady”的最后一个字母是“y”，“Gaga”的最后一个字母是“a”。连接一起它们是“ya”。所以答案是“ya”。

硬币翻转（状态跟踪）

问：一枚硬币正面朝上。小明翻转硬币。小丽不翻转硬币。硬币还是正面朝上吗?

答：硬币被小明翻转了。所以硬币被翻转了1次，这是奇数。硬币开始是正面，所以在奇数次翻转之后，它会反面朝上。所以答案是“否”。

图 7-4 思维链提示样例

7.3.2 零样本提示思维链

零样本提示思维链（zero shot chain of thought，zero-shot-CoT）[3]是一种对思维链提示的改进方法，它使用了一种非常简单的零样本提示。实验发现，只要在问题的结尾加上“让我们一步步思考”这几个词，大模型就能够生成一个包含推理过程的思维链。通过这个思维链，就可以得到更准确的答案。图 7-5 是一个零样本提示思维链的例子。

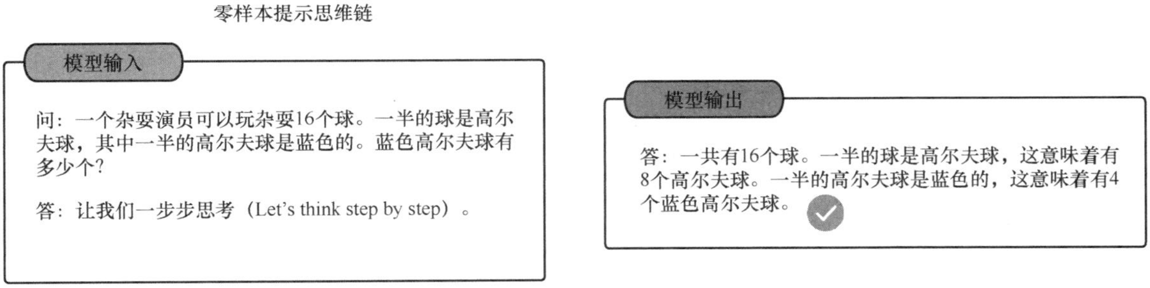

零样本提示思维链

模型输入

问：一个杂耍演员可以玩杂耍16个球。一半的球是高尔夫球，其中一半的高尔夫球是蓝色的。蓝色高尔夫球有多少个?

答：让我们一步步思考（Let’s think step by step）。

模型输出

答：一共有16个球。一半的球是高尔夫球，这意味着有8个高尔夫球。一半的高尔夫球是蓝色的，这意味着有4个蓝色高尔夫球。

图 7-5 零样本提示思维链

实际上，零样本提示思维链是一个流水线（pipeline）的方法。也就是说，“让我们一步步思考”这句话的作用是让大模型尽量生成一些思考步骤，把生成的原理和问题连接起来，再配合一个指向回答的提示，比如“因此，答案（阿拉伯数字）是”，来激发模型生成答案。

从技术上讲，完整的零样本提示思维链过程涉及两个独立的提示/补全结果。如图 7-6 所示，左边是生成一个思维链的结果，右边是接收第 1 个提示（包括提示本身）的输出，并从思维链中提取答案的结果。第 2 个提示是一个自我增强的提示。

文献[3]还做了实验，证明了这句“让我们一步步思考”是有效的。表 7-1 所示的其他指令，尤其是那些不相关或误导性的指令，效果就非常差。这说明大模型确实能够理解“让我们一步步思考”的含义。

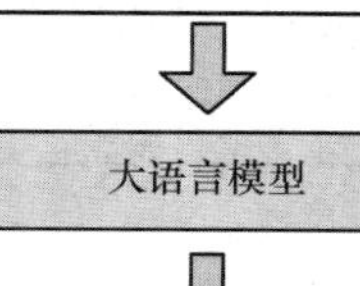

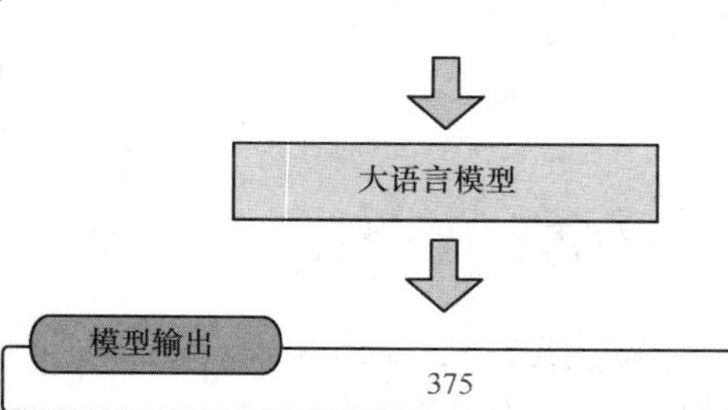

图 7-6　零样本提示思维链完整过程

表 7-1　不同指令的效果

指令	准确率/%
让我们一步步思考	78.7
首先，第一步	77.3
先从局部开始	74.5
将问题分解为以下步骤	72.2
让我们思考	57.5
在证明后给出答案	55.7
不用思考，凭感觉	18.8

在 GSM8K 数据集上，零样本提示思维链也取得了最佳的效果，如表 7-2 所示。

表 7-2　零样本提示思维链实验效果

方法	准确率/%
零样本提示	10.4
少样本提示（2 个样例）	15.6
少样本提示（8 个样例）	15.6
零样本提示思维链	40.7

7.3.3 多数投票——自洽性

"Self-consistency improves chain of thought reasoning in language models"[4]是一篇关于思维链的最新研究论文。这篇论文的方法和思维链提示基本相同，但它提出了一个主要的改进：对答案进行多数投票（majority vote），显著地提高了思维链方法的性能。

论文的核心方法是自洽性（self-consistency），它是对思维链的扩展，即生成多个思维链，并从中选择最多数的答案作为最终答案。

如图 7-7 所示，左侧的提示是用零样本提示思维链示例编写的。使用这个提示，模型会独立地生成多个思维链，并从每个思维链中提取答案，然后通过投票的方式来得到最终答案。也就是说，选择出现次数最多的答案。

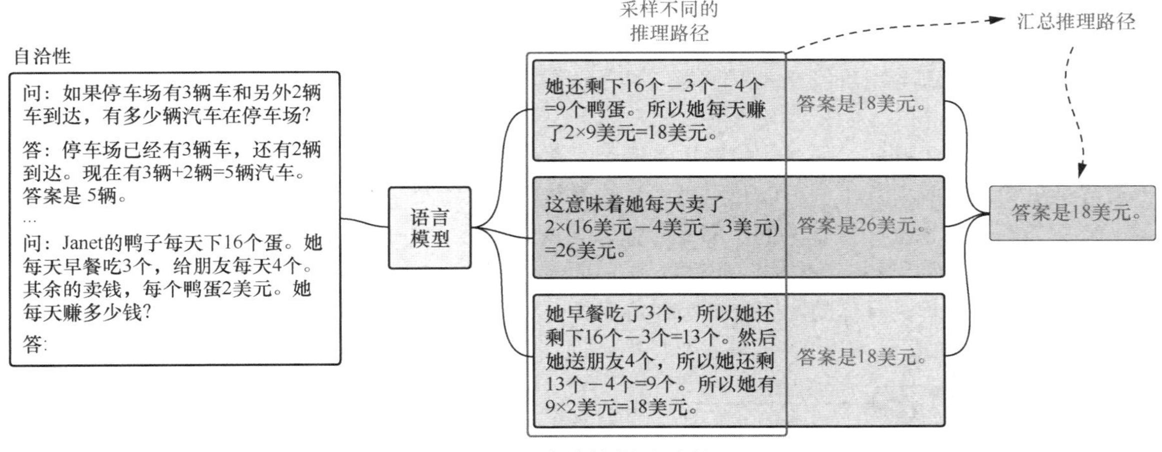

图 7-7　自洽性提示过程

自洽性是一种能够显著提高模型推理能力的策略，它从语言模型中采样多个推理路径，并选择最一致的答案。实验结果显示，自洽性在不增加训练成本的情况下，能够在原有模型的基础上大幅提升模型的表现。

7.3.4 最少到最多提示过程

最少到最多提示过程（least to most prompting process）[5]是一种改进的思维链提示过程，它可以将复杂的问题分解为更简单的子问题，并逐步解决它们。这种技术的灵感来自针对儿童的实际教育策略，它可以帮助模型更好地理解和推理问题。与思维链提示过程类似，最少到最多提示过程也是将问题分解为一系列相互依赖的子问题。不同的是，它会在每一步将先前子问题的答案作为输入，来解决下一个子问题。这样，模型就可以逐渐构建出完整的解决方案。

简单来说，最少到最多提示过程就是按照"一步一步来"的原则，将思维链应用到更复杂的问题上，具体包括两个阶段，如图 7-8 和图 7-9 所示。

（1）阶段 1：将问题分解为子问题。在这个阶段，模型根据输入和提示“为了解决{问题}，我们需要”，生成一些子问题。这些子问题是用更明确但仍然类似于自然语言的方式表达的。

（2）阶段 2：依次求解子问题。在这个阶段，模型根据阶段 1 得到的子问题和答案，生成最终的答案。这个阶段可能需要多次迭代，直至得到完整的解决方案。

阶段1：将问题分解为子问题

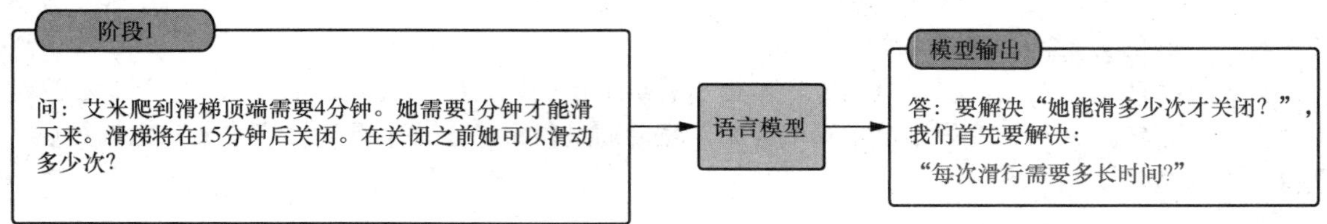

图 7-8　最少到最多提示过程：阶段 1

图 7-9 的上半部分用阶段 1 的子问题（即子问题 1）替换了原问题，模型根据上下文和新问题生成了子问题的答案。

读者可能会产生疑问：如果子问题也有错误，那么与阶段 2 结合起来，岂不是将错误叠加，最终会导致效果不佳吗？这里就可以利用思维链的方法，生成每个子问题的回答，保证训练时阶段 1 的子问题能够正确输出。接下来的步骤是合并以下内容：上下文+子问题+子问题解题过程+子问题答案+最终问题，然后让模型生成解题过程和正确答案。这一步也是用思维链的方法实现的，是一个分两步进行的过程，具体的实现细节因任务而异。

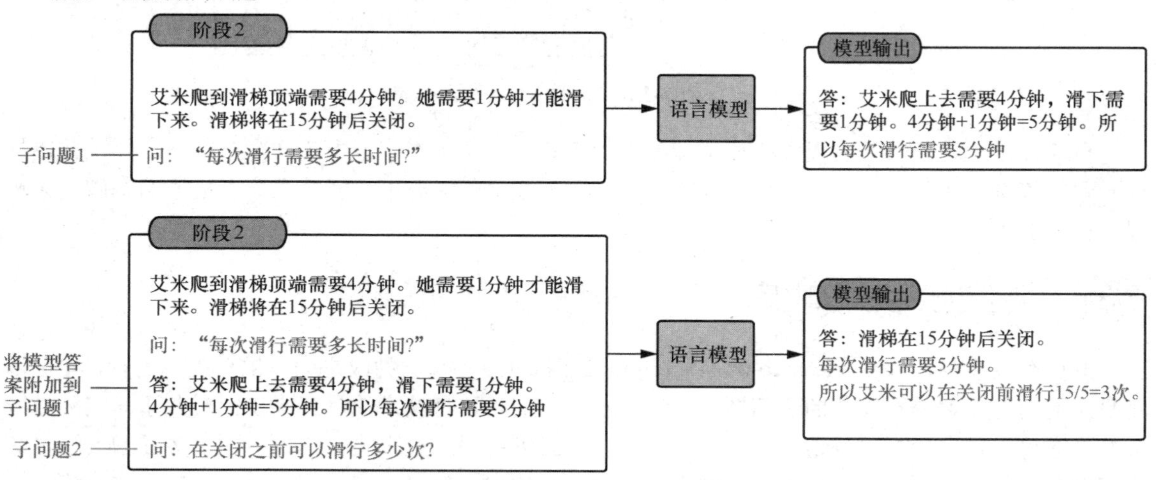

图 7-9　最少到最多提示过程：阶段 2

在 GSM8K 数据集上，使用最少到最多提示过程将准确率从 60.87%提高到了 62.39%[5]，如表 7-3 所示。

表 7–3 最少到最多提示过程实验效果（GSM8K 数据集）

方法	准确率/%
零样本提示	16.38
标准提示	17.06
思维链提示	60.87
最少到最多提示过程	62.39

注：表中零样本提示的准确率和表 7-2 中的不一致，是因为使用了不同的模型。

7.3.5 大模型微调

2022 年 12 月，谷歌在论文“Scaling instruction-finetuned language models”[6]中提出了一种全新的指令微调方法，称为**大模型微调**。基于这种方法，谷歌开发了 Flan-PaLM/T5 模型。Flan-PaLM/T5 模型在超过 1800 个自然语言处理任务上表现出色，而无须针对每个任务进行专门训练；通过较低的成本，极大发掘了现有语言模型的泛化性能，展现了通用模型的潜力。

Flan-PaLM/T5 模型在借鉴大模型微调方法的优点的同时，还引入了思维链提示。图 7-10 所示为 Flan-PaLM/T5 模型的指令微调过程。

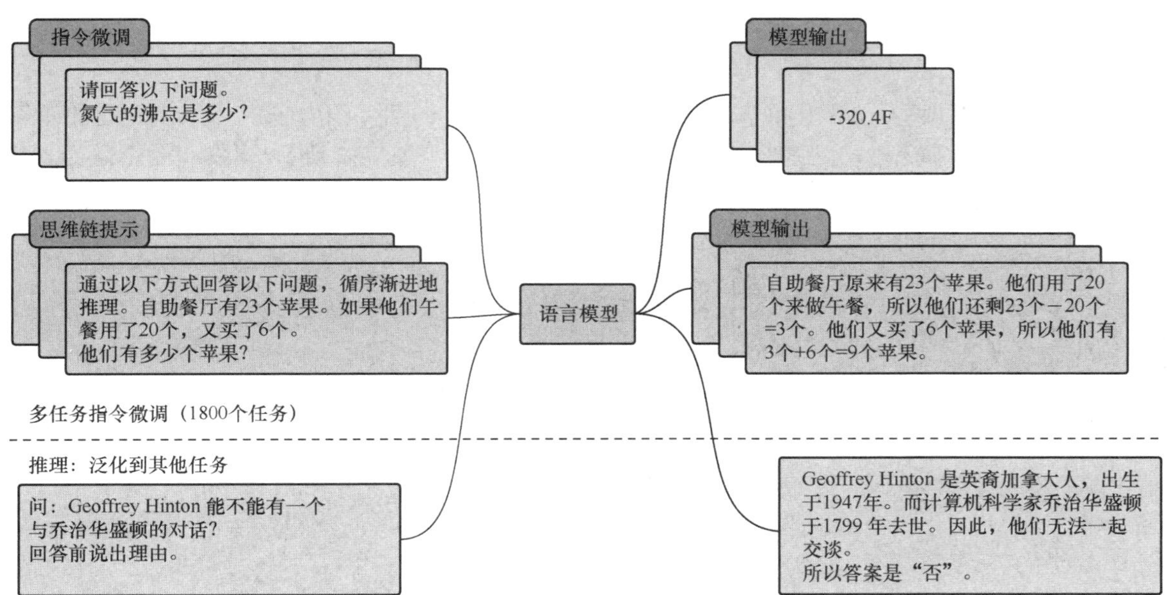

图 7-10 Flan-PaLM/T5 模型的指令微调过程

经过图 7-10 所示的微调过程之后，Flan-PaLM/T5 模型在思维链任务和非思维链任务上都有很好的表现，尤其是在 BBH 任务上做零样本提示的优势更加明显。这也进一步说明了思维链能够与目前流行的指令微调实现无缝对接。

图 7-11 所示为 Flan-PaLM/T5 的微调任务的构成。首先，需要收集各种有标签的数据集，每个数据集对应一个任务，用<数据集，任务类型>的方式来定义，如“基于 SQuAD 数据集的问题生成任务”。微调任务中有九个任务是涉及推理的，也就是思维链任务。

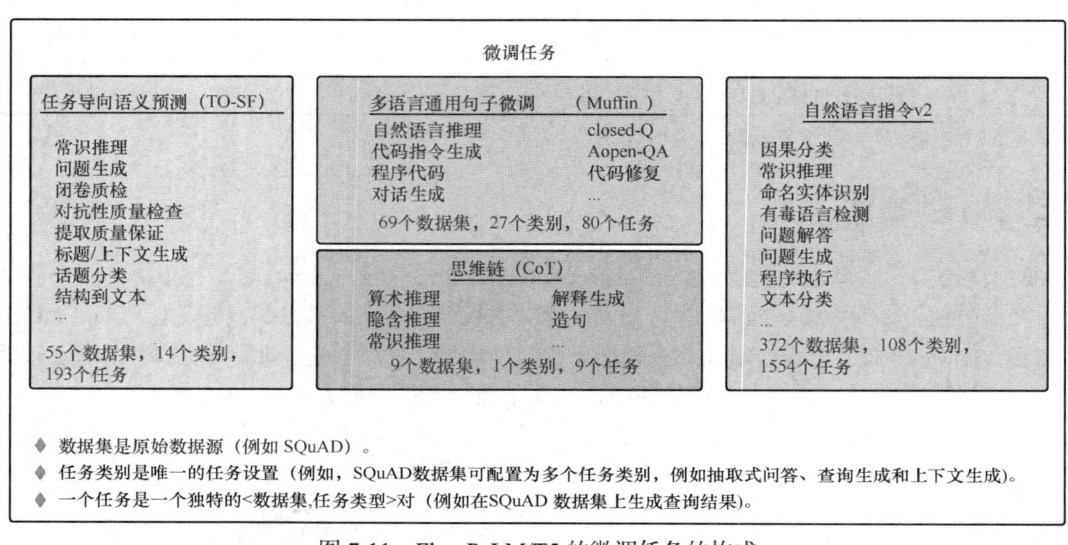

图 7-11　Flan-PaLM/T5 的微调任务的构成

接下来是形式改写。为了让单个语言模型能够应对超过 1800 种不同的任务，需要将所有的任务都转换成统一的“输入格式”“输出格式”，以便于模型训练。如图 7-12 所示，根据“是否需要进行推理”“是否需要提供示例”，可以将输入/输出划分为以下 4 种类型。

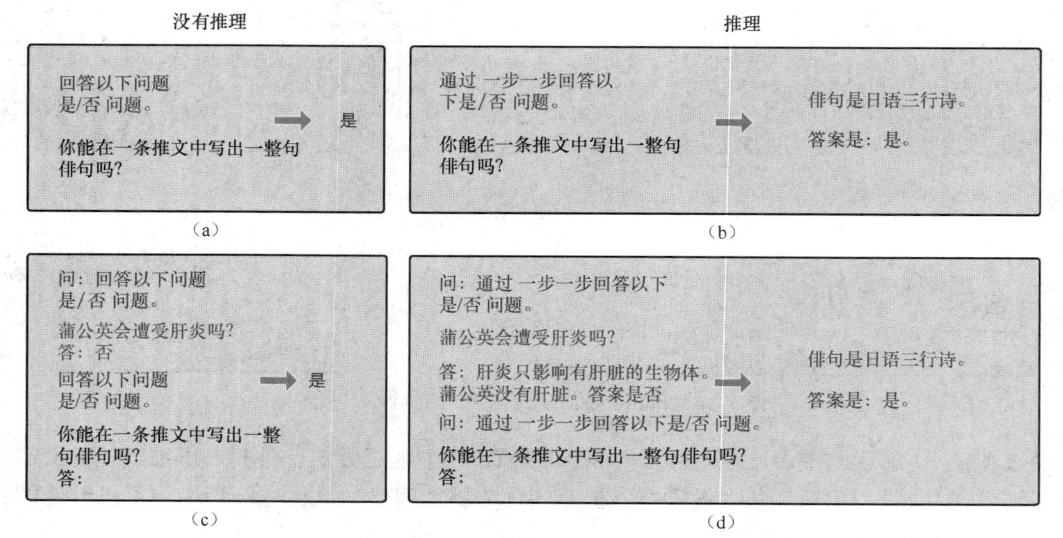

图 7-12　谷歌微调输入/输出格式

- 输入：指令+问题；输出：答案［见图 7-12（a）］。
- 输入：指令+思维链提示+问题；输出：推理+答案［见图 7-12（b）］。
- 输入：指令+问题样例+问题样例答案+指令+问题；输出：答案［见图 7-12（c）］。
- 输入：指令+思维链提示+问题样例+问题样例推理+问题样例答案+指令+思维链提示+问题；输出：推理+答案［见图 7-12（d）］。

收集任务并确定输入/输出格式之后，就进入了使用固定的学习率和 Adafactor 优化器进行训练的阶段。同时，将多个训练样本用一个特殊的结束符连接起来，作为一个训练样本。在训练过程中，每隔一定的步数，就在“保留任务”上评估模型的性能，并保存最优的模型版本。图 7-13 展示了用于模型评估的微调保留任务。

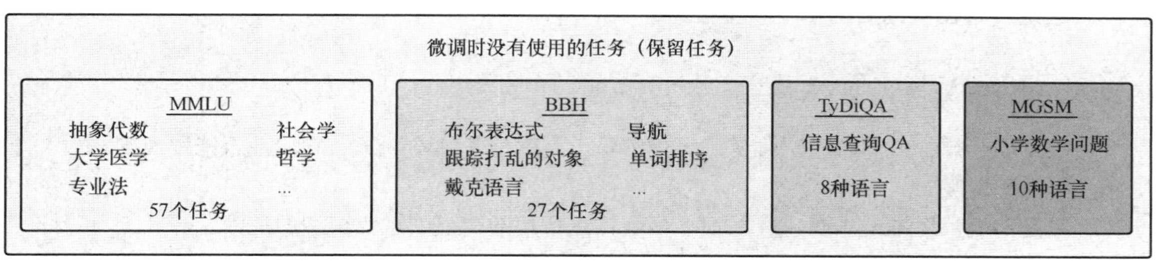

图 7-13 谷歌微调保留任务

虽然微调任务很多，但是相比于语言模型的预训练，计算量大大减少，只占预训练的 0.2%[6]。因此，这个方法可以有效地利用大公司训练好的语言模型，只需“微调”而无须再花费大量的计算资源去训练一个新大模型。

7.3.6 微调思维链

7.3.5 节已经介绍过，通过使用少量的思维链推理样本或通过提示来引导模型逐步思考，可以让大模型具备复杂的推理能力。但是，由于思维链方法存在一个主要缺点——依赖于拥有数百亿个参数的庞大模型，而这些模型的计算和推理成本过高，因此难以大规模应用。韩国科学技术研究院的研究者致力于让小模型也能进行复杂的推理，以适应实际场景。为此，他们在 2023 年提出了一种叫作微调思维链的方法[7]，旨在利用大模型的思维链推理能力来指导小模型解决复杂问题。

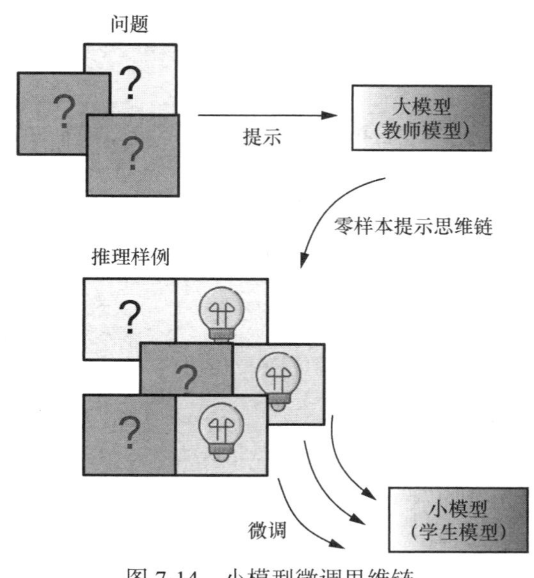

图 7-14 小模型微调思维链

具体来说，该方法利用零样本提示思维链，从非常大的教师模型中生成推理样例，并用这些推理样例来微调较小的学生模型，如图 7-14 所示。研究者发现，与标准提示类似，要训练语言模型解决复杂推理问题，只进行单纯的微调往往是不足的。虽然有些方法尝试用预设的推理步骤来微调小模型，从而解决复杂推理问题，但是这些方法不仅需要进行大量的推理标注，还需要与特定任务相匹配的训练设置。

文献[7]提出的方法，由于利用了基于语言模型的教师模型的零样本推理能力，无须人工进行推理标注或特定任务设置，因此可以很容易地应用于新的下游任务。该论文保留了基于思维链提示的方法，同时减少了模型参数量。微调思维链的核心思想是：首先采用零样本提示思维链生成问答数据；然后使用温度参数 *T* 采样（或者进行 Top-*k* 采样），以此生成尽可能多的数据；最后进行微调。也就是说，先使用不同的温度参数 *T* 采样，用 ChatGPT 这样的大模型生成思维链数据，然后用小模型进行微调。在样本研究中，研究者验证了多样化推理样本包含各种推理路径和语言模板，这也反映在微调后的学生模型中。

7.3.7 思维链的局限

大家可能会想：既然有了思维链，大模型是不是就能无往不利了？它们是否能发展到与人类能力相媲美的程度呢？

答案是不能，思维链本身也存在很多局限，这些局限也反映了大模型的局限。

（1）思维链的优势只有在模型参数量达到一定程度时才能出现。魏嘉森等的研究表明：只有当 PaLM 模型的参数量扩展到 5400 亿个参数时，结合思维链提示，它才能显示出先进的性能[2]。对于一些小模型，思维链对模型效果的影响并不明显。谷歌大脑团队的研究人员认为：复杂推理需要大量的世界知识，由于小模型没有足够的参数来存储这些世界知识，因此也不太可能生成正确的推理步骤。图 7-15 所示为小模型比大模型更容易出错的情况。

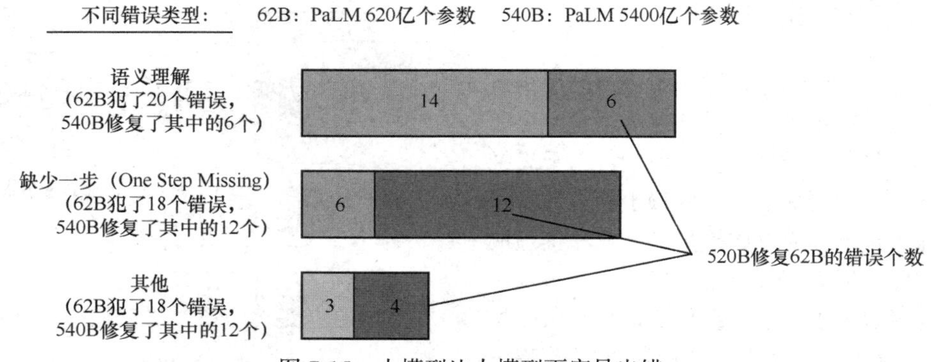

图 7-15　小模型比大模型更容易出错

但是，由于很多研究机构和企业无法承担参数量为 1750 亿以上的大模型的计算成本，因此能够应用到实际场景中的模型的规模不可能太大。另外，由于思维链需要分解更多的步骤、消耗更多的计算资源，相当于增加了认知负荷；因此我们必须要探索如何在较小的模型中进行推理的路径，以降低实际应用的成本。

（2）思维链目前只适用于一些特定的领域。例如，在数学问题数据集 GSM8K 上，思维链可以优化大模型的表现，但是能否提升机器翻译等其他类型任务的思维链性能还有待评估。此外，相关研究使用的模型或数据集都是半公开或不公开的，这就导致相关研究成果难以被复现和验证。因此在下定论之前，还需要对思维链的效果进行更深入的探索。

（3）即使有了思维链提示，大模型也不能保证解决小学水平的数学问题。没有思维链提示时，数学推理很难取得好的效果。魏嘉森等人在论文中展示了一个例子：在 GSM8K 数据集的一个子集上，大模型出现了 8%的计算错误，比如 $6 \times 13 = 68$（正确答案是 78）。这说明，即使有了思维链提示，大模型还是没有真正理解数学逻辑和运算规则，只是通过更精细的叠加来“照葫芦画瓢”。因此，在对准确率有要求的任务上，还需要探索新的技术来提高大模型的能力。

总之，思维链确实增强了大模型在一些领域中的推理能力，但逻辑推理仍然是大模型面临的挑战，需要更多的突破和创新。

大家可以通过思维链来理解大模型的优势和劣势。大模型的优势在于：随着模型参数量的增加，它可以提高语义理解、符号映射、连贯文本生成等能力，从而实现多步骤推理的思维链，展现出“智能涌现”的现象。大模型的劣势在于：即使大模型具备了前所未有的能力，但思维链也揭示了它的本质——仍然是在模仿人类的语言，而没有真正产生意识。

认知心理学教授斯坦尼斯拉斯•迪昂（Stanislas Dehaene）在《精准学习》一书中指出：缓慢地、理智地、符号化地运作，是人脑的特权；它可以在任何可能的时候，提取出具有普遍性、逻辑性和明确性的原则。五六岁的儿童学会了较小数字的加法，就可以理解其含义，并将其推广到更大的数字上。然而，目前最强大的大模型却连“加法”这个简单的抽象定律都无法理解。

大模型就像科幻作家特德•姜（Ted Chiang）所说的，是网上所有文本的模糊图像（一张有损压缩的图像）。虽然它可以利用远超人脑的算力和数据，高效地完成文本生成、图像生成等模糊任务，但是人脑更擅长执行精确的、逻辑性的任务。当你还有原始图像的时候，一张模糊的 JPEG 到底有多大用处呢！

智能时代的生存策略，就是不要与人工智能争夺它擅长的领域，而是要利用人工智能的优势来提升自己的优势，即利用人脑的精确性，提高人工智能生成的模糊答案的质量。

7.4 谷歌指令微调数据集——Flan 2022

2022 年，谷歌提出了一种新的指令微调数据集 Flan 2022[8]，它包括多种任务和模板以及任务平衡和丰富技术。

Flan 2022 是用于指令微调的数据集，它们由谷歌大脑团队的研究人员开发，旨在提高大模型的推理能力。指令微调是一种训练大模型的技术，它可以让模型根据不同的指令（如问题、任务描述、关键词等）来生成不同类型的输出（如文本、图像等）。

Flan 2022 主要有如下 3 个特点。

- Flan 2022 使用 PaLM 模型作为基础模型进行指令微调，它在多步骤推理任务上表现出了先进的性能。
- Flan 2022 使用混合的提示设置（mixed prompt setting）来训练语言模型，即同时使用零样本提示、少样本提示和思维链提示。这些方法可以提升模型的性能，例如，仅仅增加少样本提示 10%，就可以使模型的准确率比仅使用零样本提示时增加 2%。
- Flan 2022 使用一些简单有效的技术来提高指令微调的效果，如输入反转（input inversion）、任务平衡（task balancing）等。输入反转是指：将有监督任务中的输入/输出对(x,y)互换，生成新的任务，从而增加任务种类。任务平衡是指根据不同任务来源的质量和难度来分配合适的比例。

Flan 2022 为我们探索指令微调提供了新思路，可以总结出以下两点。

- 使用混合的零样本提示、少样本提示和思维链提示进行训练，可以提升模型的效果。
- 扩大任务规模、反转输入/输出对、增加思维链训练数据、平衡不同数据来源等，都是有效指令微调的关键技术。

表 7-4 展示了不同的指令微调数据集和方法的发展历程，包括它们的发布时间、指令微调数据集、基础模型、参数量、是否公开、训练时使用的提示类型（零样本提示、少样本提示或思维链提示）、在 Flan 中的任务数[8]。

一般的指令微调和基于人类反馈的指令微调都在开放式任务上表现出了很强的能力，但是也牺牲了在更多传统的自然语言处理任务上的性能。谷歌研究人员提出了对齐税（alignment tax）这个概念，表示为了让模型符合人类的偏好而付出的性能代价。谷歌的工作专注于指令泛化，而不依赖人类反馈，这有两个原因：第一，人类反馈数据集比指令微调数据集更难以公开获取，在没有昂贵的人类回答示例或评分的情况下，能够取得多大的进步还是一个开放的问题；第二，仅仅通过指令泛化，就能同时提高开放式任务上的人类偏好响应和传统的自然语言处理任务的性能指标。

表 7–4　指令微调数据集

发布时间	指令微调数据集	基础模型	是否公开	训练时使用的提示类型	在 Flan 中的任务数/个
2020 年	UnifiedQA	RoBerta	是	零样本提示	46
2021 年	CrossFit	BART	否	少样本提示	115
2021 年	Natural Inst v1	BART	否	零样本提示+少样本提示	61
2021 年	Flan 2021	LaMDA	否	零样本提示+少样本提示	62
2021 年	P3	T5	是	零样本提示	62
2021 年	MetalCL	GPT-2	是	少样本提示	100
2021 年	ExMix	T5	否	少样本提示	72
2022 年	Super-Natural	T5	是	零样本提示+少样本提示	1556
2022 年	GLM	GLM	是	少样本提示	65
2022 年	xP3	BLOOM	是	零样本提示	53
2022 年	Self-Instruct	GPT-3	否	零样本提示	未知
2022 年	Flan 2022	PaLM/T5	是	零样本提示+少样本提示+思维链提示	1836

7.5 小结

本章首先介绍了一种优化大模型效果的方法——指令微调，其结合了提示的灵活性与微调的效率，无须消耗大量资源，可以显著提升大模型的推理能力，在各项任务上取得更好的表现；然后重点介绍了一种优化模型推理能力的指令微调方法——大模型思维链，其涉及思维链的开创性工作及多种改进方法；最后介绍了谷歌的 Flan 2022 指令微调数据集，其训练的模型在多项评测中表现优越。

本章对于大模型优化意义重大。读者可通过学习、借鉴本章的方法来优化自己的模型；第 8 章将探讨如何在降低显存消耗的同时保持模型的高性能。

7.6 参考文献

[1] BROWN T B, MANN B, RYDER N, et al. Language models are few-shot learners[J]. Advances in Neural Information Processing Systems, 2020, 33:1877–1901.

[2] WEI J, WANG X Z , SCHUURMANS D, et al. Chain of thought prompting elicits reasoning in large language models[J]. Advances in Neural Information Processing Systems, 2022, 35: 24824-24837.

[3] KOJIMA T, GU S X S, REID M, et al. Large language models are zero-shot reasoners[J]. arXiv Preprint arXiv:2205.11916, 2022.

[4] WANG X Z, WEI J, SCHUURMANS D,et al. Self-consistency improves chain of thought reasoning in language models[J]. arXiv Preprint arXiv:2203.11171, 2022.

[5] ZHOU D, SCHÄRLI N, HOU L, et al. Least-to-most prompting enables complex reasoning in large language models[J]. arXiv Preprint arXiv:2205.10625, 2022.

[6] CHUNG H W, HOU L, LONGPRE S, et al. Scaling instruction-finetuned language models[J]. arXiv Preprint arXiv:2210.11416, 2022.

[7] HO N, SCHMID L, YUN S. Large language models are reasoning teachers[J]. arXiv Preprint arXiv: 2212.10071, 2022.

[8] LONGPRE S, HOU L, VU T, et al. The flan collection: Designing data and methods for effective instruction tuning[J]. arXiv Preprint arXiv:2301.13688, 2023.

第 8 章 大模型训练优化

前面的章节已经介绍了大模型的基本原理和推理优化的方法。本章将继续探讨如何优化大模型的训练过程，从而提高大模型在处理大规模数据和复杂任务时的训练效率和泛化能力。本章主要介绍如下 5 种技术和方法。

（1）稀疏 Transformer。稀疏 Transformer 是一种基于 GPT 结构的大模型结构，它能够处理超长的文本、图像和音频等序列而不牺牲精度。本章将介绍稀疏 Transformer 的提出背景和原理，以及它是如何通过减少注意力矩阵中的非零元素来降低显存消耗并加速训练的。

（2）旋转位置编码。旋转位置编码是一种提升大模型外推能力的技术。本章将旋转位置编码与传统位置编码进行对比，分析它们的区别和优劣，以及它们在二维和多维空间中的表示方式。首先介绍旋转位置编码的原理；再介绍旋转位置编码的高效计算方法和远程衰减机制，以及它们在 Llama 和 ChatGLM 等大模型中的应用；还展示旋转位置编码在外推性方面的优势，即它能够在未见过的序列长度上保持较高的精度。

（3）大模型混合精度训练。混合精度训练是一种提高大模型训练速度和显存利用率的技术，它能够在不影响模型质量的前提下，使用较低的数值精度来执行部分计算。本章将介绍大模型混合精度训练的原理，以及它是如何通过使用不同的数值精度来平衡计算速度和精度损失的。

（4）样本拼接。样本拼接是一种提高大模型训练效率和数据利用率的技术，它能够在不影响模型性能的前提下减少训练步数和批次大小。本章将介绍样本拼接技术是如何通过将多个小样本拼接成一个大样本来提升训练速度的。

（5）大模型并行训练。大模型并行训练是一种解决大模型因无法放入单个设备显存或单个设备而计算能力不足的问题的方法，它能够通过划分模型或数据来利用多个设备进行协同训练。本章将介绍大模型并行训练的 3 种方法：数据并行、张量并行和流水线并行。

8.1 稀疏 Transformer

4.3 节已经介绍了全参数微调的 ChatGLM-6B 模型。该模型基于 GPT 结构，使用了 Transformer

的自注意力机制，对显存的需求很高。如果输入和输出的长度都为 1024，那么至少需要 80 GB 的显存（包括模型参数占用、训练过程中的梯度占用、前向激活占用、优化器参数占用、1024×1024 的自注意力矩阵占用等）。本节将介绍一种降低显存消耗和加速训练的方法——稀疏 Transformer。

8.1.1 稀疏 Transformer 提出背景

Transformer 需要存储一个 $n \times n$ 的自注意力矩阵，由于 n 为输入长度，因此时间复杂度为 $O(n^2)$。稀疏 Transformer 是 OpenAI 于 2019 年提出的一种优化 Transformer 的方法[1]，主要针对长序列输入的情况。它的核心思想是将原始的全连接自注意力分解为多个稀疏自注意力，从而将时间复杂度降低到 $O(n\sqrt{n})$，同时保持较高的性能。

稀疏 Transformer 是一个基于自回归的图像生成模型，它的提出是为了解决传统的自注意力模型在处理大规模序列数据时计算和显存开销过大的问题。由于稀疏 Transformer 使用一种稀疏的注意力模式，每个自注意力模式只需要关注序列中的一部分位置，从而可降低时间复杂度。

为了展示稀疏 Transformer 的效果，OpenAI 在 CIFAR-10 数据集上训练了一个 128 层的模型，并对不同层的注意力权值进行了可视化。图 8-1 所示为注意力权值的可视化结果。其中，白色区域表示注意力权值较高的位置，黑色区域表示被掩码掉的像素。对于不同层的注意力权值，模型的第 1 层（浅层）主要关注当前像素周围的纹理信息，如图 8-1（a）所示；模型的第 19 层（中间层）主要关注当前像素所在行的信息，如图 8-1（b）所示；模型的第 20 层（另一中间层）主要关注当前像素所在列的信息，如图 8-1（c）所示；模型的第 36 层（深层）主要关注图像的全局信息，如图 8-1（d）所示。

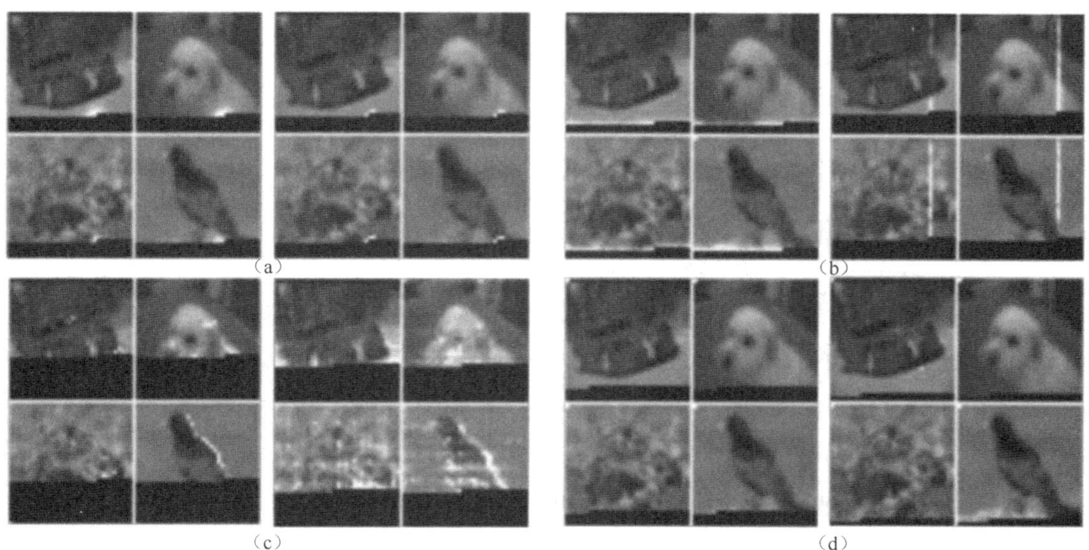

图 8-1　注意力权值的可视化结果

通过这些可视化结果，可以发现稀疏 Transformer 能够根据不同层次的抽象程度，选择合适的注意力范围。浅层的网络主要关注当前像素周围的局部信息，深层的网络主要关注图像的全局信息，这使得 Transformer 能够学习到图像的纹理和结构特征。

8.1.2 稀疏 Transformer 实现原理

为了实现稀疏 Transformer，OpenAI 提出了一种*分解注意力*（factorized attention）的方法。OpenAI 根据分解方式的不同，设计了两种子注意力机制：*跨步注意力*（stride attention）和*固定注意力*（fixed attention）。跨步注意力是指每个子注意力机制只关注序列中以一定步长间隔的位置；固定注意力是指每个子注意力机制只关注序列中固定的几个位置。将多个子注意力机制融合起来，可以得到一个稀疏的注意力机制，它能够覆盖序列中的所有位置，同时保持较低的复杂度。在介绍分解注意力的具体细节之前，先回顾一下普通注意力的定义和计算过程。

1. 普通注意力

自回归模型（如 GPT）是一种基于序列数据的生成模型，它通过使用序列中当前词之前的所有内容来预测当前词。例如，在图像生成任务中，自回归模型会按照像素的顺序，逐个生成图像中的所有像素。为了实现这种预测，自回归模型通常使用 Transformer 结构，其中包含自注意力机制。自注意力机制可以让每个词关注序列中的所有位置，并计算出一个注意力权值，表示不同位置之间的相关性。然而，这种自注意力机制的时间复杂度是 $O(n^2)$，其中 n 是序列的长度。在图像生成任务中，n 通常是图像的像素数。例如，图 8-2（见文前彩图）所示为一个普通 Transformer 在以自回归的方式生成一个 6×6 像素的图像时，不同层的注意力权值［图 8-2（a）］和连接矩阵［图 8-2（b）］。

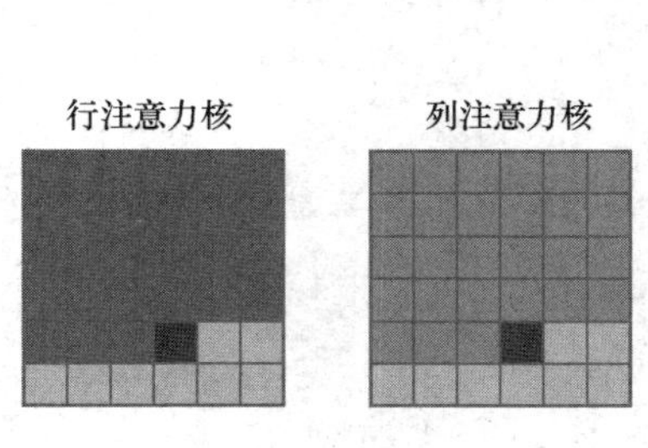

（a）普通注意力核

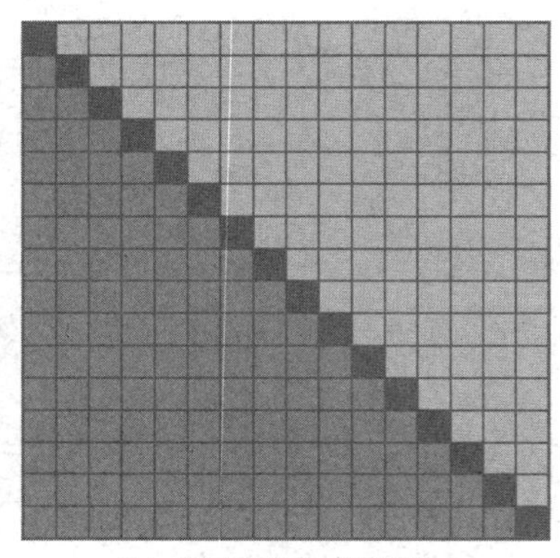

（b）普通注意力连接矩阵

图 8-2　普通 Transformer 的注意力核和连接矩阵

从图 8-2 可以看出，为了生成一幅图像，普通的 Transformer 需要计算 $n^2/2$ 个权值，这个数量随着图像大小的增加而呈二次方级增长，导致了巨大的计算和显存开销。

提示 注意力核指预测当前像素时使用到的像素位置，如图 8-2（a）中的蓝色区域。图 8-2（a）表示预测第 28 像素时的注意力核，浅蓝色表示第 1 ~ 27 像素（预测时可以使用的像素），深蓝色表示当前要预测的像素（即第 28 像素）。

2. 分解注意力

通常，普通自注意力的计算可以表示为

$$\begin{cases} \boldsymbol{q}_i = \boldsymbol{W}_q \boldsymbol{x}_i, \boldsymbol{k}_j^{\mathrm{T}} = \boldsymbol{W}_k \boldsymbol{x}_j, \boldsymbol{v}_i = \boldsymbol{W}_v \boldsymbol{x}_j \\ a\left(\boldsymbol{x}_i, \boldsymbol{x}_j\right) = \mathrm{softmax}\left(\dfrac{\boldsymbol{q}_i \boldsymbol{k}_j^{\mathrm{T}}}{\sqrt{d}}\right)\boldsymbol{v}_j \\ \mathrm{Attend}\left(\boldsymbol{X}\right) = \left(a\left(\boldsymbol{x}_i, \boldsymbol{x}_j\right)\right)_{j\in\{1,\dots,n\}} \end{cases} \tag{8-1}$$

其中，$\boldsymbol{X}$ 表示提示嵌入向量，$\boldsymbol{x}_i$ 和 $\boldsymbol{x}_j$ 分别表示第 i 个和第 j 个词嵌入，$\boldsymbol{W}_q$、$\boldsymbol{W}_k$ 和 $\boldsymbol{W}_v$ 分别是查询、键和值对应的权重矩阵，a 表示注意力计算函数，d 表示缩放因子，$\boldsymbol{q}$、$\boldsymbol{k}$、$\boldsymbol{v}$ 表示查询、键和值。

这种计算方式非常消耗时间，其时间复杂度达到了 $O(n^2)$。稀疏 Transformer 只想让一些预先设定的像素点参与自注意力的计算。为了实现这个目的，它引入了一个叫作连接模式（connectivity pattern）的变量，用 $S = \{S_1, \dots, S_n\}$ 表示。其中 S_i 表示在预测第 i 个时间片时需要关注的索引（indices）。稀疏 Transformer 自注意力的计算方式可以表示为

$$\boldsymbol{K}_{S_i}^{\mathrm{T}} = \left(\boldsymbol{k}_j\right)_{j\in S_i}, \boldsymbol{V}_{S_i} = \left(\boldsymbol{v}_j\right)_{j\in S_i} \tag{8-2}$$

$$a\left(\boldsymbol{x}_i, S_i\right) = \mathrm{softmax}\left(\frac{\boldsymbol{q}_i \boldsymbol{K}_{S_i}^{\mathrm{T}}}{\sqrt{d}}\right)\boldsymbol{V}_{S_i} \tag{8-3}$$

$$\mathrm{Attend}\left(\boldsymbol{X}, S\right) = \left(a\left(\boldsymbol{x}_i, S_i\right)\right)_{i\in\{1,\dots,n\}} \tag{8-4}$$

稀疏 Transformer 通过让连接模式作用在 $\boldsymbol{K}^{\mathrm{T}}$ 上来减少时间复杂度，如式（8-2）所示。

对于第 i 个时间片的输入，首先用 $\boldsymbol{K}$ 和 $\boldsymbol{V}$ 的权重矩阵乘以输入特征来得到 $\boldsymbol{K}$ 和 $\boldsymbol{V}$；然后根据连接模式 S_i 从 $\boldsymbol{K}$ 和 $\boldsymbol{V}$ 中选取稀疏特征 $\boldsymbol{K}_{S_i}$ 和 $\boldsymbol{V}_{S_i}$；接着用稀疏特征计算第 i 个时间片的输出 $a(\boldsymbol{x}_i, S_i)$，如式（8-3）所示；最后再将 n 个时间片的输出进行合并，得到最终的输出 $\mathrm{Attend}(\boldsymbol{X}, S)$，如式（8-4）所示。

对于完全自注意力（full self-attention），$S_i = \{j : j <= i\}$，即每个元素可以关注所有当前词之前的位置和自身的位置。而对于分解自注意力，索引 S_i 满足以下关系：

$$S_i = A_i^{(m)} \subset \{j : j \leqslant i\} \tag{8-5}$$

其中，A_i 表示完全自注意力索引的 S_i 子集，m 表示第 m 个自注意力。接下来要做的是：将 8.1.1 节观察到的不同层次下的不同稀疏注意力，有效地融合到式（8-2）～式（8-4）的计算中。对于每个自注意力的计算，可以使用多个不同的注意力核。

3．跨步注意力

跨步注意力（stride attention）由两种连接模式组成，分别是行注意力模式和列注意力模式，如图 8-3（a）和图 8-3（b）所示（见文前彩图）。行注意力模式是指当前时间片的前 l 个时间片可以被关注，列注意力模式是指每隔 l 个时间片的像素可以被关注。

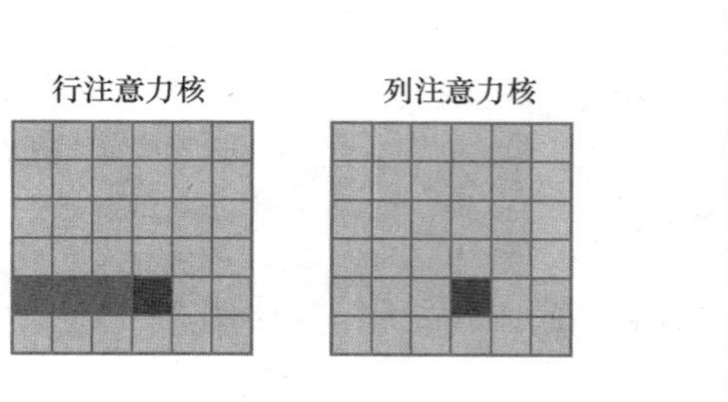

（a）行注意力核　（b）列注意力核　（c）跨部注意力连接矩阵

图 8-3　跨步注意力的注意力核以及连接矩阵

假设步长是 l，行注意力核和列注意力核的表达式分别如式（8-6）和式（8-7）。

$$A_i^{(1)}=\{t,t+1,t+2,\ldots,i\},\ \ t=\max(0,i-l) \tag{8-6}$$

$$A_i^{(2)}=\{j:(i-j)\ \bmod\ l=0\} \tag{8-7}$$

其中，i 表示第 i 个词，j 表示第 j 个词。对于图像生成任务来说，l 一般为图像的宽度或高度，$l=\sqrt{n}$，也就是说，行注意力核和列注意力核的时间复杂度都是 $O(\sqrt{n})$。

如果输入是一个 6 像素×6 像素的图像（$l=6$），当预测第 28 个时间片的像素时，行注意力核关注的是 $A_{28}^{(1)}=\{23,24,25,26,27\}$ 像素，列注意力核关注的是 $A_{28}^{(2)}=\{4,19,16,22\}$ 像素。

4．固定注意力

固定注意力也是由行注意力核和列注意力核组成的，它们的表达式分别如式（8-8）和式（8-9）。

$$A_i^{(1)}=\{j:\lfloor j/i\rfloor=\lfloor i/l\rfloor\} \tag{8-8}$$

$$A_i^{(2)}=\{j:j\ \bmod\ l\in\{t,t+1,\ldots,l\}\} \tag{8-9}$$

其中，i 表示第 i 个词，j 表示第 j 个词。行注意力模式是指当前预测像素所在行的所有像素都可以被关注，如图 8-4（a）所示（见文前彩图），当预测第 28 个时间片的像素时，步长 $l=6$，那么 j 的值需要满足 $\lfloor j/6\rfloor=\lfloor 27/6\rfloor=4$，也就是说，$j$ 的值可以是{24, 25, 26, 27}。固定注意力的行注意力

核的最大长度是 $\sqrt{n}$ ，因此它的时间复杂度是 $O\left(\sqrt{n}\right)$ 。

列注意力模式是指每隔 l 个时间片的像素都可以被关注，其中 $t = l-c$, c 是一个超参数。由式（8-9）可知，固定注意力的列注意力核关注的位置与 i 无关。

图 8-4（b）所示为 $i=27$，$c=1$，$l=6$ 的情况（见文前彩图），此时可以得到 $t=l-c=5$，也就是 j 可以取的值满足 $j \bmod 6 =5$ 或 6，且 $j<27$，因此可以推出 j 的值可能为$\{5,11,17,23\}$，也就是图 8-4（b）中的浅蓝色区域。固定注意力的列注意力又被称为滑窗注意力（sliding window attention），超参数 c 相当于卷积窗口的大小。一组效果比较好的参数是 $c\in\{8,16,32\}$以及 $l\in\{128, 256\}$。列注意力核关注的像素数约为 $c\sqrt{n}$ ，因此它的时间复杂度也是 $O\left(\sqrt{n}\right)$ 。

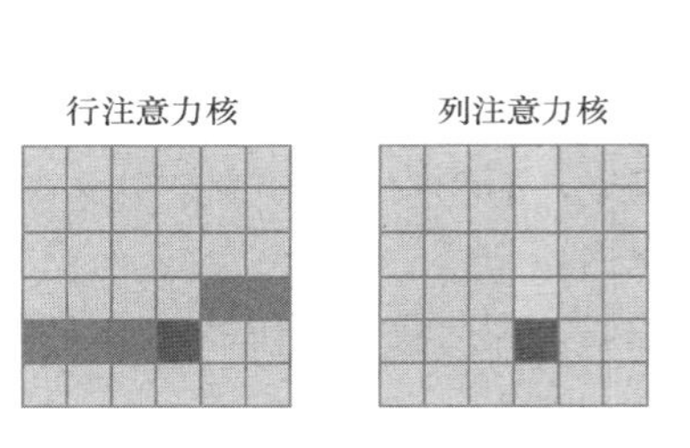

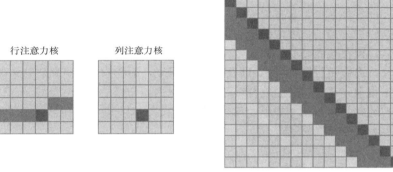

（a）固定注意力核

（b）固定注意力连接矩阵

图 8-4　固定注意力的注意力核以及连接矩阵

5. 融合多个注意力核

本节已经介绍了多种形式的注意力核，接下来要探讨如何将它们融入网络中。稀疏 Transformer 主要有 3 种融合方式。

（1）每个残差块使用一种类型的注意力核。对于一个由多个残差块构成的深度网络，可以为每个残差块选择一种不同的注意力核，如式（8-10）所示。其中，r 表示当前残差块的索引，p 表示注意力核的种类数。

$$\text{attention}\left(\boldsymbol{X}\right)=\boldsymbol{W}_p\cdot\text{attend}\left(\boldsymbol{X},A^{(r \bmod p)}\right) \tag{8-10}$$

（2）每个注意力头计算所有类型的注意力核，然后将结果合并。使用这种方式，每个注意力头会同时计算所有形式的注意力核，然后将它们的输出加权求和，如式（8-11）所示。

$$\text{attention}\left(\boldsymbol{X}\right)=\boldsymbol{W}_p\cdot\text{attend}\left(\boldsymbol{X},\bigcup_{m=1}^{p}A^{(m)}\right) \tag{8-11}$$

（3）每组注意力头使用一种类型的注意力核，然后将结果拼接。使用这种方式，可以将多头注意力机制分为 n_h 组，每组使用一种形式的注意力核，并行计算输出，然后在特征维度上进行拼接，如式（8-12）所示。

$$\text{attention}(\boldsymbol{X}) = \boldsymbol{W}_p\left(\text{attend}(\boldsymbol{X}, A)^{(i)}\right)_{i\in\{1,\ldots,n_h\}} \tag{8-12}$$

8.2 旋转位置编码

旋转位置编码（rotary position embedding，RoPE）是一种新颖的位置编码方式，它能够将相对位置信息融入自注意力机制中，从而提升 Transformer 架构的性能。这种位置编码方式由论文“RoFormer: Enhanced transformer with rotary position embedding”[2]提出，并被最近火热的 Llama、GLM 等模型采用。

旋转位置编码的优势在于它具有很强的外推能力。也就是说，它能够处理训练时没有见过的更长的输入序列，这对于处理长文本或多轮对话等任务非常有用。例如，如果一个模型在训练时只接收 512 个词的输入，但在预测时的输入超过 512 个词，那么普通的位置编码就可能会导致模型无法理解这些词的含义；而旋转位置编码则可以避免这个问题，因为它使用了旋转矩阵来表示相对位置信息，而不是固定位置，这使得它的位置编码在 512 以内。

由于旋转位置编码是对输入序列中的每个词进行编码，因此我们首先需要了解输入序列是如何表示的。一个长度为 N 的输入序列 $\mathbb{S}_N$ 表示为

$$\mathbb{S}_N = \{w_i\}_{i=1}^N \tag{8-13}$$

其中，w_i 表示第 i 个词。输入序列的词嵌入表示为

$$\mathbb{E}_N = \{\boldsymbol{x}_i\}_{i=1}^N \tag{8-14}$$

其中，$\boldsymbol{x}_i$ 表示第 i 个词 w_i 所对应的词嵌入。

在计算自注意力之前，需要计算 $\boldsymbol{q}$、$\boldsymbol{k}$、$\boldsymbol{v}$ 向量，并加入位置信息，表示如下：

$$\begin{aligned} \boldsymbol{q}_m &= f_{\boldsymbol{q}}(\boldsymbol{x}_m, m) \\ \boldsymbol{k}_n &= f_{\boldsymbol{k}}(\boldsymbol{x}_n, n) \\ \boldsymbol{v}_n &= f_{\boldsymbol{q}}(\boldsymbol{x}_n, n) \end{aligned} \tag{8-15}$$

位置编码主要是设计一个合适的 $f(\boldsymbol{q}, \boldsymbol{k}, \boldsymbol{v})$ 函数形式。为了计算第 m 个词嵌入 $\boldsymbol{x}_m$ 对应的自注意力输出结果 $\boldsymbol{o}_m$，首先需要用 $\boldsymbol{q}_m$ 和所有的 $\boldsymbol{k}_n$ 计算注意力得分 $a_{m,n}$，然后将注意力得分 $a_{m,n}$ 乘以对应的 $\boldsymbol{v}_n$ 再求和，得到输出向量 $\boldsymbol{o}_m$，计算公式：

$$\begin{aligned} a_{m,n} &= \frac{\exp\left(\frac{\boldsymbol{q}_m^{\mathrm{T}}\boldsymbol{k}_n}{\sqrt{d}}\right)}{\sum_{j=1}^{N}\exp\left(\frac{\boldsymbol{q}_m^{\mathrm{T}}\boldsymbol{k}_j}{\sqrt{d}}\right)} \\ \boldsymbol{o}_m &= \sum_{n=1}^{N} a_{m,n}\boldsymbol{v}_n \end{aligned} \tag{8-16}$$

8.2.1 传统位置编码——绝对位置编码

传统位置编码的做法是在词嵌入 $\boldsymbol{x}_i$ 上加上一个位置编码向量 $\boldsymbol{p}_i$，然后用变换矩阵 $\boldsymbol{W}$ 计算查询向量 $\boldsymbol{q}$、键向量 $\boldsymbol{k}$、值向量 $\boldsymbol{v}$，计算方式为

$$f_{t:t\in\{\boldsymbol{q},\boldsymbol{k},\boldsymbol{v}\}}=\boldsymbol{W}_{t:t\in\{\boldsymbol{q},\boldsymbol{k},\boldsymbol{v}\}}\left(\boldsymbol{x}_i+\boldsymbol{p}_i\right) \tag{8-17}$$

其中，$\boldsymbol{p}_i$ 是位置向量，表示第 i 个词的位置信息。在传统位置编码中，位置向量 $\boldsymbol{p}_i$ 使用正弦函数和余弦函数计算：

$$\begin{aligned}\boldsymbol{p}_{i,2t}&=\sin\left(i/10000^{2t/d}\right)\\\boldsymbol{p}_{i,2t+1}&=\cos\left(i/10000^{2t/d}\right)\end{aligned} \tag{8-18}$$

其中，$\boldsymbol{p}_{i,2t}$ 表示位置向量 $\boldsymbol{p}_i$ 的第 $2t$ 个分量（偶数索引），$\boldsymbol{p}_{i,2t+1}$ 表示位置向量 $\boldsymbol{p}_i$ 的第 $2t+1$ 个分量（奇数索引），i 表示第 i 个词，d 表示位置编码的总维度。

8.2.2 二维旋转位置编码

为了利用当前词之前的相对位置信息，假设查询向量 $\boldsymbol{q}_m$ 和键向量 $\boldsymbol{k}_n$ 之间的内积操作可以用一个函数 g 表示，它的输入是词嵌入 $\boldsymbol{x}_m$、$\boldsymbol{x}_n$，以及它们的相对位置 $m-n$：

$$\left\langle f_{\boldsymbol{q}}\left(\boldsymbol{x}_m,m\right),f_{\boldsymbol{k}}\left(\boldsymbol{x}_n,n\right)\right\rangle=g\left(\boldsymbol{x}_m,\boldsymbol{x}_n,m-n\right) \tag{8-19}$$

为了使式（8-19）成立，需要寻找一种合适的位置编码方式。

假设词嵌入向量的维度是 $d=2$，这样就能利用二维平面上的向量的几何性质。我们可以给出一种满足式（8-19）的 f 和 g 的形式，表示如下：

$$\begin{aligned}f_{\boldsymbol{q}}\left(\boldsymbol{x}_m,m\right)&=\left(\boldsymbol{W}_{\boldsymbol{q}}\boldsymbol{x}_m\right)\mathrm{e}^{\mathrm{i}m\theta}\\f_{\boldsymbol{k}}\left(\boldsymbol{x}_n,n\right)&=\left(\boldsymbol{W}_{\boldsymbol{k}}\boldsymbol{x}_n\right)e^{in\theta}\\g\left(\boldsymbol{x}_m,\boldsymbol{x}_n,m-n\right)&=\mathrm{Re}\left[\left(\boldsymbol{W}_{\boldsymbol{q}}\boldsymbol{x}_m\right)\left(\boldsymbol{W}_{\boldsymbol{k}}\boldsymbol{x}_n\right)\mathrm{e}^{\mathrm{i}(m-n)\theta}\right]\end{aligned} \tag{8-20}$$

其中，Re 表示复数的实部。可以进一步地把 f_q 写成如下形式：

$$\begin{aligned}f_{\boldsymbol{q}}\left(\boldsymbol{x}_m,m\right)&=\begin{pmatrix}\cos m\theta & -\sin m\theta\\\sin m\theta & \cos m\theta\end{pmatrix}\begin{pmatrix}\boldsymbol{W}_{\boldsymbol{q}}^{(1,1)} & \boldsymbol{W}_{\boldsymbol{q}}^{(1,2)}\\\boldsymbol{W}_{\boldsymbol{q}}^{(2,1)} & \boldsymbol{W}_{\boldsymbol{q}}^{(2,2)}\end{pmatrix}\begin{pmatrix}x_m^{(1)}\\x_m^{(2)}\end{pmatrix}\\&=\begin{pmatrix}\cos m\theta & -\sin m\theta\\\sin m\theta & \cos m\theta\end{pmatrix}\begin{pmatrix}\boldsymbol{q}_m^{(1)}\\\boldsymbol{q}_m^{(2)}\end{pmatrix}\end{aligned} \tag{8-21}$$

可以发现，式（8-21）就是查询向量 $\boldsymbol{q}_m$ 乘以一个旋转矩阵，这就是把这种方法叫作旋转位置编码的原因。同理，可以把 f_k 写成如下形式：

$$
\begin{aligned}
f_{k}(\boldsymbol{x}_m, m) &= \begin{pmatrix} \cos m\theta & -\sin m\theta \\ \sin m\theta & \cos m\theta \end{pmatrix} \begin{pmatrix} \boldsymbol{W}_{k}^{(1,1)} & \boldsymbol{W}_{k}^{(1,2)} \\ \boldsymbol{W}_{k}^{(2,1)} & \boldsymbol{W}_{k}^{(2,2)} \end{pmatrix} \begin{pmatrix} x_m^{(1)} \\ x_m^{(2)} \end{pmatrix} \\
&= \begin{pmatrix} \cos m\theta & -\sin m\theta \\ \sin m\theta & \cos m\theta \end{pmatrix} \begin{pmatrix} \boldsymbol{k}_m^{(1)} \\ \boldsymbol{k}_m^{(2)} \end{pmatrix}
\end{aligned} \tag{8-22}
$$

可以把 $g(\boldsymbol{x}_m, \boldsymbol{x}_n, m-n)$写成如下形式：

$$
g(\boldsymbol{x}_m, \boldsymbol{x}_n, m-n) = \begin{pmatrix} \boldsymbol{q}_m^{(1)} & \boldsymbol{q}_m^{(2)} \end{pmatrix} \begin{pmatrix} \cos(m-n)\theta & -\sin(m-n)\theta \\ \sin(m-n)\theta & \cos(m-n)\theta \end{pmatrix} \begin{pmatrix} \boldsymbol{k}_m^{(1)} \\ \boldsymbol{k}_m^{(2)} \end{pmatrix} \tag{8-23}
$$

8.2.3　多维旋转位置编码

将二维推广到任意维度，表示如下：

$$
f_{\{q,k\}}(\boldsymbol{x}_m, m) = \boldsymbol{R}_{\Theta,m}^{d} \boldsymbol{W}_{\{q,k\}} \boldsymbol{x}_m \tag{8-24}
$$

其中，$\boldsymbol{R}$ 是一个正交矩阵，表示任意维度的旋转变换。

内积满足线性叠加性，因此任意偶数维的旋转位置编码都可以表示为二维情形的拼接：

$$
\boldsymbol{R}_{\Theta,m}^{d} = \begin{pmatrix}
\cos m\theta_0 & -\sin m\theta_0 & 0 & 0 & \cdots & 0 & 0 \\
\sin m\theta_0 & \cos m\theta_0 & 0 & 0 & \cdots & 0 & 0 \\
0 & 0 & \cos m\theta_1 & -\sin m\theta_1 & \cdots & 0 & 0 \\
0 & 0 & \sin m\theta_1 & \cos m\theta_1 & \cdots & 0 & 0 \\
\vdots & \vdots & \vdots & \vdots & \ddots & \vdots & \vdots \\
0 & 0 & 0 & 0 & \cdots & \cos m\theta_{d/2-1} & -\sin m\theta_{d/2-1} \\
0 & 0 & 0 & 0 & \cdots & \sin m\theta_{d/2-1} & \cos m\theta_{d/2-1}
\end{pmatrix} \tag{8-25}
$$

$$
\Theta = \left\{ \theta_i = 10000^{-2(i-1)/d}, i \in \{1, 2, \ldots, d/2\} \right\}
$$

其中，m 表示相对位置。

将式（8-24）的多维旋转位置编码应用到自注意力计算，可以得到包含相对位置信息的自注意力：

$$
\begin{aligned}
\boldsymbol{q}_m^{\mathrm{T}} \boldsymbol{k}_n &= \left(\boldsymbol{R}_{\Theta,m}^{d} \boldsymbol{W}_q \boldsymbol{x}_m \right)^{\mathrm{T}} \left(\boldsymbol{R}_{\Theta,n}^{d} \boldsymbol{W}_k \boldsymbol{x}_n \right) = \boldsymbol{x}_m^{\mathrm{T}} \boldsymbol{W}_q \boldsymbol{R}_{\Theta,n-m}^{d} \boldsymbol{W}_k \boldsymbol{x}_n \\
\boldsymbol{R}_{\Theta,n-m}^{d} &= \left(\boldsymbol{R}_{\Theta,n}^{d} \right)^{\mathrm{T}} \boldsymbol{R}_{\Theta,n}^{d}
\end{aligned} \tag{8-26}
$$

注意：由于 $\boldsymbol{R}_{\Theta,n}^{d}$ 是一个正交矩阵，它不会改变向量的模长，因此通常它不会改变原模型的稳定性。

8.2.4　旋转位置编码的高效计算

$\boldsymbol{R}_{\Theta,n}^{d}$ 具有稀疏性，直接用矩阵乘法来实现会很浪费算力，推荐通过如下方式来实现 $\boldsymbol{R}_{\Theta,n}^{d}$ 和词嵌

入 $\boldsymbol{x}$ 相乘：

$$\boldsymbol{R}_{\Theta,m}^{d}\boldsymbol{x}=\begin{pmatrix}x_0\\x_1\\x_2\\x_3\\\vdots\\x_{d-2}\\x_{d-1}\end{pmatrix}\otimes\begin{pmatrix}\cos m\theta_0\\\cos m\theta_0\\\cos m\theta_1\\\cos m\theta_1\\\vdots\\\cos m\theta_{d/2-1}\\\cos m\theta_{d/2-1}\end{pmatrix}+\begin{pmatrix}-x_1\\x_0\\-x_3\\x_2\\\vdots\\-x_{d-1}\\x_{d-2}\end{pmatrix}\otimes\begin{pmatrix}\sin m\theta_0\\\sin m\theta_0\\\sin m\theta_1\\\sin m\theta_1\\\vdots\\\sin m\theta_{d/2-1}\\\sin m\theta_{d/2-1}\end{pmatrix} \tag{8-27}$$

其中，⊗表示逐位对应相乘。这种方式可以有效地利用 $\boldsymbol{R}_{\Theta,n}^{d}$ 的稀疏性来减少计算量。

旋转位置编码的流程是：对于词序列中的每个词嵌入，首先计算其对应的查询向量和键向量，其次计算每个词位置对应的旋转位置编码，然后两两一组应用旋转变换调整每个词位置的查询向量和键向量的元素，最后通过计算查询向量和键向量的内积来得到自注意力的计算结果。

图 8-5 很直观地展示了旋转位置编码的流程。

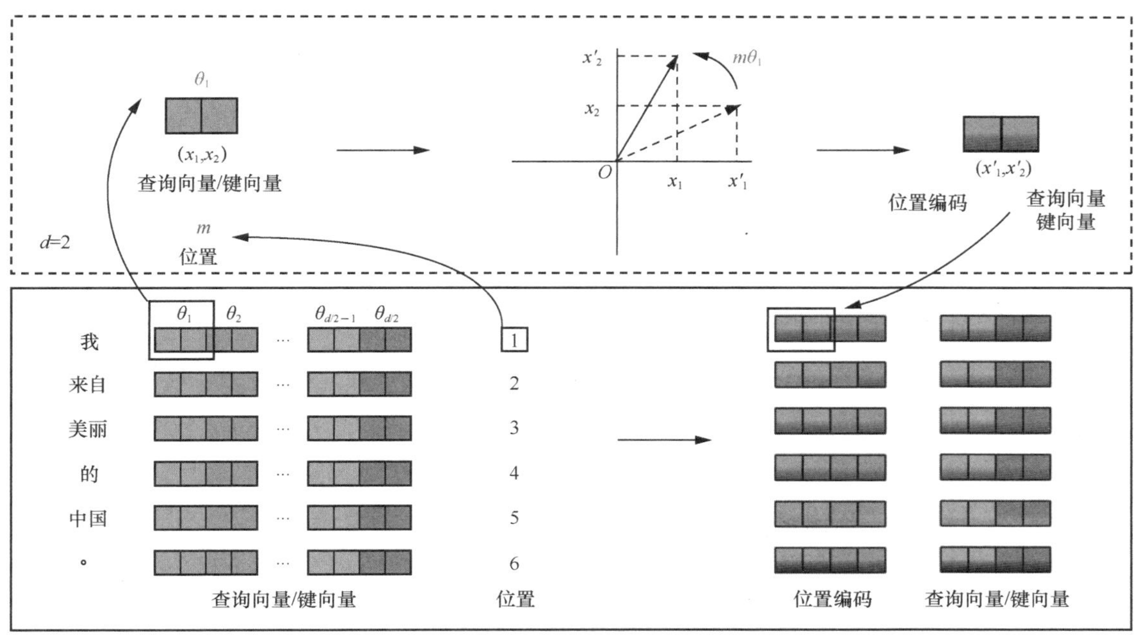

图 8-5 旋转位置编码的流程示意图

8.2.5 旋转位置编码的远程衰减

旋转位置编码在形式上和式（8-18）传统位置编码有点相似，只不过传统位置编码是加性的，而旋转位置编码可以视为乘性的。在 θ_i 的选择上，旋转位置编码同样沿用了传统位置编码的方案，

即 $\theta_i = 10000^{-2i/d}$，它可以带来一定的远程衰减性，这一点可以从以下证明中看出。

将 $\boldsymbol{q}$ 和 $\boldsymbol{k}$ 两两分组后，和旋转位置编码相加后的内积可以用复数乘法表示为如下形式：

$$\left(\boldsymbol{R}_{\Theta,m}^{d}\boldsymbol{W}_{\boldsymbol{q}}\boldsymbol{x}_{m}\right)^{\mathrm{T}}\left(\boldsymbol{R}_{\Theta,n}^{d}\boldsymbol{W}_{\boldsymbol{k}}\boldsymbol{x}_{n}\right)=\mathrm{Re}\left[\sum_{i=0}^{d/2-1}\boldsymbol{q}_{[2i:2i+1]}k_{[2i:2i+1]}^{*}\mathrm{e}^{\mathrm{i}(m-n)\theta_i}\right] \tag{8-28}$$

引入中间变量 h_i 和 S_j，式（8-28）可以表示为

$$\begin{aligned} h_i &= \boldsymbol{q}_{[2i:2i+1]}k_{[2i:2i+1]}^{*} \\ S_j &= \sum_{i=0}^{j-1}\mathrm{e}^{\mathrm{i}(m-n)\theta_i} \\ h_{d/2} &= 0,\ S_0 = 0 \end{aligned} \tag{8-29}$$

将式（8-29）代入式（8-28）中，可以得到如下公式：

$$\begin{aligned} \left|\sum_{i=0}^{d/2-1}\boldsymbol{q}_{[2i:2i+1]}k_{[2i:2i+1]}^{*}\mathrm{e}^{\mathrm{i}(m-n)\theta_i}\right| &= \left|\sum_{i=0}^{d/2-1}S_{i+1}\left(h_{i+1}-h_i\right)\right| \\ &\leqslant \sum_{i=0}^{d/2-1}\left|S_{i+1}\right|\left|h_{i+1}-h_i\right| \\ &\leqslant \left(\max_i\left|h_{i+1}-h_i\right|\right)\sum_{i=0}^{d/2-1}\left|S_{i+1}\right| \end{aligned} \tag{8-30}$$

因此，可以考查内积结果 $\sum_{i=0}^{d/2-1}\left|S_{i+1}\right|$ 随着相对距离的变化情况，体现衰减性，如图 8-6 所示。

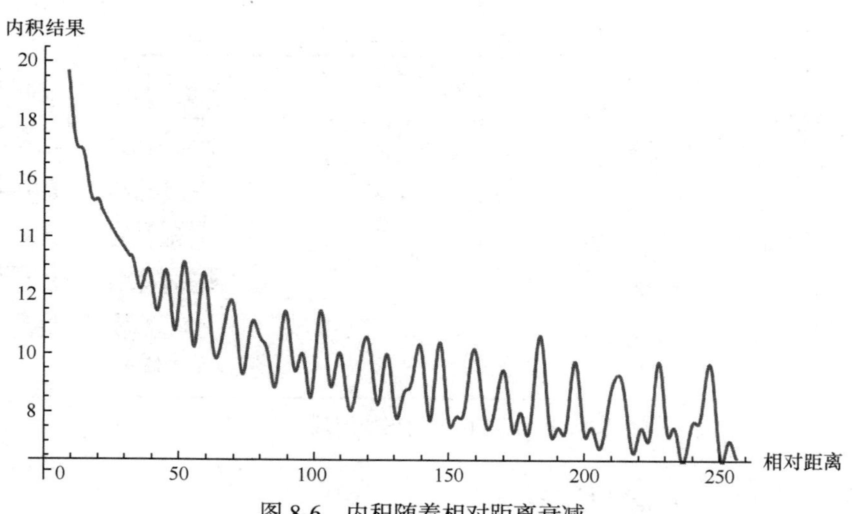

图 8-6　内积随着相对距离衰减

从图 8-6 中观察到：随着相对距离的增大，内积结果呈现衰减趋势。这说明选择式（8-28）中的 θ 能够有效地引入远程衰减性。

表 8-1 展示了旋转位置编码在预训练阶段的效果。

表 8–1 旋转位置编码在预训练阶段的效果

最大序列长度/tokens	批次大小	训练步数/万步	损失值	准确率/%
512	256	20	1.73	65.0
1536	256	1.25	1.61	66.8
256	256	10	1.75	64.6
128	512	8	1.83	63.4
1536	256	1	1.58	67.4
512	512	3	1.66	66.2

从表 8-1 中可以看出：增加序列长度，预训练的准确率反而有所提升。这体现了旋转位置编码良好的外推性。表 8-2 展示了旋转位置编码在下游任务上的效果。

表 8–2 旋转位置编码在下游任务上的效果 %

模型	验证集准确率	测试集准确率
BERT-512	64.1	66.7
WoBERT-512	64.0	68.1
RoFormer-512	64.1	68.3
RoFormer-1024	66.1	69.8

RoFormer-512 是一个使用旋转位置编码代替绝对位置编码的 WoBERT 模型，它在微调时，将最大序列长度截断为 512。从表 8-2 的准确率数据可以看出，旋转位置编码能够有效地处理长文本的语义信息。

8.2.6 Llama 和 ChatGLM 中的旋转位置编码实现

Meta 的 Llama 和清华的 ChatGLM 都使用了旋转位置编码。Llama 中旋转位置编码的实现如代码清单 8-1 所示。

代码清单 8-1 Llama 中旋转位置编码的实现

```
def precompute_freqs_cis(dim: int, seq_len: int, theta: float = 10000.0):
    # 计算词嵌入元素两两分组之后，每组元素对应的旋转角度\theta_i
    freqs = 1.0/(theta ** (torch.arange(0, dim, 2)[: (dim//2)].float()/dim))
    # 生成令牌序列索引t = [0, 1,..., seq_len-1]
    t = torch.arange(seq_len, device=freqs.device)
    # freqs.shape = [seq_len, dim // 2]
    freqs = torch.outer(t, freqs).float()  # 计算m * \theta
    # 计算结果是一个复数向量
    # 假设freqs = [x, y]
    # 则freqs_cis = [cos(x) + sin(x)i, cos(y) + sin(y)i]
    freqs_cis = torch.polar(torch.ones_like(freqs), freqs)
    return freqs_cis
```

```
# 旋转位置编码计算
    def apply_rotary_emb(xq: torch.Tensor, xk: torch.Tensor,
                freqs_cis: torch.Tensor, ) -> Tuple[torch.Tensor, torch.Tensor]:
        # xq.shape = [batch_size, seq_len, dim]
        # xq_.shape = [batch_size, seq_len, dim // 2, 2]
        xq_ = xq.float().reshape(*xq.shape[:-1], -1, 2)
        xk_ = xk.float().reshape(*xk.shape[:-1], -1, 2)

        # 转换为复数域
        xq_ = torch.view_as_complex(xq_)
        xk_ = torch.view_as_complex(xk_)

        # 应用旋转操作，然后将结果转换为实数域
        # xq_out.shape = [batch_size, seq_len, dim]
        xq_out = torch.view_as_real(xq_ * freqs_cis).flatten(2)
        xk_out = torch.view_as_real(xk_ * freqs_cis).flatten(2)
        return xq_out.type_as(xq), xk_out.type_as(xk)

class Attention(nn.Module):
    def __init__(self, args: ModelArgs):
        super().__init__()
        self.wq = Linear(...)
        self.wk = Linear(...)
        self.wv = Linear(...)
        self.freqs_cis = precompute_freqs_cis(dim, max_seq_len * 2)

    def forward(self, x: torch.Tensor):
        bsz, seqlen, _ = x.shape
        xq, xk, xv = self.wq(x), self.wk(x), self.wv(x)
        xq = xq.view(batch_size, seq_len, dim)
        xk = xk.view(batch_size, seq_len, dim)
        xv = xv.view(batch_size, seq_len, dim)
        # 注意力计算之前，应用旋转位置编码
        xq, xk = apply_rotary_emb(xq, xk, freqs_cis=freqs_cis)
        # scores.shape = (bs, seqlen, seqlen)
        scores = torch.matmul(xq, xk.transpose(1, 2)) / math.sqrt(dim)
        scores = F.softmax(scores.float(), dim=-1)
        output = torch.matmul(scores, xv)  # (batch_size, seq_len, dim)
# ......
```

假设 batch_size = 10、seq_len = 3、d = 8，调用函数 precompute_freqs_cis(d, seq_len)后，代码运行结果如下：

```
In [239]: freqs_cis
Out[239]:
tensor([[ 1.0000+0.0000j,  1.0000+0.0000j,  1.0000+0.0000j,  1.0000+0.0000j],
       [ 0.5403+0.8415j,  0.9950+0.0998j,  0.9999+0.0100j,  1.0000+0.0010j],
       [-0.4161+0.9093j,  0.9801+0.1987j,  0.9998+0.0200j,  1.0000+0.0020j]])
```

以输出结果 tensor 中的第 2 行为例（对应的 $m = 1$），计算过程如下：

$$\begin{aligned}
&\cos(1\times\theta_0)=\cos(1)=0.5403 && \sin(1\times\theta_0)=\sin(1)=0.8415\\
&\cos(1\times\theta_1)=\cos(0.1)=0.9950 && \sin(1\times\theta_1)=\sin(0.1)=0.0998\\
&\cos(1\times\theta_2)=\cos(0.01)=0.9999 && \sin(1\times\theta_2)=\sin(0.01)=0.0100\\
&\cos(1\times\theta_3)=\cos(0.001)=1.0000 && \sin(1\times\theta_3)=\sin(0.001)=0.0010
\end{aligned} \tag{8-31}$$

最终按照式（8-24）可以得到编码之后的 $\boldsymbol{q}$ 和 $\boldsymbol{k}$。

注意：代码清单 8-1 直接用 freqs_cis[0]×xq_[0]的结果表示第一个词对应的旋转编码（和式（8-24）的计算方式有所不同）。利用复数的乘法性质，可以将原始的 $\boldsymbol{q}$ 转换为复数形式。复数的乘法性质表示如下：

$$(a+\mathrm{i}b)\cdot(c+\mathrm{i}d)=(ac-bd)+\mathrm{i}(bc+ad) \tag{8-32}$$

其中，a 和 b 分别表示第一个复数的实部和虚部，c 和 d 分别表示第二个复数的实部和虚部，i 表示虚数单位。

将式（8-21）中 $f_{\boldsymbol{q}}(\boldsymbol{x}_m, m)$表示为如下形式：

$$\begin{aligned}
f_q(\boldsymbol{x}_m,m)&=\begin{pmatrix}\cos m\theta & -\sin m\theta\\ \sin m\theta & \cos m\theta\end{pmatrix}\begin{pmatrix}\boldsymbol{q}_m^{(1)}\\ \boldsymbol{q}_m^{(2)}\end{pmatrix}\\
&=\begin{pmatrix}\cos m\theta\times\boldsymbol{q}_m^{(1)}-\sin m\theta\times\boldsymbol{q}_m^{(2)} & \sin m\theta\times\boldsymbol{q}_m^{(1)}-\cos m\theta\times\boldsymbol{q}_m^{(2)}\end{pmatrix}
\end{aligned} \tag{8-33}$$

然后利用式（8-32），将式（8-33）转化为如下形式：

$$f_q(\boldsymbol{x}_m,m)=(\cos m\theta+i\sin m\theta)\cdot\left(\boldsymbol{q}_m^{(1)}+i\boldsymbol{q}_m^{(2)}\right) \tag{8-34}$$

因此，可以将式（8-24）中向量和矩阵的乘法运算转化为两个复数的乘法运算。

ChatGLM 中旋转位置编码的实现如代码清单 8-2 所示，和 Llama 的实现方式相差不大。

代码清单 8-2 ChatGLM 中旋转位置编码的实现

```
class RotaryEmbedding(torch.nn.Module):
    def __init__(self, dim, base=10000, precision=torch.half, learnable=False):
        super().__init__()
         # 计算\theta_i
        inv_freq = 1. / (base ** (torch.arange(0, dim, 2).float() / dim))
        inv_freq = inv_freq.half()
        self.learnable = learnable
        if learnable:
            self.inv_freq = torch.nn.Parameter(inv_freq)
            self.max_seq_len_cached = None
        else:
            self.register_buffer('inv_freq', inv_freq)
            self.max_seq_len_cached = None
            self.cos_cached = None
            self.sin_cached = None
        self.precision = precision
```

```
    def forward(self, x, seq_dim=1, seq_len=None):
        if seq_len is None:
            seq_len = x.shape[seq_dim]
        if self.max_seq_len_cached is None or (seq_len > self.max_seq_len_cached):
            self.max_seq_len_cached = None if self.learnable else seq_len
            # 生成令牌序列索引t = [0, 1,..., seq len-1]
            t = torch.arange(seq_len, device=x.device, dtype=self.inv_freq.dtype)
            # 对应m * \theta
            freqs = torch.einsum('i,j->ij', t, self.inv_freq)
            # 将m * \theta拼接两次，对应复数的实部和虚部
            emb = torch.cat((freqs, freqs), dim=-1).to(x.device)
            if self.precision == torch.bfloat16:
                emb = emb.float()
            # [sx, 1 (b * np), hn]
            cos_cached = emb.cos()[:, None, :]  # 计算得到cos(m*\theta)
            sin_cached = emb.sin()[:, None, :]  # 计算得到cos(m*\theta)
            if self.precision == torch.bfloat16:
                cos_cached = cos_cached.bfloat16()
                sin_cached = sin_cached.bfloat16()
            if self.learnable:
                return cos_cached, sin_cached
            self.cos_cached, self.sin_cached = cos_cached, sin_cached
        return self.cos_cached[:seq_len, ...], self.sin_cached[:seq_len, ...]

    def _apply(self, fn):
        if self.cos_cached is not None:
            self.cos_cached = fn(self.cos_cached)
        if self.sin_cached is not None:
            self.sin_cached = fn(self.sin_cached)
        return super()._apply(fn)

def rotate_half(x):
    x1, x2 = x[..., :x.shape[-1] // 2], x[..., x.shape[-1] // 2:]
    return torch.cat((-x2, x1), dim=x1.ndim - 1)
```

8.2.7 旋转位置编码的外推性

旋转位置编码具有很好的外推性，前面的实验结果也证明了这一点。本节解释一下具体原因。

旋转位置编码可以通过旋转矩阵来实现位置编码的外推，即可以通过旋转矩阵来生成超过预期训练长度的位置编码，这样可以提高模型的泛化能力和鲁棒性。

回顾一下旋转位置编码的工作原理。假设有一个 d 维的绝对位置编码 $\boldsymbol{P}_i$（i 是位置索引），可以将 $\boldsymbol{P}_i$ 看成一个 d 维空间中的一个点。可以定义 d 维空间中的一个旋转矩阵 $\boldsymbol{R}$，它可以将任意一个点沿着某个轴旋转一定的角度。可以用 $\boldsymbol{R}$ 来变换 $\boldsymbol{P}_i$，得到一个新的点 $\boldsymbol{Q}_i = \boldsymbol{R} \times \boldsymbol{P}_i$。可以发现，$\boldsymbol{Q}_i$ 和 $\boldsymbol{P}_i$ 的距离是相等的，即$\|\boldsymbol{Q}_i - \boldsymbol{P}_i\| = 0$，这意味着 $\boldsymbol{Q}_i$ 和 $\boldsymbol{P}_i$ 的相对关系没有改变。但是，$\boldsymbol{Q}_i$ 和 $\boldsymbol{Q}_j$ 的距离可能发生改变，即$\|\boldsymbol{Q}_i - \boldsymbol{Q}_j\| \neq \|\boldsymbol{P}_i - \boldsymbol{P}_j\|$，这意味着 $\boldsymbol{Q}_i$ 和 $\boldsymbol{P}_j$ 的相对关系有所改变。因此，可以用 $\boldsymbol{R}$ 来调整不同点之间的相对关系。

如果想生成超过预训练长度的位置编码，只需要用 $\boldsymbol{R}$ 来重复变换最后一个预训练位置编码 P_n，就可以得到新的位置编码 $\boldsymbol{Q}_{n+1}=\boldsymbol{R}\times\boldsymbol{P}_n$，$\boldsymbol{Q}_{n+2}=\boldsymbol{R}\times\boldsymbol{Q}_{n+1}$，$\boldsymbol{Q}_{n+3}=\boldsymbol{R}\times\boldsymbol{Q}_{n+2}$，以此类推，可以得到任意长度的位置编码序列 $\boldsymbol{Q}_1, \boldsymbol{Q}_2,\dots,\boldsymbol{Q}_m$，其中 m 可以大于 n。由于 $\boldsymbol{R}$ 是一个正交矩阵，因此它保证了 $\boldsymbol{Q}_i$ 和 $\boldsymbol{Q}_j$ 的距离不会无限增大或缩小，而是会在一个有限范围内波动，这样就可以避免出现数值溢出或下溢的问题。同时，$\boldsymbol{R}$ 是一个可逆矩阵，它保证了 $\boldsymbol{Q}_i$ 和 $\boldsymbol{Q}_j$ 的距离可以通过 $\boldsymbol{R}$ 的逆矩阵 $\boldsymbol{R}^{-1}$ 还原到 $\boldsymbol{P}_i$ 和 $\boldsymbol{P}_j$ 的距离，即$\|\boldsymbol{R}^{-1}\times\boldsymbol{Q}_i-\boldsymbol{R}^{-1}\times\boldsymbol{Q}_j\|=\|\boldsymbol{P}_i-\boldsymbol{P}_j\|$。这样就可以保证位置编码的可逆性和可解释性。

总结而言，旋转位置编码可以有效地保持位置信息的相对关系，即相邻位置的编码之间有一定的相似性，而远离位置的编码之间有一定的差异性，这样可以增强模型对位置信息的感知和利用。这一点是其他绝对位置编码方式（如正弦位置编码）所不具备的，因为它们只能表示绝对位置，而不能表示相对位置。

旋转位置编码与线性注意力机制兼容，即不需要额外的计算或参数来实现相对位置编码，这样可以降低模型的时间复杂度和显存消耗。

8.3 大模型混合精度训练

大模型的参数量巨大，训练过程中非常占用显存，计算资源的开销极大。为了减少计算资源的消耗，同时尽量保证训练效果，业界提出了混合精度的训练方法[3]。混合精度训练是指在训练过程中，同时使用单精度（FP32）和半精度（FP16）两种数据类型。

8.3.1 浮点数据类型

在大模型应用中，主要使用两种浮点数：单精度（FP32）和半精度（FP16）。而根据 IEEE 二进制浮点数算术标准（IEEE 754）的定义，不同的浮点数据类型用不同的位数来表示一个浮点数。如图 8-7 所示，FP16 用 2 字节（共 16 位），FP32 用 4 字节（共 32 位）。通常在大模型的训练过程中，默认使用单精度（FP32）浮点数据类型来表示网络模型的权重和其他参数。在介绍混合精度训练之前，首先简单了解一下浮点数据类型的特点。

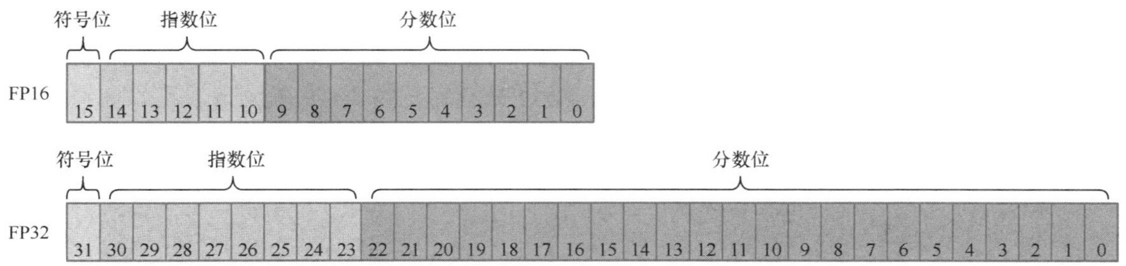

图 8-7 FP16 和 FP32

以 FP16 为例，它由 3 部分组成：第一位是符号位，表示正负号；接下来 5 位是指数位，表示浮点数的幂次；最后 10 位是分数位，表示浮点数的小数部分。一个 FP16 的真值可以表示为

$$x=(-1)^S\times2^{16}\times\left(1+\frac{\text{fraction}}{1024}\right) \tag{8-35}$$

其中，$S\in\{0,\ 1\}$表示是否为符号位，fraction 表示分位数。同理，一个 FP32 的真值可以表示为如下形式：

$$x=(-1)^S\times2^{32}\times(1.M) \tag{8-36}$$

其中，M 是分数的二进制表示。

FP16 可以表示的最大值是 0 11111 1111111111，对应的十进制数值为 65504，即 $(-1)^0\times2^{16}\times(1+1.1111111111)=2^{16}\times2.1111111111\approx65504$。

FP16 可以表示的最小值是 1 111111 1111111111，对应的十进制数值为−65504，即 $(-1)^1\times2^{16}\times(1+1.1111111111)\approx-65504$。

因此，FP16 的取值范围是[−65504, 66504]，精度范围是 2^{-24}。如果一个数超过了这个范围，就会被截断为 0。

8.3.2 使用 FP16 训练神经网络的问题

相比使用 FP32，使用 FP16 训练神经网络有以下优点。

- 显存占用少：由于 FP16 的位数是 FP32 的一半，因此权重等参数占用的显存比 FP32 少一半，这样就可以训练更大的网络模型或者使用更多的数据。
- 通信效率高：对于分布式训练，特别是大模型训练，通信的开销是一个性能瓶颈；由于 FP16 比 FP32 通信的位数少一半，因此通信速度快、等待时间少、数据流通效率高。
- 计算效率高：在一些专门的人工智能加速芯片上，使用 FP16 的计算效率比 FP32 更高。

但是使用 FP16 也会带来一些问题，主要有两个方面：舍入误差和数据溢出。

- 舍入误差：舍入误差指网络模型中有一些很小的反向梯度，在 FP32 中可以正常表示，但是转换到 FP16 后，就会小于当前区间内的最小间隔，导致数据丢失。例如：0.00006666666 在 FP32 中可以正常表示，转换到 FP16 后会变成 0.000067，因为不满足 FP16 最小间隔的数，所以会被强制舍入。
- 数据溢出：数据溢出很容易理解，FP16 能表示的数据范围比 FP32 小很多，FP16 表示正数的有效数据范围是 6.10×10^{-5} ～65504，而 FP32 表示正数的有效数据范围是 1.18×10^{-38}～3.4×10^{38}。如果神经网络的训练过程使用 FP16 替换 FP32，就可能出现超过 FP16 的有效数据范围的数值，导致上溢（overflow）或下溢（underflow）。在深度学习中，我们需要计算网络模型中权重的梯度（一阶导数），梯度往往比权重值更小，容易出现下溢情况。

8.3.3 混合精度训练相关技术

为了利用 FP16 的优势，提高深度学习训练的效率和性能，同时避免精度溢出和舍入误差的影响，可以采用 FP16 和 FP32 的混合精度训练。在混合精度训练过程中，我们可以混合使用权重备份、精度累加和损失缩放 3 种相关的技术来保证训练的稳定性和准确性。

1. 权重备份

权重备份（weight backup）主要用于解决舍入误差问题。其基本思路如图 8-8 所示，使用 FP16 存储神经网络训练过程中产生的梯度、权重等数据，同时复制一份 FP32 的权重参数，用于训练时候的更新。具体的权重更新公式为

$$\text{weight} = \text{weight} + \eta \times \text{gradient} \tag{8-37}$$

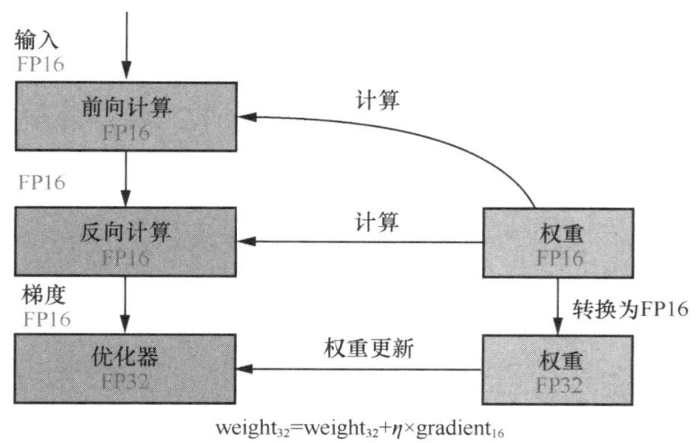

图 8-8 权重备份

由于神经网络中学习率×梯度的参数值可能非常小，如果利用 FP16 来进行相加，很可能会出现舍入误差问题，导致更新无效。因此，应在将权重复制成 FP32 数据类型的同时，确保整个更新过程中权重都是 FP32 数据类型的，表示如下：

$$\text{weight}_{32} = \text{weight}_{32} + \eta \times \text{gradient}_{16} \tag{8-38}$$

读者可能会问：权重用 FP32 数据类型备份一次，那岂不是使得显存占用反而更高了吗？其实不然，具体原因是：在训练过程中，显存分为动态显存和静态显存，其中动态显存是静态显存的 3～4 倍，额外复制一份权重只增加了静态显存的占用；基本上只要动态显存的值都使用 FP16 进行存储，那么和使用 FP32 进行训练相比起来，显存占用能够减半。

2. 精度累加

在混合精度的模型训练过程中，可以使用 FP16 进行矩阵乘法运算，使用 FP32 来进行矩阵乘法中间的累加，然后将 FP32 的值转化为 FP16 的值进行存储，这就是*精度累加*（precision accumulated）。简单来说，就是利用 FP16 提高矩阵相乘的效率，利用 FP32 保证加法计算的精度。精度累加可以有效降低计算过程中的舍入误差，尽量减少精度损失。

例如，在英伟达公司的 Volta 架构中，有一种专门用于混合精度计算的硬件单元——*张量核心*（tensor core）。如图 8-9 所示，张量核心可以利用 FP16 进行矩阵相乘，利用 FP16 或 FP32 进行累加和存储。在累加阶段，使用 FP32 可以大幅降低混合精度训练的精度损失。

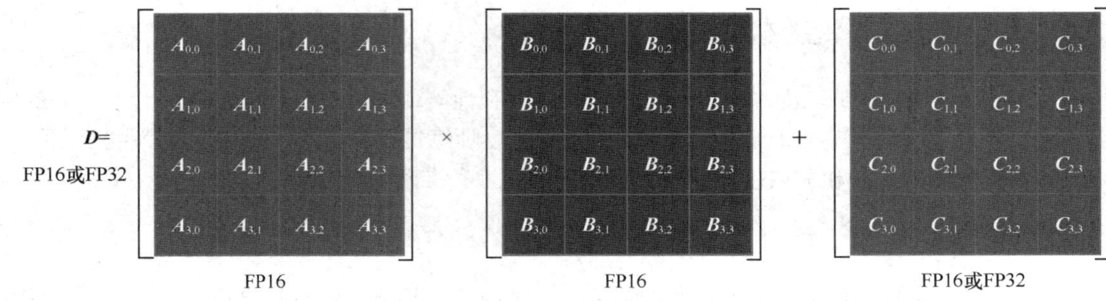

图 8-9　精度累加示意图

3．损失缩放

论文[3]测试了不同精度下模型的困惑度，如图 8-10 所示（见文前彩图）。如果仅仅使用 FP32 进行训练，则模型收敛效果较好；但是如果使用混合精度进行训练，则会出现网络模型无法收敛的情况。这是因为梯度的值太小，如果使用 FP16 表示，则会导致数据下溢，从而影响模型收敛。为了解决这个问题，需要引入损失缩放（loss scaling）技术。

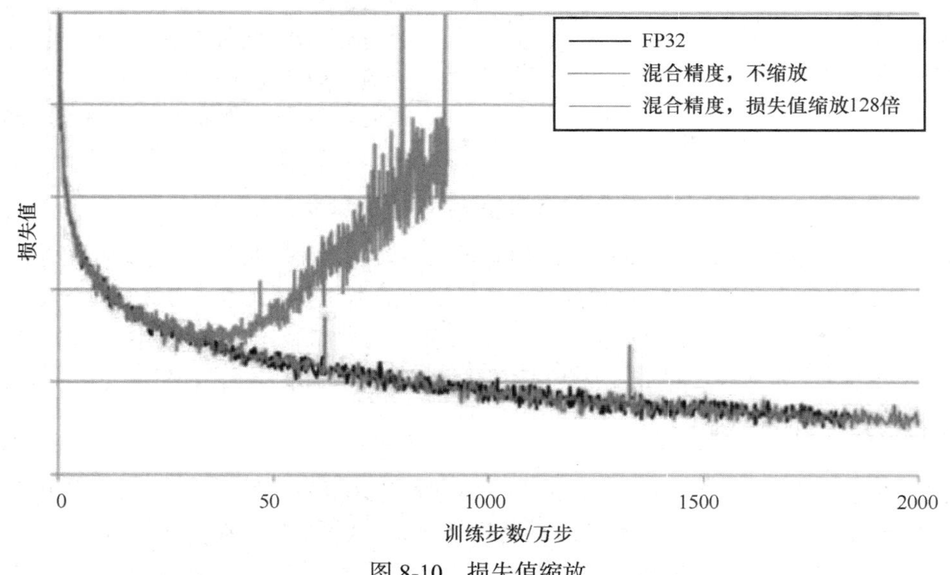

图 8-10　损失值缩放

举一个例子：在网络模型训练过程中，某一层的激活函数梯度分布式中有 68%的网络模型激活参数为 0，另外有 4%的精度在 2^{-32}～2^{-20} 这个范围内，如果直接使用 FP16 对这些数据进行表示，那么就会截断下溢的数据，使得所有的梯度值都变 0。

为了避免因梯度值过小而导致的数据下溢问题，可以对前向计算得到的损失值值进行放大操作，也就是把 FP32 的参数乘以某一个因子系数后，把可能溢出的小数位数据向前移动到 FP16 能表示的数据范围内。根据链式求导法则，放大损失值后会影响反向传播的每一层梯度，这比在每一层梯度上进行放大更加高效。

损失缩放是需要结合混合精度实现的，其主要步骤如下。

- 放大阶段：在网络模型前向计算后、反向传播前，将得到的损失变化值增大 2^K 倍。
- 缩小阶段：在反向传播后，将权重梯度缩小 2^K，恢复 FP32 数据类型进行存储。

前面提到的损失缩放都使用一个固定值对损失值进行缩放，为了充分利用 FP16 的动态范围，以减少舍入误差的影响，我们应该尽量使用较大的放大倍数，这时可以使用动态损失缩放（dynamic loss scaling）。动态损失缩放算法的基本思想是：每当梯度溢出时候减小损失缩放因子，并且定期尝试增加损失缩放因子，从而在不引起溢出的情况下使用最优损失缩放因子，提高训练精度。

动态损失缩放的算法流程可以总结为以下 3 个步骤。

（1）从较高的缩放因子开始（如 2^{24}）训练，然后在每次训练迭代时检查梯度是否溢出。

（2）如果梯度没有溢出，则保持缩放因子不变，继续进行训练迭代；如果检测到梯度溢出，则缩放因子减半，重新计算梯度，直到没有梯度溢出。

（3）在训练的后期，由于损失值已经趋于收敛稳定，梯度更新的幅度往往较小，因此这个时候可以允许使用更大的损失缩放因子来防止数据下溢。因此，动态损失缩放算法会尝试在每 N（如 $N=2000$）次训练迭代后，将损失缩放增加 F 倍（如 $F=2$），然后执行步骤（2）检查是否溢出。

4．混合精度训练策略

在深度学习、高性能计算的迭代计算等场景下，根据迭代的开始、中期和后期，可以采样不同的混合精度训练策略来提升训练性能，同时保证计算的精度。动态地选择最适合的混合精度比例，以达到计算资源和显存的最高利用效率，也是一个比较前沿的研究方向。

以英伟达公司的 Apex 混合精度库为例，它提供了 O0 策略、O1 策略、O2 策略和 O3 策略，如图 8-11 所示。

O0 策略是默认使用 FP32 进行训练的，O3 策略是使用 FP16 进行训练的。O1 策略和 O2 策略是两种比较有意思的混合精度训练策略。

- O1 策略：O1 策略会根据张量和操作之间的关系，通过建立黑名单、白名单来使用 FP16。例如：由于使用 F16 进行卷积操作非常方便，因此 O1 策略在进行卷积操作时，会把输入的数据和权重转换成 FP16 进行运算；又由于使用 FP32 进行 Softmax、批量归一化等标量和向量操作更加方便，因此 O1 策略在进行这些操作时，则会继续使用 FP32 进行运算。另外，O1 策略还支持动态损失缩放。
- O2 策略：O2 策略会把模型权重参数转化为 FP16，把输入的网络模型参数也转换为 FP16，而使用 F32 进行批量归一化操作。O2 策略还会复制一份 FP32 的模型权重文件，优化器更新梯度也使用 FP32。O2 策略使用权重备份来减少舍入误差，并使用动态损失缩放来避免数据溢出。

注意，以上策略还跟硬件有关系，并不适用于所有的人工智能加速芯片。针对自研的人工智能芯片，我们需要找到适合自己的混合精度训练策略。

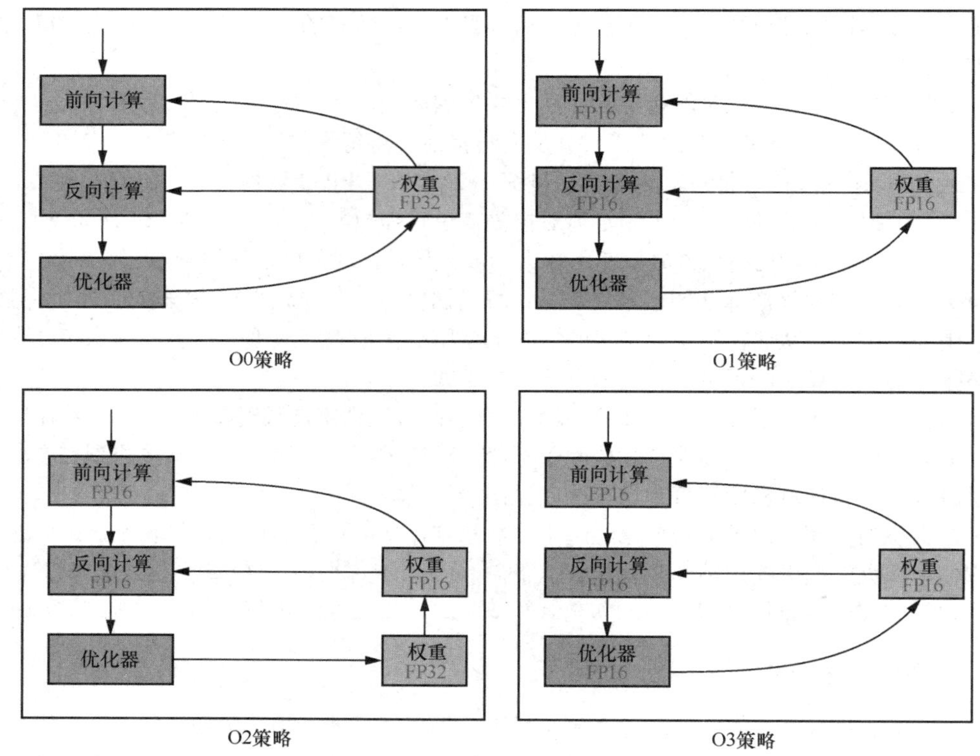

图 8-11　英伟达的混合精度训练策略

8.4 样本拼接

为了在大模型微调阶段同时训练多个不同任务（如翻译、摘要生成、文本生成、数学推理等）的数据，笔者采用了一种样本拼接方法。样本拼接方法可以有效地利用最大输入/输出长度，减少填充（padding）的浪费，加快训练的速度，具体做法是将两个或多个不同任务的样本拼接在一起作为一个样本输入模型，中间用特殊标记分隔，如图 8-12 所示。拼接后的样本的长度应该小于或等于最大输入/输出长度。图 8-13 反映了每个任务的平均输入/输出长度。

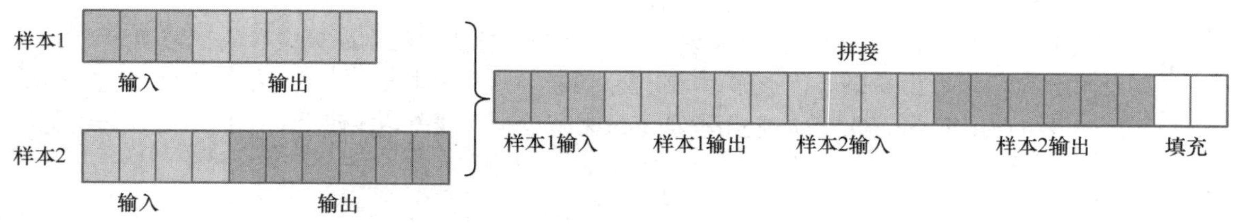

图 8-12　样本拼接

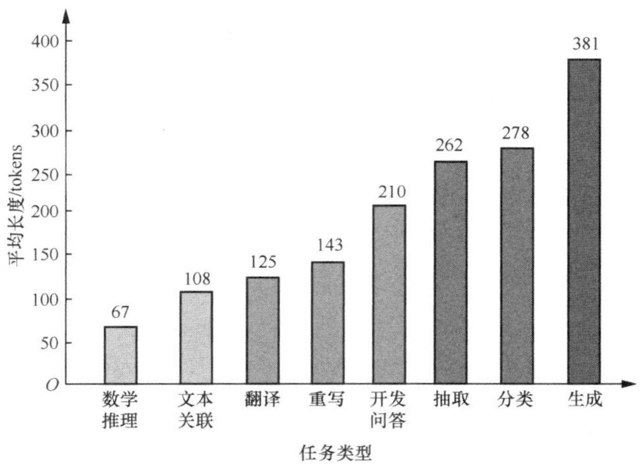

图 8-13 不同任务的平均输入/输出长度

这种方法也会带来一些问题，主要是：在计算损失值和注意力掩码时，如何区分不同任务的样本。对于损失值，只需要用掩码将不属于当前任务的部分屏蔽掉。对于注意力掩码，则需要重新构建一个掩码矩阵，使得每个任务的样本只能与自己的输入/输出进行注意力计算，而不能与其他任务的样本进行注意力计算。假设有两个分别属于翻译和文本生成任务的样本，样本 1 的输入、输出长度分别是 3 和 5，样本 2 的输入、输出长度分别是 4 和 6，最大输入长度和输出长度都是 20。可以按照图 8-14 所示的方式来计算注意力掩码矩阵（见文前彩图）。

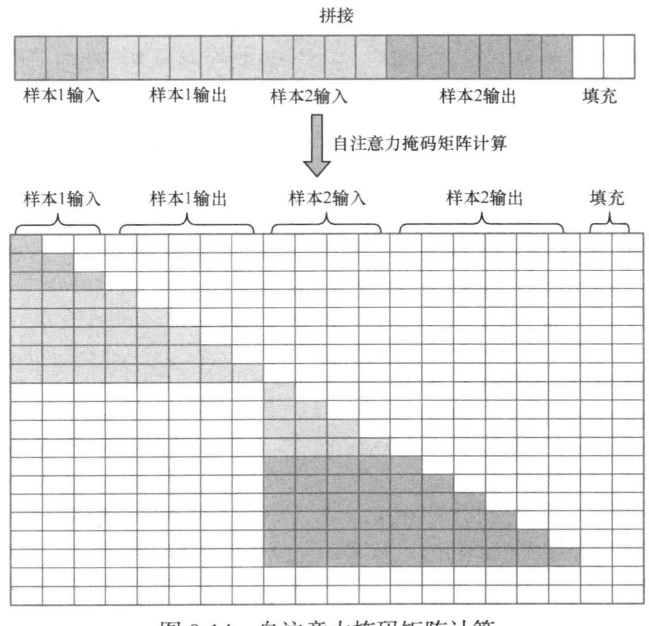

图 8-14 自注意力掩码矩阵计算

样本拼接方法可以显著地加快训练速度。假设平均输入/输出长度是 200，最大输入/输出长度是 2,048，那么理论上可以将训练速度加快 10 倍。这是一个非常有用的训练技巧。

8.5 大模型并行训练

因为大模型的参数量巨大，训练难度非常大，所以业界一般都会选择各种并行训练的方式，因此产生了很多大模型并行训练算法。大模型并行训练是指在多个设备上同时训练一个大型的深度学习模型，以提高训练速度和模型性能。常见的大模型并行训练算法有如下 3 种。

- *数据并行*（data parallelism）。数据并行是指将同一个模型的权重复制到多个设备上，然后将数据集切分成若干份，每个设备负责处理一份数据，并计算梯度。在每次训练迭代结束后，所有设备的梯度会通过通信进行聚合，更新模型权重。数据并行的优点是实现简单，可以利用大量的数据进行训练；缺点是当模型很大时，每个设备需要占用较多的显存，通信开销也会增加。数据并行适用于模型较小而数据量较大的情况。
- *张量并行*（tensor parallelism）。张量并行是指将模型中的某些张量（如权重矩阵或激活值向量）沿着特定的维度切分成若干部分，分配到不同的设备上进行计算。张量并行可以减少每个设备需要存储和计算的张量大小，从而降低显存占用和计算时间。张量并行的优点是可以训练超大规模的模型，而不受单个设备的显存限制；缺点是需要对模型结构进行修改，以适应张量切分的方式，而且需要进行额外的通信来同步张量。
- *流水线并行*（pipeline parallelism）。流水线并行是指将模型按照层级或阶段划分成若干段，分配到不同的设备上按顺序运行模型。每个设备只负责一段模型的计算，并将结果传递给下一个设备，形成一个流水线。流水线并行的优点是可以充分利用每个设备的计算能力，减少空闲时间，而且可以处理较长的序列输入；缺点是需要对模型进行切分，以保证各段之间的计算负载均衡，而且需要进行额外的通信来传输中间结果。

以上 3 种大模型并行训练算法可以根据不同的场景和需求组合使用，形成*混合并行*（hybrid parallelism）。混合并行可以在显存开销和计算效率之间进行权衡，实现更高效和更灵活的大模型训练。

8.6 小结

本章系统地介绍了大模型训练优化的相关技术。稀疏 Transformer 可以在保持性能的同时，减少模型计算的时间复杂度。旋转位置编码可以让模型处理更长的序列输入。使用大模型混合精度训练通过权重备份、精度累加、损失缩放等技术，可以显著提升模型的训练速度和性能。样本拼接通过将不同任务的样本拼接在一起，可以有效地利用最大输入/输出长度，减少填充的浪费，提高训练速度。大模型并行训练使用数据并行、张量并行、流水线并行等方法，可以在多个设备上同时训练一个大型的深度学习模型，以加快训练速度，提升模型性能。

通过学习本章内容，读者可以详细了解大模型的训练优化方法，加深对大模型应用的理解。第 9 章将介绍大模型推理优化的相关技术，通过推理优化，大模型可以生成更多样、更具有创意的内容。

8.7 参考文献

[1] CHILD R, GRAY S, RADFORD A, et al. Generating long sequences with sparse transformers[J]. arXiv Preprint arXiv: 1904.10509, 2019.

[2] SU J L, LU Y, PAN S F, et al. RoFormer: Enhanced transformer with rotary position embedding[J]. arXiv Preprint arXiv:2104.09864, 2021.

[3] MICIKEVICIUS P, NARANG S, ALBEN J, et al. Mixed precision training[J]. arXiv Preprint arXiv:1710.03740, 2017.

第 9 章 大模型推理优化

随着大模型的不断发展，如何提高它们的推理效率和生成质量就成了一个亟待解决的问题。本章将重点介绍两个方面的内容：大模型量化和大模型文本生成的解码策略。

大模型量化是一种将大模型的参数和激活函数从高精度（如 32 位浮点数）转换为低精度（如 8 位整数）的技术，它可以显著减少大模型占用的存储空间和计算资源，从而提升大模型的推理速度。本章将详细介绍大模型量化的基本原理、常用方法和实际应用。例如，使用 FP16 精度加载 ChatGLM-6B，大概需要 13GB 显存；但是使用 8 位量化技术，只需要占用 10GB 显存；使用 4 位量化技术，显存占用更是可降低到 6GB。虽然模型量化会带来一定的性能损失，但是经过测试，ChatGLM-6B 在 4 位量化下仍然能够进行自然、流畅的文本生成。

大模型文本生成的解码策略是指在大模型文本生成中，从大模型的输出概率分布中选择最佳的文本序列的方法。本章将介绍几种常用的解码策略，包括束搜索、Top-k 采样、Top-p 采样、温度采样和联合采样，以及它们各自的优缺点。

9.1 大模型量化

在大模型训练和推理的过程中，最常用的精度是 FP32，也就是单精度浮点型，它用 8 位表示指数位，用 23 位表示分数位。当然，也有其他的精度，如 FP64、FP16、BF16、TF32 等。训练好的模型的权重一般都是 FP32 类型的，但是在大模型的推理过程中，可以将 FP32 类型的权重转换为其他精度，以提高推理效率和节省资源。这个过程就叫作“量化”。

一种简单的量化方式是从 FP32 转换为 FP16，也就是半精度浮点型，它用 5 位表示指数位，用 10 位表示分数位。这样做几乎是无损的（CUDA 中使用__float2half 直接进行转换），不需要校准或重新训练。而且从 FP32 转换为 FP16 的精度下降对于大部分任务的影响不大，甚至有些任务的精度还会提升。

另一种常见的量化方式是从 FP32 转换为 INT8，也就是整型，它用 8 位表示一个整数。虽然这样做可以大大减少模型的参数量和计算量，但是会带来较大的精度损失。因此，需要进行校准和重新训练来修正量化误差。INT8 量化有很多方法和技巧，本节将详细介绍。

除了 FP16 和 INT8，还有一些其他的量化方式，如 BF16、TF32 等。BF16 是对 FP32 单精度浮点数截断数据，即用 8 位表示指数位，用 7 位表示分数位。TF32 是一种截断的 Float32 数据格式，将 FP32 中 23 个分数位截断为 10 位，而指数位仍为 8 位，总长度为 19 位。这些量化方式都有各自的优势和适用场景。

总之，量化将大模型的权重等参数转换为低精度数据来进行计算。虽然量化可以提高推理效率和节省资源，但也会带来一定的精度损失。因此需要根据不同的任务需求和硬件条件选择合适的量化方式，并进行相应的优化。

9.1.1 量化的优势

量化后的模型有如下优势。

- 模型显存占用变小。这很容易理解，如 FP32 的权重变成 INT8 后，显存占用减少了 75%。
- 模型推理速度提升。因为卷积计算的操作是 INT8 类型的，在特定硬件下可以利用 INT8 的指令集实现高吞吐。
- 模型耗电量更少。这对嵌入式侧端设备的性能提升是非常重要的。

随着模型越来越大，需求越来越高，量化已成为必不可少的一项技术，被广泛应用于实际生产环境中，也有很多大厂开源了其量化方法。虽然目前这些量化方法比较琐碎，没有一套比较成熟且完善的量化方案，使用起来稍微有点难度，但是仍可以从这些方法中学习到很多。

- 谷歌是比较早进行量化尝试的大厂之一，TensorFlow 很早就支持了量化训练，而 TFLite 也很早就支持了训练后量化（Post-Training Quantization，PTQ），感兴趣的读者可以阅读 TFLite 的量化规范，目前 TensorRT 也支持 TensorFlow 训练后量化。
- TensorRT 在 2017 年公布了自己的训练后量化，不过没有开源，NCNN 框架按照这个思想实现了一个训练后量化，也特别好用。
- 英伟达也推出了针对 PyTorch 的量化工具（TensorFlow 已经有比较好用的官方工具，因此英伟达并没有针对 TensorFlow 开发量化工具），该工具支持训练后量化以及量化感知训练（Quantization-Aware Training，QAT），称为 PyTorch 量化，之后也会提到。
- TVM 有自己的 INT8 量化操作，也允许用户添加自己的算子。TVM 目前只支持训练后量化，可以通过交叉熵的方式进行校准。

9.1.2 对称量化和非对称量化

在介绍量化的技术细节之前，需要先了解两个概念——量化和反量化，它们是量化的两个重要过程。

- 量化是将高精度的浮点数转换为低精度的过程（如 FP32 转换为 INT8），它可以提高模型的推理效率并节省资源。
- 反量化是将低精度转换为浮点数的过程（如 INT8 转换为 FP32），它可以还原模型的计算精度和输出结果。

图 9-1 展示了量化和反量化的例子。在模型推理中，进行量化和反量化操作，以实现高效和准确的模型运行。图 9-1 中最上面和最下面的矩阵都是 FP32 类型，但是数值不一样，这是因为量化过程会损失精度，所以反量化后的结果会和原始矩阵有所差异。

量化的一个关键问题是如何将浮点数的范围映射到整数的范围，这涉及两种常见的技术：对称量化和非对称量化。

举个例子：假设有一个 FP32 浮点数 $x = 5.234$，当我们想将它量化为 INT8 类型时，可以先将 x 乘上一个缩放因子 s（如 $s = 100$），并对结果进行四舍五入，得到量化后的值 $x_q = \text{round}(x \cdot s) = \text{round}(523.4) = 523$；但是这个值太大了，超出了 INT8 的范围[−128, 127]，因此还需要对它进行截断，并使它落在 INT8 的范围内，得到 $x_q = \text{clip}(\text{round}(x \cdot s), -128, 127) = 127$。

这样就完成量化了吗？还没有，因为尚未考虑零点（zero point）的问题。零点是指浮点数 0 在整数范围中对应的值。如果采用对称量化，那么零点就是 0，也就是说浮点数 0 对应整数 0。如果采用非对称量化，那么零点就不一定是 0，而是一个额外的参数 z。这样，量化的公式就变成了 $f(x) = x \cdot s + z$。图 9-2 所示为对称量化和非对称量化的区别。

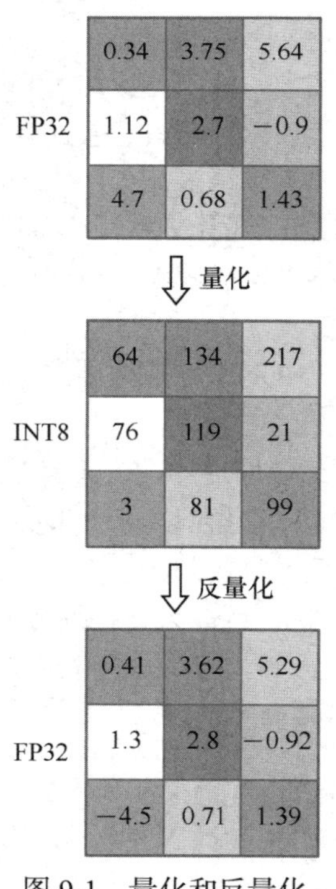

图 9-1　量化和反量化

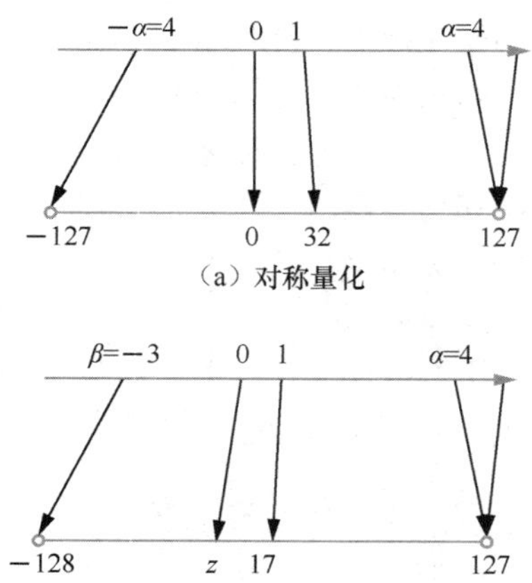

图 9-2　对称量化和非对称量化

从图 9-2 中可以得出如下 3 个结论。

- 对称量化零点 0 也对应着整数 0，而非对称量化的零点 0 不一定对应着整数 0，而是 z。

- 对称量化实数的范围是对称的（$[-\alpha, \alpha]$），而非对称量化的实数的范围则不对称($[-\beta, \alpha]$)。
- 对称量化整数的范围是对称的（[−127, 127]），而非对称量化的整数的范围则不对称（[−128, 127]）。虽然对称量化的范围比非对称量化的范围少了一个数，但是在实际量化中并没有太大的影响。

因此，如果采用对称量化，可以直接代入公式 $f(x) = s \cdot x$。如果采用非对称量化，则代入公式 $f(x) = s \cdot x + z$。

需要说明一点，对称量化和非对称量化都是“线性量化”（也称作“均匀量化”）的一种。线性量化将 FP32 映射到 INT8 数据类型时的每个间隔是相等的，而非线性量化的每个间隔是不相等的，虽然非线性量化可以更好地捕捉到权重分布的密集点，但是也会增加部署的时间复杂度。非线性量化用得并不多，本书不再介绍。

上文的量化操作随意选择了 $s = 100$ 作为缩放因子，这显然是不合理的，因为这个 s 需要根据实际数据分布来计算。对称量化的公式：

$$
\begin{aligned}
& s = \frac{2^{b-1}-1}{\alpha} \\
& x_q = \text{quantize}(x,b,s) = \text{clip}\left(\text{round}(s \cdot x), -2^{b-1}+1, 2^{b-1}-1\right)
\end{aligned}
\tag{9-1}
$$

其中，α 代表当前输入数据分布中实数的最大值。由于输入数据的分布函数是对称函数，因此输入数据的实际范围是$[-\alpha, \alpha]$。非对称量化的公式如式（9-2）所示，对比非对称量化和对称量化的公式，对称量化因为 $z = 0$，所以公式简化了很多。

$$
\begin{aligned}
& s = \frac{2^{b-1}-1}{\alpha-\beta} \\
& z = -\text{round}(\beta \cdot s) \\
& x_q = \text{quantize}(x,b,s,z) = \text{clip}\left(\text{round}(s \cdot x + z), -2^{b-1}, 2^{b-1}-1\right) \\
& \text{clip}(x,l,u) = \begin{cases} l, & x < l \\ x, & l \leqslant x \leqslant u \\ u, & x > u \end{cases}
\end{aligned}
\tag{9-2}
$$

其中，α、β 是超参数，x_q 的下标 q 是 quantize 的简写。

假设当前根据权重分布，选取的 α 为 4、β 为 0，则 $s = 127/\alpha = 127/4 = 31.75$。而在反量化的时候，则需要反向操作一番，将量化后的结果乘以 $1/s$，重新变为浮点型。

9.2 大模型文本生成的解码策略

在大模型训练好之后，如何对训练好的模型进行解码，是一个火热的研究话题。图 9-3 所示为 ChatGLM2-6B 的对话界面，左侧的参数 top_p 和 temperature 分别表示不同的解码策略。

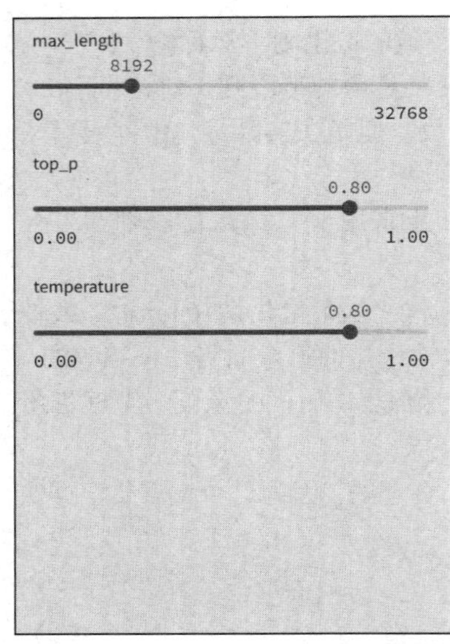

图 9-3　ChatGLM2-6B 不同的解码策略

在自然语言任务中，通常使用一个预训练的大模型（如 GPT）来生成输出文本，这些输出文本是根据给定的输入文本（比如一个开头或一个问题）生成的。为了生成输出文本，需要让模型逐个预测每个词，直到遇到一个终止条件（如一个标点符号或达到最大长度）。在每一步，模型都会输出一个概率分布，表示它对下一个单词的预测。例如，如果输入的文本是“我最喜欢的”，那么模型可能会输出图 9-4 所示的概率分布。

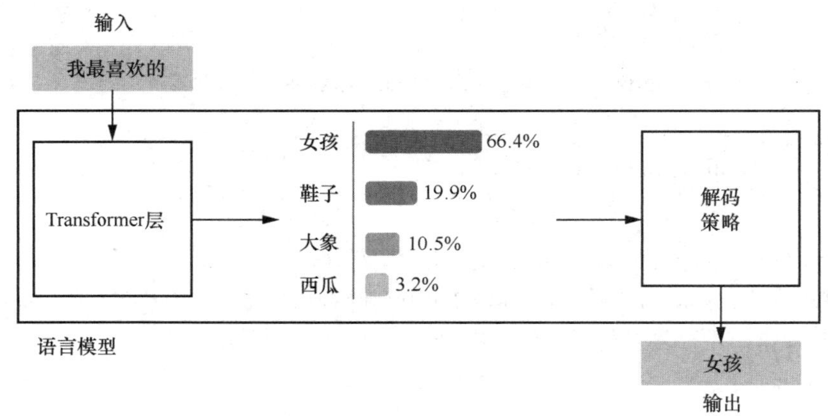

图 9-4　大模型贪心解码策略

如何从概率分布中选出下一个单词呢？常见的方法有以下几种。

- 贪心解码（greedy decoding）：直接选择概率最高的单词。虽然这种方法简单高效，但可能导致生成的文本单调或重复。

- 随机采样（random sampling）：按照概率分布随机选择一个单词。虽然这种方法可以增加生成的多样性，但可能导致生成的文本不连贯或无意义。
- 束搜索（beam search）：维护一个大小为 k 的候选序列集合，每一步都从每个候选序列的概率分布中选择概率最高的 k 个单词，然后保留总概率最高的 k 个候选序列。虽然这种方法可以平衡生成文本的质量和多样性，但是可能导致生成的文本过于保守或不自然。

9.2.1 束搜索

束搜索（beam search）是一种在文本生成任务中常用的解码策略，它的目的是从模型给出的概率分布中选择一个最优的输出序列。束搜索有一个超参数，叫作束宽（beam size），它表示每个时间步保留的候选序列的个数。例如：如果束宽为 2，那么每个时间步都会选择概率最高的两个词作为候选序列的延伸，然后从所有可能的组合中再选择概率最高的两个序列作为下一个时间步的输入，直到遇到终止条件（如一个标点符号或一个最大长度）。相对于贪心解码，虽然束搜索扩大了搜索空间，可以提高生成结果的质量和多样性，但是也会消耗过多的计算资源，这是一种折中的方案。

图 9-5 展示了束搜索的原理：每个时间步的输出有 A、B、C、D、E 共 5 种可能，即字典大小为 5，图中的束宽为 2，也就是说每个时间步都会保留到当前步为止，条件概率最大的两个序列。在第一个时间步，A 和 C 是最优的两个序列，因此得到了两个结果[A]和[C]，其他 3 个序列就被抛弃了。在第二个时间步，会基于这两个结果继续进行生成，在 A 这个分支可以得到[AA]、[AB]、[AC]、[AD]、[AE]5 个候选序列。C 这个分支也可以得到 5 个候选序列，此时对这 10 个序列进行统一排名，再保留最优的两个序列，即图 9-5 所示的[AB]和[CE]。在第三个时间步，同理也会从新的 10 个候选人里再保留最好的两个序列，最后得到[ABD]和[CED]两个结果。

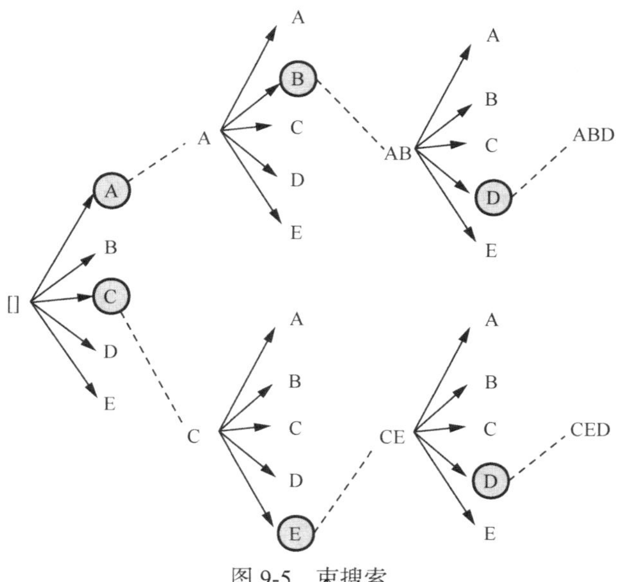

图 9-5　束搜索

束搜索虽然可以平衡生成文本的质量和多样性，但是它生成的结果可能过于保守和不自然，这是因为束搜索只保留了概率最高的一些候选序列，而忽略了其他可能的选择。top-k 采样和 top-p 采样是介于贪心解码和随机采样之间的方法，可以增加生成文本的多样性和自然度，在实际应用中更受欢迎。

9.2.2 top-k 采样

9.2.1 节介绍了束搜索，虽然它是一种常用的解码策略，但是它也有一些缺点，比如可能会产生重复的输出。读者可以想象一下智能手机的自动建议功能，如果你总是选择最高概率的单词，可能会得到一个重复的句子。为了解决这个问题，可以使用一种叫作“top-k 采样”的方法，它可以从概率最高的 k 个单词中随机选择一个，而不总是选择最高概率的单词。这样做可以增加一些随机性和多样性，提高生成文本的质量。

top-k 采样的原理很简单：在每一步，只考虑概率最高的 k 个单词，而忽略其他低概率的单词。例如：如果束宽 $k=2$，那么只会从女孩、鞋子这两个单词中选择一个，而不会考虑大象、西瓜等其他不相关的单词。这样可以避免生成一些不合理或不适合的单词，同时也可以保留一些有趣或有创意的单词。图 9-6 展示了一个 top-k 采样的例子。通过调整 k 的值，可以控制采样的范围。

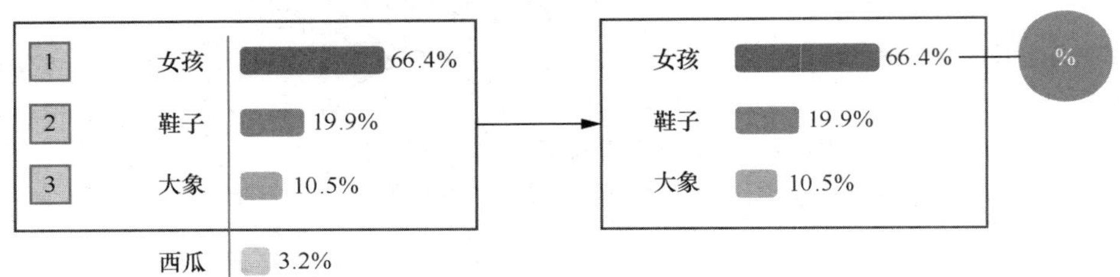

图 9-6　top-k 采样

“贪心解码”其实就相当于 $k=1$ 的 top-k 采样，图 9-7 展示了不同 k 值对采样结果的影响。

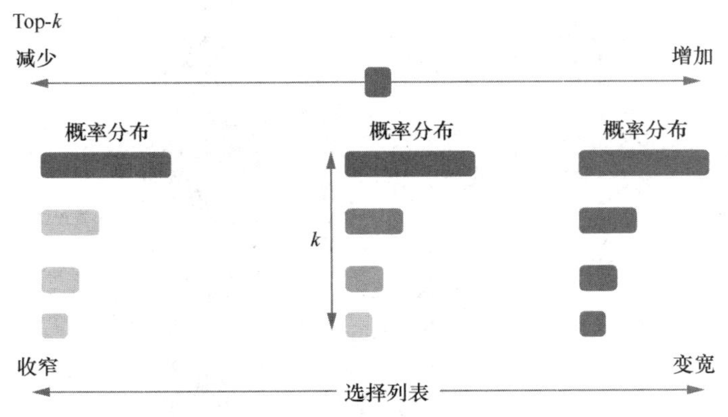

图 9-7　不同 k 值对采样结果的影响

top-*k* 采样的实现如代码清单 9-1 所示。

代码清单 9-1 top-*k* 采样

```
import torch
from labml_nn.sampling import Sampler
# Top-k采样
class TopKSampler(Sampler):
   def __init__(self, k: int, sampler: Sampler):
      self.k = k
      self.sampler = sampler
   def __call__(self, logits: torch.Tensor):
      zeros = logits.new_ones(logits.shape) * float('-inf')
      values, indices = torch.topk(logits, self.k, dim=-1)
      zeros.scatter_(-1, indices, values)
      return self.sampler(zeros)
```

top-*k* 采样有以下 3 个优点。

- top-*k* 采样可以根据输入文本的概率分布，动态调整候选单词的个数。不同的输入文本可能有形态各异的概率分布：如果分布较为平坦，那么前 *k* 个单词的概率差不多，此时可以从中随机选择一个；如果分布较为尖锐，那么前 *k* 个单词的概率占绝大多数，此时 top-*k* 采样近似于贪心解码。
- top-*k* 采样可以通过调整 *k* 的大小来控制生成的多样性和质量。一般来说，*k* 越大，生成的文本越多样化，但质量越低；*k* 越小，生成的文本质量越高，但多样性越差。因此，可以根据不同的任务和场景来选择适合的 *k* 值。
- top-*k* 采样可以和其他解码策略（如温度调节、重复惩罚、长度惩罚等）结合使用，进一步优化生成文本的效果。

top-*k* 采样也有以下几个缺点。

- top-*k* 采样可能会生成一些不符合常识或逻辑的文本，这是因为 top-*k* 采样只关注单词的生成概率，而没有考虑单词之间的语义和语法关系。例如，如果输入文本是“我喜欢吃”，那么即使“鞋子”的生成概率最高，也不一定是最合适的选择，因为用户喜欢吃的应该是食物。
- top-*k* 采样可能会生成一些过于简单或无聊的文本。这是因为 top-*k* 采样只关注概率最高的 *k* 个单词，而没有考虑其他低概率但有意义或有创意的单词。例如，如果输入文本是“我喜欢吃”，那么即使苹果、饺子和火锅都是合理的选择，也不一定是最有趣或最惊喜的选择，因为用户可能更喜欢吃一些新奇的食物。

9.2.3 top-*p* 采样

top-*k* 采样有一个问题，就是如何确定最优的 *k* 值。这个问题很难有一个确定的答案，因为不同的 *k* 值可能会产生不同的生成效果。

为了解决这个问题，可以使用一种动态调整候选单词集合大小的方法，叫作“top-*p* 采样”。top-*p* 采样的原理是：在每一步，只从累计概率超过某个阈值 *p* 的最小单词集合中随机选择一个单词，而

不是从固定的 k 个单词中选择。这种方法也被称为“核采样”，因为它只关注概率分布的核心部分，而忽略了尾部部分。例如，如果 $p = 80\%$，那么只从累计概率超过 80%的最小单词集合中选择一个，而不再考虑其他单词。图 9-8 所示为一个 p 值为 80%的 top-p 采样的例子。

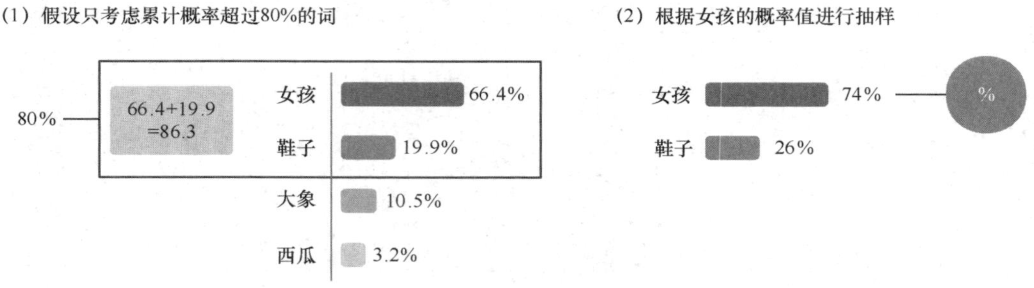

图 9-8　top-p 采样

top-p 采样通常会设置一个较高的 p 值，目的是剔除概率分布的尾部部分，避免生成一些低概率的单词。代码清单 9-2 展示了一个 top-p 采样的 Python 实现。

代码清单 9-2　top-*p* 采样

```
from labml_nn.sampling import Sampler
import torch
from torch import nn
# top-p采样
class NucleusSampler(Sampler):
   def __init__(self, p: float, sampler: Sampler):
      self.p = p
      self.sampler = sampler
      self.softmax = nn.Softmax(dim=-1)

   def __call__(self, logits: torch.Tensor):
      probs = self.softmax(logits)
      # 按词的概率从大到小排序
      sorted_probs, indices = torch.sort(probs, dim=-1, descending=True)

      # 计算累计概率
      cum_sum_probs = torch.cumsum(sorted_probs, dim=-1)

      nucleus = cum_sum_probs < self.p
      nucleus = torch.cat([nucleus.new_ones(nucleus.shape[:-1] + (1,)),
                     nucleus[..., :-1]], dim=-1)

      # 过滤掉概率小的词
      sorted_log_probs = torch.log(sorted_probs)
      sorted_log_probs[~nucleus] = float('-inf')

      # 从满足top-p的词中采样
      sampled_sorted_indexes = self.sampler(sorted_log_probs)
```

```
    # 获取词的下标
    res = indices.gather(-1, sampled_sorted_indexes.unsqueeze(-1))
    return res.squeeze(-1)
```

我们可以同时使用 top-k 和 top-p 采样，这样可以进一步缩小候选单词的范围。如果同时使用 top-k 和 top-p 采样，那么先根据 k 筛选出前 k 个单词，再根据 p 筛选出累计概率超过 p 的最小单词集合。

9.2.4 温度采样

温度采样是一种受统计热力学启发的方法，它可以通过调节温度参数来影响概率分布。在大模型中，假设第 i 个词的输出为 P_i，那么 P_i 可以用以下公式表示：

$$P_i = \text{softmax}(z_i) = \frac{e^{-z_i}}{\sum_{j=1}^{M} e^{-z_j}} \tag{9-3}$$

其中，z_i 是未经过 softmax()函数的模型输出，又被称为 logits。logits 相当于能量，首先可以通过将 logits 除以温度 T 来实现温度采样，然后将其输入 softmax()函数并得到新的概率分布。温度越高，表示系统越混乱，更容易出现低能量的状态。温度越低，表示系统越有序，更倾向于高能量的状态。温度为 0 相当于选择最高概率的单词，而温度为无穷大，则相当于均匀选择任意单词。经过温度采样后，第 i 个词的输出概率可以表示为

$$P_i = \text{softmax}(z_i / T) = \frac{e^{-z_i/T}}{\sum_{j=1}^{M} e^{-z_j/T}} \tag{9-4}$$

我们首先可以通过调节温度参数来缩放 logits，然后把 logits 传递到 softmax()函数来计算新的概率分布。例如，“我喜欢漂亮的___”这个例子中，初始温度 $T=1$，可以看一下 T 取不同值时，概率会发生什么变化。图 9-9 展示了这个过程。

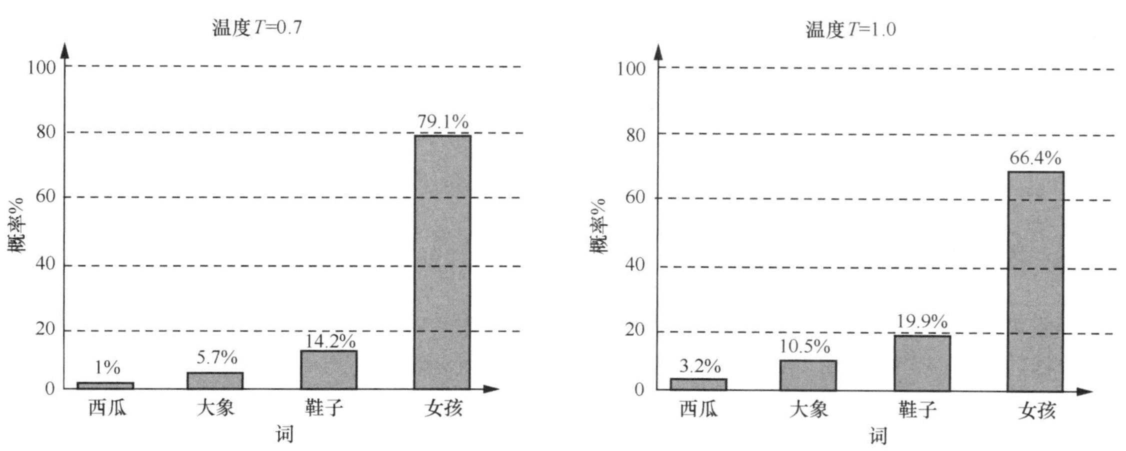

图 9-9 温度参数采样

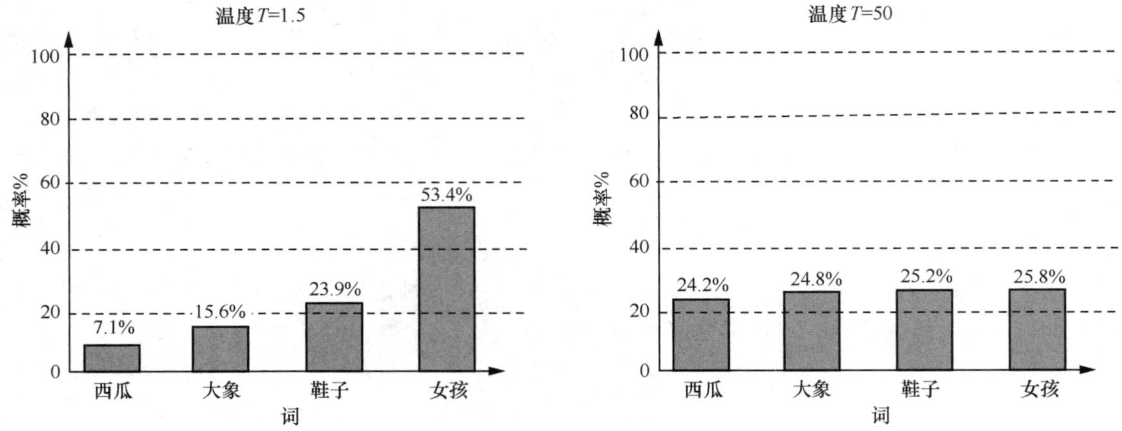

图 9-9　温度参数采样（续）

从图 9-9 中可以清晰地观察到：随着温度的降低，模型越来越倾向于选择“女孩”这个单词；而随着温度的升高，模型选择单词的分布变得越来越均匀；当 $T=50$ 时，选择“鞋子”和“女孩”这两个单词的概率几乎一样高了。也就是说，结果在温度越低时越稳定，在温度越高时越随机。

代码清单 9-3 展示了温度采样的 Python 实现。

代码清单 9-3　温度采样

```
import torch
from torch.distributions import Categorical
from labml_nn.sampling import Sampler
# 温度采样
class TemperatureSampler(Sampler):
    def __init__(self, temperature: float = 1.0):
        self.temperature = temperature

    def __call__(self, logits: torch.Tensor):
        # 重新计算每个词的概率
        dist = Categorical(logits=logits / self.temperature)

        # 返回采样结果
        return dist.sample()
```

9.2.5 联合采样

一般来说，通过将 top-k、top-p、温度采样结合起来的联合采样方式，可以得到更好的生成效果。联合采样的顺序是：首先用 top-k 筛选出概率最高的 k 个单词，然后用 top-p 筛选出累计概率超过 p 的最小单词集合，最后用温度采样调节概率分布，并从中随机选择一个单词。本节还是用前面的例子来说明。

首先设置 top-k=3，表示只保留概率最高的 3 个单词，这样就会得到女孩、鞋子、大象这 3 个单词，概率分别是 66.4%、19.9%、10.5%；其次可以使用 top-p 的方法，设置 $p = 80\%$，表示只保留累计概率超过 80%的最小单词集合，这样就会得到女孩、鞋子这两个单词；然后使用温度采样方法，设置温度 $T = 0.7$，表示缩放 logits 并重新计算概率分布，这样就会得到女孩、鞋子这两个单词，概率分别是 66%、34.0%；最后可以从上述分布中进行随机采样，选择一个单词作为最终的文本生成结果。

9.3 小结

本章主要介绍了大模型推理优化的相关技术，包括大模型量化技术和大模型文本生成的解码策略。其中大模型量化技术可以显著降低大模型的显存占用，大模型文本生成的解码策略对文本生成内容的质量和多样性有重要影响。本章系统地总结了贪心解码、随机采样束搜索、top-k 采样、top-p 采样以及温度采样的优缺点，并介绍了如何融合不同的采样方法来生成更具创意的内容。

截至目前，大模型的主要内容已经介绍完毕。第 10 章将进一步探讨大模型在 AIGC 领域的应用，使大模型不仅能够生成文本，还能够生成图像，极大地丰富了大模型的使用场景。

第 10 章 AIGC 和大模型结合

随着 2022 年一款名为 Midjourney 的人工智能绘画工具的诞生，人工智能掀起了久违的一波热潮。紧接着，OpenAI 发布了 ChatGPT，将人工智能的热度推向了顶峰。此后，大模型的应用越来越广泛，似乎已经盖过了人工智能绘画的风头。在 2023 年 3 月，OpenAI 发布了 GPT4，将人工智能绘画集成到大模型中，实现了多模态和大模型的结合。多模态技术为大模型插上了翅膀，使大模型不仅能生成文字，还能生成图像。本章将介绍这双翅膀——多模态技术。

首先介绍 AIGC 背后的核心技术——生成对抗网络（generative adversarial network，GAN），解释它的概念、模型结构和训练过程，并介绍如何用它生成手写体数字图像。

其次介绍 AIGC 主流模型——去噪扩散概率模型（denoising diffusion probabilistic model，DDPM），阐述其技术原理，介绍如何用它生成手写体数字图像，并介绍引入文字的去噪扩散概率模型。

最后还介绍去噪扩散概率模型的改进版——Stable Duffision，比较它与去噪扩散概率模型的不同之处，并介绍 Stable Duffision 的应用场景和效果。

10.1 AIGC 引来新一轮投资热

AIGC（AI generated content）是指利用人工智能模型根据文字输入生成图像、音频、视频等多种媒体形式的内容。2022 年，一幅名为《空间歌剧院》的美术作品在美国科罗拉多州博览会上获得一等奖，令人惊讶的是，这幅作品竟然是由人工智能生成的，其作者是贾森·艾伦（Jason Allen），如图 10-1 所示。这一事件引发了人们对人工智能生成能力的关注和讨论。

事实上，近两年来，DALL·E、GauGAN、Stable Diffusion、Midjourney 等各种人工智能绘画平台已经快速崛起，并且不断刷新着人们对人工智能生成内容的认知和期待。2022 年 1 月，OpenAI 推出了 DALL·E，仅仅一年后，其升级版 DALL·E 2 就以 4 倍的分辨率开始生成更逼真、更准确的图像，在不到 3 个月的时间内注册人数就突破了 100 万。

可以说，内容生产已经从用户生成内容（user-generated content，UGC）时代、专业生成内容

（professionally-generated content，PGC）时代，进入人工智能生成内容（artificial intelligence-generated content，AIGC）时代。

图 10-1 利用人工智能生成的作品

在具体介绍 AIGC 的技术原理之前，让我们先了解一下国内两个知名的大规模文本生成模型：百度的“文心一言”和科大讯飞的“讯飞星火”。这两个模型都可以根据用户的输入生成不同类型的文本和图像。例如，输入“帮我画一个喝奶茶的小宫女，扁平插画，可爱 Q 版#创意图#”，文心一言和讯飞星火会生成什么样的图像呢？接下来看看它们的效果吧。

如图 10-2 所示，文心一言和讯飞星火都能根据输入生成有创意的图像。这说明，大规模文本生成模型不仅可以用于文本创作，还可以用于图像创作，为插画师、设计师等人群提供有用的辅助工具。既然基于大模型的文生图技术有如此巨大的潜力，那么本章接下来就从最早的生成对抗网络开始，逐步介绍文生图技术的原理和方法。

好的，根据你的需求，我为你创作了一幅画作。如果需要继续让我为你作画，请完整描述你的需求，如：“帮我画未来战场废墟，机甲战神，科技宇宙”。

（a）文心一言生成结果

图 10-2 利用人工智能生成的作品

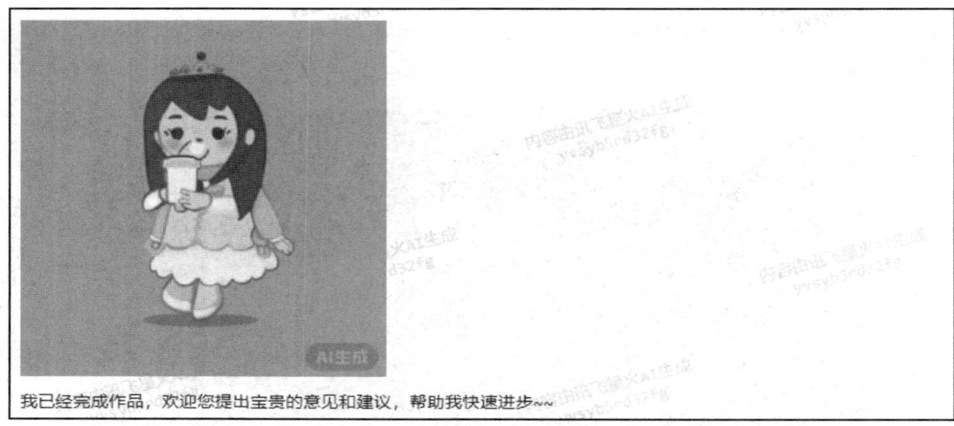

AI生成
我已经完成作品，欢迎您提出宝贵的意见和建议，帮助我快速进步~~

（b）讯飞星火生成效果

图 10-2　利用人工智能生成的作品（续）

10.2　生成对抗网络

在 2022 年之前，AIGC 领域使用最多的算法模型是生成对抗网络，它通过让人工智能的两个程序互相对比来生成最接近人类设想的正确形象。但这个算法有一个严重问题：由于程序互相对比的标准是现成的样本，因此生成的内容实质上是对现有内容无限逼近的模仿，并不能真正突破。

生成对抗网络的缺点最终被扩散化模型克服，它通过学习给一张图像去噪的过程来理解有意义的图像是如何生成的，比生成对抗网络模型生成的图像精度更高，更符合人类视觉和审美逻辑。同时，随着样本数量和深度学习时长的累积，去噪扩散概率模型展现出对艺术表达风格较强的模仿能力。

从 2022 年引起广泛关注的 Stable Diffusion，再到 Disco Diffusion、DALL-E2、Midjourney 等模型，都是基于去噪扩散概率模型开发的。

虽然目前主流的 AIGC 模型大部分是基于去噪扩散概率模型的，但是生成对抗网络作为生成模型的前辈，依然在很多领域大放异彩。在 2023 年的 CVPR 会议上，和生成对抗网络相关的论文有上百篇。本章将先从生成对抗网络开始介绍。

10.2.1　生成对抗网络的模型结构

生成对抗网络（generative adversarial network，GAN）[1]是一种深度学习模型，由伊恩·古德费洛（Ian Goodfellow）和他的同事于 2014 年提出。它利用两个神经网络进行对抗博弈，一个是生成器（generator），一个是判别器（discriminator）。生成器的任务是根据一个随机噪声生成尽可能真实的数据；判别器的任务是判断给定的数据是真实的还是生成器生成的。通过不断地训练和优化，生成器可以生成逼近真实数据的分布，判别器也可以提高鉴别能力。最终，生成对抗网络达到一种纳什均衡（Nash equilibrium）的状态，即生成器生成的数据无法被判别器区分。

为了帮助读者更好地理解生成对抗网络的原理，本章用一个生动的例子来说明生成对抗网络的基本思想。图 10-3 所示为一幅福尔摩斯和小偷进行博弈的卡通画（该案例旨在说明生成对抗网络的原理，无不良行为引导。偷窃是违法犯罪行为，请不要模仿。）。小偷为了逃避追捕，会不断地与福尔摩斯对抗，并在对抗中学习，最终达到隐匿自己的目的。假设有一个小偷惯犯，遇到了福尔摩斯，他们之间发生了如下对抗过程。

图 10-3　福尔摩斯和小偷进行博弈

第一次：小偷没有任何经验，白天在有监控的地方作案，很快就被福尔摩斯发现并抓住。

第二次：小偷总结了经验，改成了晚上避开监控作案，但是由于留下了指纹，还是被福尔摩斯找到并逮捕。

第三次：小偷再次总结经验，戴上了手套作案，但是由于惊动了房主养的狗，还是被福尔摩斯听到并捉拿。

……

通过不断地总结经验改进作案方式，小偷最终成功躲避了福尔摩斯的追捕。注意：在这个过程中，不仅小偷的手段在增强，福尔摩斯的侦查水平也在不断地提升。

在这个例子中，小偷相当于生成对抗网络中的生成器，福尔摩斯相当于生成对抗网络中的判别器，整个生成对抗网络的学习过程就像小偷与福尔摩斯的博弈过程。

以手写数字识别为例，生成对抗网络的模型结构如图 10-4 所示。

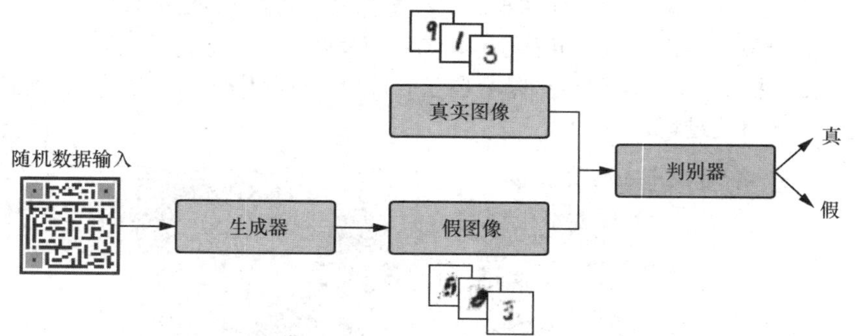

图 10-4　生成对抗网络的模型结构

生成器的目的是根据一个随机向量，生成类似于真实手写体数字的图像；判别器的目的是判断输入的图像是真实的还是生成器生成的。假设我们拥有一个手写体数字图像数据集，希望通过生成对抗网络来生成一些能够欺骗判别器的手写体数字图像。那么生成对抗网络主要由以下两个部分组成：

- 生成器模型。随机输入一个向量，生成器模型输出一个与手写体数字图像的大小相同的图像。例如：输入一个 100 维的向量，生成器模型输出 28 像素×28 像素的手写体数字图像（即 784 维的向量）。生成器模型可以是任意的神经网络结构，如 DNN、CNN 等。
- 判别器模型。判别器模型的输入是一张手写体数字图像（来自真实图像或者来自生成器的图像），输出为图像的真假概率。判别器模型同样可以是任意的二分类神经网络结构。

10.2.2　生成对抗网络的训练过程

生成对抗网络的训练目标是让生成器和判别器达到一种动态平衡，即生成器生成的图像无法被判别器区分。生成对抗网络的训练过程可以分为两个步骤。

- 固定生成器，训练判别器。使用来自真实图像的正样本和来自生成器输出图像的负样本，使用交叉熵函数作为损失函数来训练判别器网络。这一步的目标是让判别器尽可能准确地区分真假图像。
- 固定判别器，训练生成器。使用生成器输出的图像作为正样本（标签设置为 1），使用交叉熵函数作为损失函数，训练生成器网络。这一步的目标是让生成器尽可能欺骗判别器，让判别器误认为生成器生成的图像是真实的。

生成对抗网络的训练损失函数可以用以下公式表示：

$$\min_G \max_D V(D,G)=\mathbb{E}_{\boldsymbol{x}\sim p(\boldsymbol{x})}\left[\log_2 D(\boldsymbol{x})\right]+\mathbb{E}_{\boldsymbol{z}\sim p_z(\boldsymbol{z})}\left[\log_2\left(1-D\left(G(\boldsymbol{z})\right)\right)\right] \tag{10-1}$$

其中，D 表示判别器，G 表示生成器，$\boldsymbol{x}$ 表示真实图像的向量，$\boldsymbol{z}$ 表示随机向量，$G(\boldsymbol{z})$表示经过生成器处理的向量。式（10-1）其实就是一个二分类交叉熵损失函数，只不过前面加了一个 min max 符号。$\min\limits_G$ 表示最小化生成器的损失，也就是最大化生成器欺骗判别器的能力；$\max\limits_D$ 表示最大化判别器的损失，也就是最大化判别器区分真假图像的能力。下面用数学推导来说明这个公式是如何得到的。

定义二分类问题的交叉熵损失函数，表示如下：

$$L=-\sum_i\left[y_i\log_2 D\left(\boldsymbol{x}_i\right)+\left(1-y_i\right)\log_2\left(1-D\left(\boldsymbol{x}_i\right)\right)\right] \tag{10-2}$$

生成对抗网络中的样本 $\boldsymbol{x}_i$ 要么来自真实图像，要么来自生成器输出的图像。将生成器输出的图像表示为 $G(\boldsymbol{z}_i)$，真实图像仍然用 $\boldsymbol{x}_i$ 表示，因此式（10-2）可以改写为下面两部分：

$$L=-\sum_i y_i\log_2 D\left(\boldsymbol{x}_i\right)-\sum_i\left(1-D\left(G\left(\boldsymbol{z}_i\right)\right)\right) \tag{10-3}$$

将这两部分改写成期望形式，表示如下：

$$L=-\mathbb{E}_{\boldsymbol{x}\sim p(\boldsymbol{x})}\left[\log_2 D\left(\boldsymbol{x}\right)\right]-\mathbb{E}_{\boldsymbol{z}\sim p_z(\boldsymbol{z})}\left[\log_2\left(1-D\left(G\left(\boldsymbol{z}\right)\right)\right)\right]=-V\left(D,G\right) \tag{10-4}$$

这就是式（10-1）中 $V(D, G)$的定义。接下来看一下 $\min\limits_G$ 和 $\max\limits_D$ 的含义。

- $\min\limits_G$ 就是让生成器输出的图像 $G(\boldsymbol{z})$尽可能让判别器 D 输出接近 1，即判别为真实图像。
- $\max\limits_D$ 就是让判别器 D 对真实图像 $\boldsymbol{x}$ 输出尽可能接近 1，对生成器输出的图像 $G(\boldsymbol{z})$输出尽可能接近 0。

在了解了生成对抗网络的训练过程后，下面通过一个代码示例来看一下生成对抗网络的具体效果。

10.2.3 生成对抗网络实战——生成手写体数字图像

用 TensorFlow 2.5 实现一个生成手写体数字图像的例子，创建逼真的手写体数字图像。

首先，需要导入一些必要的包，如代码清单 10-1 所示。

代码清单 10-1 导入必要的包

```
import pandas as pd
import numpy as np
import os
from tensorflow.keras.datasets import mnist
from tensorflow.keras.layers import Dense, Dropout, Input
from tensorflow.keras.models import Model, Sequential
from tensorflow.keras.layers import LeakyReLU
from tensorflow.keras.optimizers import Adam
from tqdm import tqdm
import numpy as np
import matplotlib.pyplot as plt
%matplotlib inline
```

接下来，需要编写一个函数来加载手写体数字图像数据集，并实现一个函数来在 Jupyter Notebook 中绘制图像。代码清单 10-2 给出了具体的代码。

代码清单 10-2　加载手写体数字图像数据集

```
# 加载数据集
def load_data():
    (x_train, y_train), (_, _) = mnist.load_data()
    x_train = (x_train.astype(np.float32) - 127.5)/127.5
    # Convert shape from (60000, 28, 28) to (60000, 784)
    x_train = x_train.reshape(60000, 784)
    return (x_train, y_train)

# 绘制图像
def draw_images(generator, epoch, examples=5, dim=(1, 5), figsize=(5, 5)):
    noise= np.random.normal(loc=0, scale=1, size=[examples, 100])
    generated_images = generator.predict(noise)
    generated_images = generated_images.reshape(5, 28, 28)
    plt.figure(figsize=figsize)
    for i in range(generated_images.shape[0]):
        plt.subplot(dim[0], dim[1], i+1)
        plt.imshow(generated_images[i], interpolation='nearest', cmap='Greys')
        plt.axis('off')
    plt.tight_layout()
```

接下来需要构建生成器网络和判别器网络，它们组成了生成对抗网络的核心部分。代码清单 10-3 展示了生成器网络具体的代码实现。

代码清单 10-3　实现生成器网络

```
# 构建生成器网络
def build_generator():
    model = Sequential()
    # 第一层
    model.add(Dense(units=256, input_dim=100))
    model.add(LeakyReLU(alpha=0.2))
    # 第二层
    model.add(Dense(units=512))
    model.add(LeakyReLU(alpha=0.2))
    # 第三层
    model.add(Dense(units=1024))
    model.add(LeakyReLU(alpha=0.2))
    # 输出层
    model.add(Dense(units=784, activation='tanh'))
    # 定义交叉熵损失
    model.compile(loss='binary_crossentropy', optimizer=Adam(0.0002, 0.5))
    return model
```

代码清单 10-4 展示了判别器网络具体的代码实现。

代码清单 10-4 实现判别器网络

```
# 构建判别器网络
def build_discriminator():
    model = Sequential()
    # 第一层
    model.add(Dense(units=1024 ,input_dim=784))
    model.add(LeakyReLU(alpha=0.2))
    model.add(Dropout(0.3))
    # 第二层
    model.add(Dense(units=512))
    model.add(LeakyReLU(alpha=0.2))
    model.add(Dropout(0.3))
    # 第三层
    model.add(Dense(units=256))
    model.add(LeakyReLU(alpha=0.2))
    model.add(Dropout(0.3))
    # 输出层
    model.add(Dense(units=1, activation='sigmoid'))
    # 定义交叉熵损失
    model.compile(loss='binary_crossentropy', optimizer=Adam(0.0002, 0.5))
    return model
```

生成器网络和判别器网络的构建已经完成，接下来需要把它们连接起来，形成一个完整的生成对抗网络，如代码清单 10-5 所示。

代码清单 10-5 实现完整的生成对抗网络

```
# 构建完整的生成对抗网络
def build_GAN(discriminator, generator):
    discriminator.trainable=False
    GAN_input = Input(shape=(100,))
    # 生成器输出
    x = generator(GAN_input)
    # 判别器输出
    GAN_output= discriminator(x)
    GAN = Model(inputs=GAN_input, outputs=GAN_output)
    GAN.compile(loss='binary_crossentropy', optimizer=Adam(0.0002, 0.5))
    return GAN
```

生成对抗网络的代码已经构建完成，下一步进行模型训练，并在训练过程中展示生成器输出的图像。代码清单 10-6 展示了具体的代码实现。

代码清单 10-6 生成对抗网络的训练过程

```
#训练生成对抗网络
def train_GAN(epochs=1, batch_size=128):
      #加载真实的手写体数字图像
```

```
    X_train, y_train = load_data()
    # 创建生成对抗网络
    generator= build_generator()
    discriminator= build_discriminator()
    GAN = build_GAN(discriminator, generator)
    for i in tqdm(range(1, epochs+1)):
        for _ in range(batch_size):
            # 输出生成器图像
            noise= np.random.normal(0,1, (batch_size, 100))
            fake_images = generator.predict(noise)
            # 从真实图像数据集中选择图像
            real_images = X_train[np.random.randint(0, X_train.shape[0], batch_size)]
            # 构建判别器的正负label
            label_fake = np.zeros(batch_size)
            label_real = np.ones(batch_size)
            # 创建训练集
            X = np.concatenate([fake_images, real_images])
            y = np.concatenate([label_fake, label_real])
            # 使用正负样本训练判别器
            discriminator.trainable=True
            discriminator.train_on_batch(X, y)
            # 使用生成器输出的图像作为正样本，训练生成器网络
            discriminator.trainable=False
            GAN.train_on_batch(noise, label_real)
        if i == 1 or i % 100 == 0:
            draw_images(generator, i)
    # 开始训练训练模型
    train_GAN(epochs=400, batch_size=128)
```

运行上面的代码，可以看到生成器输出的图像，如图 10-5 所示。图 10-5 中从上到下依次是每 100 次迭代的结果。可以明显看出，生成器最初输出的图像非常模糊，但随着迭代次数的增加，后面输出的手写体数字图像越来越清晰，越来越接近真实图像。

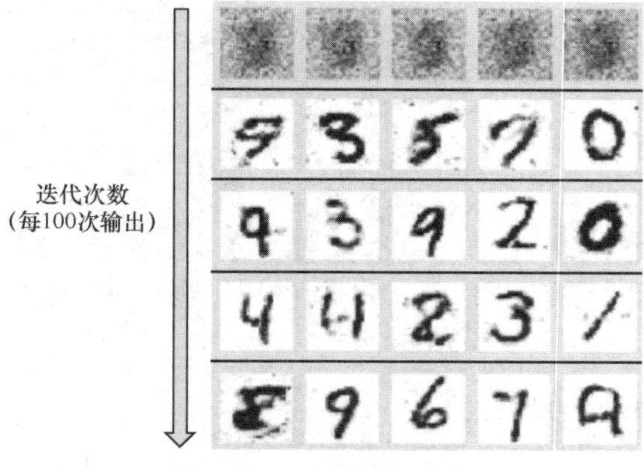

图 10-5　生成器输出结果

10.3 AIGC 主流模型——去噪扩散概率模型

去噪扩散概率模型（denoising diffusion probabilistic model，DDPM）[2]是一种生成模型，于 2020 年提出，也是 AIGC 的主流技术之一，主要用于生成逼真的图像。后续的许多 AIGC 模型，都是在去噪扩散概率模型的基础上进行了各种改进和创新，其中就包括最受欢迎的开源模型 Stable Diffusion。本节介绍去噪扩散概率模型的原理，并展示它的代码实现，以及如何用它生成以假乱真的图像。

10.3.1 去噪扩散概率模型的原理

10.2 节已经介绍了 AIGC 中的生成对抗网络，但是它的生成效果并不理想，这限制了它的应用范围。目前，AIGC 主要采用的是去噪扩散概率模型，它通过学习图像去噪的过程来理解图像是如何生成的。去噪扩散概率模型生成的图像比生成对抗网络生成的图像更清晰、更逼真，更符合人类的视觉和审美。同时，随着数据量和训练时间的增加，去噪扩散概率模型也展现出了对艺术风格的模仿能力。

去噪扩散概率模型和生成对抗网络有本质的区别：生成对抗网络通过训练一个生成器来生成和真实图像接近的新图像，而去噪扩散概率模型通过训练一个去噪器来还原从真实图像到随机噪声的过程。图 10-6 展示了生成对抗网络和去噪扩散概率模型的对比。

从图 10-6 可以看出，生成对抗网络的目标是让生成器输出的图像 $\boldsymbol{x}'$尽可能逼近真实图像 $\boldsymbol{x}$，从而达到以假乱真的效果，但这样可能导致生成器缺乏创造性和多样性。去噪扩散概率模型的目标是拟合整个从真实图像 $\boldsymbol{x}_0$ 到高斯噪声 $\boldsymbol{z}$ 的过程（即前向扩散过程），并通过反向去噪过程生成新图像。这样可以保留真实图像的特征，同时增加新图像的亮点。

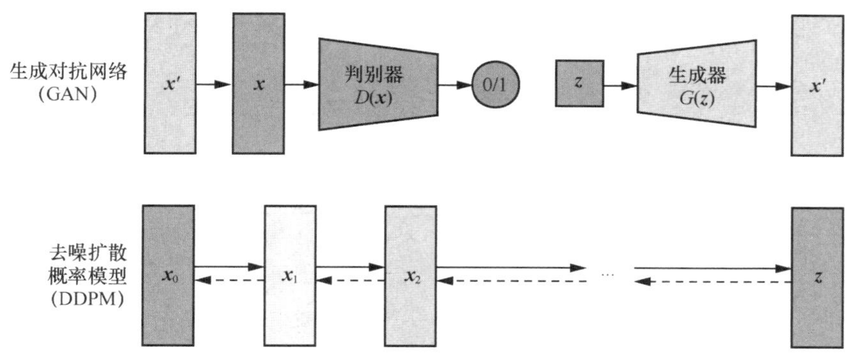

图 10-6 生成对抗网络和去噪扩散概率模型对比

去噪扩散概率模型由前向扩散过程和反向去噪过程组成。如图 10-7 所示，前向扩散过程和反向去噪过程都是用参数化的马尔可夫链来描述的。反向去噪过程可以用来生成新的图像。

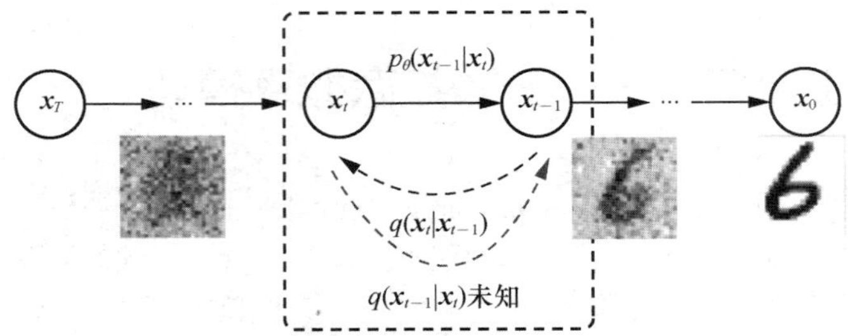

图 10-7　去噪扩散概率模型的前向扩散过程和反向去噪过程

下面先来介绍前向扩散过程的原理。

1．前向扩散过程的原理

简单来说，前向扩散过程就是逐渐给原始图像 $\boldsymbol{x}_0$ 添加高斯噪声，直到变成随机噪声 $\boldsymbol{x}_t$ 的过程，如图 10-8 所示。

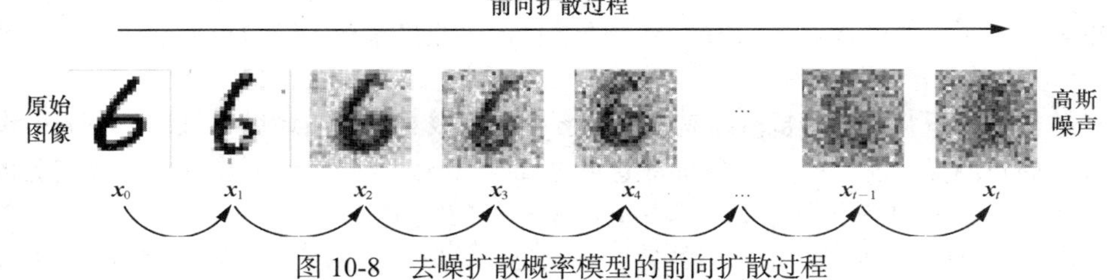

图 10-8　去噪扩散概率模型的前向扩散过程

从 $\boldsymbol{x}_{t-1}$ 到 $\boldsymbol{x}_t$ 的变化可以用如下公式表示：

$$\boldsymbol{x}_t = \sqrt{\alpha_t}\,\boldsymbol{x}_{t-1} + \sqrt{1-\alpha_t}\,\varepsilon_{t-1} \tag{10-5}$$

其中，α_t 是一个很小的超参数，$\varepsilon_{t-1} \sim N(0,\ 1)$是高斯噪声。根据式（10-5），可以推导出 $\boldsymbol{x}_0$ 到 $\boldsymbol{x}_t$ 的关系：

$$\boldsymbol{x}_t = \sqrt{\bar{\alpha}_t}\,\boldsymbol{x}_0 + \sqrt{1-\bar{\alpha}_t}\,\varepsilon \tag{10-6}$$

其中，超参数表示如下：

$$\bar{\alpha}_t = \prod_{i=1}^{t} \alpha_t,\quad \varepsilon \sim N(0,1) \tag{10-7}$$

有了式（10-6），接下来就可以直接从输入图像 $\boldsymbol{x}_0$ 生成随机噪声 $\boldsymbol{x}_t$。

2．反向去噪过程的原理

前向扩散过程是逐步给原始图像添加噪声，直到变成随机噪声。反向去噪过程是通过预测噪声 ε，逐步从随机噪声 $\boldsymbol{x}_t$ 还原出原始图像 $\boldsymbol{x}_0$，如图 10-9 所示。

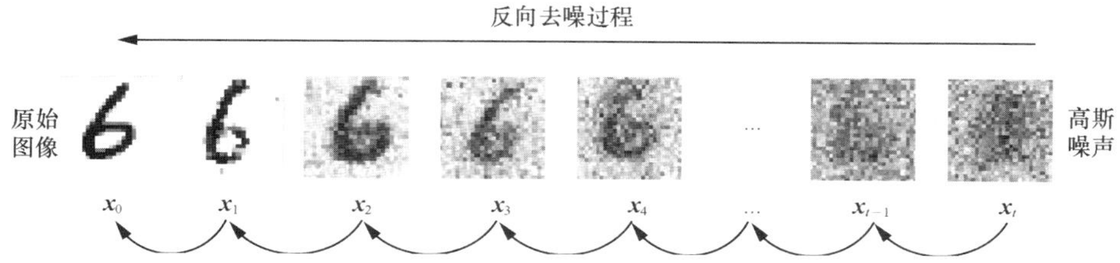

图 10-9 去噪扩散概率模型的反向去噪过程

反向去噪过程可以用下面的公式表示：

$$\boldsymbol{x}_{t-1}=\frac{1}{\sqrt{\alpha_t}}\left(\boldsymbol{x}_t-\frac{1-\alpha_t}{\sqrt{1-\bar{\alpha}_t}}\varepsilon_\theta\left(\boldsymbol{x}_t,t\right)\right)+\sigma_t\boldsymbol{z} \tag{10-8}$$

其中，$\varepsilon_\theta()$ 是一个噪声估计函数（通常是一个神经网络模型），用于估计真实的噪声 ε，θ 是模型的参数，$\boldsymbol{z}\sim N(0,1)$，$\boldsymbol{\sigma}_t\boldsymbol{z}$ 表示的是预测噪声和真实噪声的差异。去噪扩散概率模型的关键就是训练好噪声估计函数 $\varepsilon_\theta\left(\boldsymbol{x}_t,t\right)$，用它来估计真实的噪声 ε。

10.3.2 去噪扩散概率模型的训练过程

为了得到噪声估计函数 $\varepsilon_\theta\left(\boldsymbol{x}_t,t\right)$，可以使用均方误差作为损失函数：

$$Loss=\left\|\boldsymbol{\varepsilon}-\varepsilon_\theta\left(\boldsymbol{x}_t,t\right)\right\|^2=\left\|\boldsymbol{\varepsilon}-\varepsilon_\theta\left(\sqrt{\bar{\alpha}_t}\boldsymbol{x}_{t-1}+\sqrt{1-\bar{\alpha}_t}\boldsymbol{\varepsilon},t\right)\right\|^2 \tag{10-9}$$

整个训练过程如图 10-10 所示。训练完成后，就可以按照式（10-8）逐步还原出原始图像 $\boldsymbol{x}_0$。下面仍然以手写体数字图像生成为例，演示去噪扩散概率模型的训练过程。

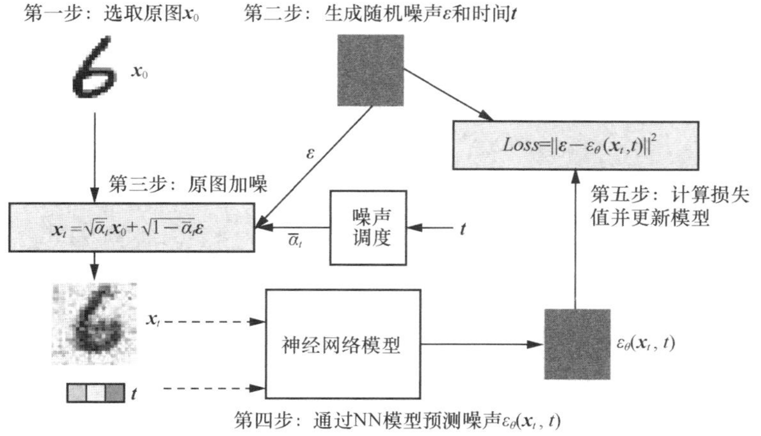

图 10-10 去噪扩散概率模型的训练过程

10.3.3　去噪扩散概率模型实战——生成手写体数字图像

下面使用 TensorFlow 2.5 来实现一个生成手写体数字图像的例子，创建出逼真的手写体数字图像。先导入相关的包，如代码清单 10-7 所示。

代码清单 10-7　导入相关的包

```
import pandas as pd
import numpy as np
import os,sys,math,warnings,logging,time
from numpy import arange
import base64,urllib,re
from optparse import OptionParser
import logging.config
import tensorflow as tf
from sklearn.preprocessing import normalize
from tensorflow.keras.datasets import mnist
from tensorflow.keras.layers import Dense, Dropout, Input
from tensorflow.keras.models import Model, Sequential
from tensorflow.keras.layers import LeakyReLU, Conv2D
from tensorflow.keras.optimizers import Adam
from tensorflow.keras import datasets
from tensorflow import keras
from tqdm import tqdm
import matplotlib.pyplot as plt
%matplotlib inline
```

实现扩散过程的调度函数如代码清单 10-8 所示。

代码清单 10-8　实现扩散过程的调度函数

```
# 线性调度
def linear_beta_schedule(timesteps):
    scale = 1000 / timesteps
    beta_start = scale * 0.0001
    beta_end = scale * 0.02
    return np.linspace(beta_start, beta_end, timesteps, dtype=np.float64)

# 余弦调度
def cosine_beta_schedule(timesteps, s=0.008):
    steps = timesteps + 1
    x = np.linspace(0, timesteps, steps, dtype=np.float64)
    alphas_cumprod = np.cos(((x/timesteps) + s) / (1 + s) * math.pi * 0.5) ** 2
    alphas_cumprod = alphas_cumprod / alphas_cumprod[0]
    betas = 1 - (alphas_cumprod[1:] / alphas_cumprod[:-1])
    return np.clip(betas, 0, 0.999)
```

接下来实现去噪扩散概率模型的前向扩散过程和反向去噪过程。先定义超参数等相关的变量，如代码清单 10-9 所示。

代码清单 10-9　去噪扩散概率模型-定义相关的变量

```
class GaussianDiffusion:
```

```
    def __init__(self, timesteps=1000, beta_schedule='linear'):
        self.timesteps = timesteps
        if beta_schedule == 'linear':
            betas = linear_beta_schedule(timesteps)
        else:
            betas = cosine_beta_schedule(timesteps)
        alphas = 1. - betas
        alphas_cumprod = np.cumprod(alphas, axis=0)
        alphas_cumprod_prev = np.append(1., alphas_cumprod[:-1])
        self.betas = tf.constant(betas, dtype=tf.float32)
        self.alphas_cumprod = tf.constant(alphas_cumprod, dtype=tf.float32)
        self.alphas_cumprod_prev = tf.constant(alphas_cumprod_prev, dtype=tf.float32)
        # 前向扩散过程q(x_t | x_{t-1})
        self.sqrt_alphas_cumprod = tf.constant(np.sqrt(self.alphas_cumprod),
                                               dtype=tf.float32)
        self.sqrt_one_minus_alphas_cumprod = tf.constant(np.sqrt(1.0 - self.alphas_cumprod),
                                                         dtype=tf.float32)
        self.log_one_minus_alphas_cumprod = tf.constant(np.log(1. - alphas_cumprod),
                                                        dtype=tf.float32)
        self.sqrt_recip_alphas_cumprod = tf.constant(np.sqrt(1. / alphas_cumprod),
                                                     dtype=tf.float32)
        self.sqrt_recipm1_alphas_cumprod = tf.constant(np.sqrt(1. / alphas_cumprod - 1),
                                                         dtype=tf.float32)
        # 反向去噪过程q(x_{t-1} | x_t, x_0)
        self.posterior_variance = (betas * (1.0 - alphas_cumprod_prev)
                / (1.0 - alphas_cumprod)         )
        self.posterior_log_variance_clipped = tf.constant(
                np.log(np.maximum(self.posterior_variance, 1e-20)),dtype=tf.float32)
        self.posterior_mean_coef1 = tf.constant(
                betas * np.sqrt(alphas_cumprod_prev) / (1. - alphas_cumprod), dtype=tf.float32)
        self.posterior_mean_coef2 = tf.constant(
                (1. - alphas_cumprod_prev) * np.sqrt(alphas) / (1. - alphas_cumprod),
                 dtype=tf.float32)
```

下面编写函数实现前向扩散过程，它能够逐步地把输入的图像转换成随机噪声，如代码清单 10-10 所示。

代码清单 10-10　去噪扩散概率模型-实现前向扩散过程

```
class GaussianDiffusion:
   @staticmethod
   def _extract(a, t, x_shape):
      bs, = t.shape
      assert x_shape[0] == bs
      out = tf.gather(a, t)
      assert out.shape == [bs]
      return tf.reshape(out, [bs] + ((len(x_shape) - 1) * [1]))

   # 前向扩散过程:q(x_t | x_0)
   def q_sample(self, x_start, t, noise=None):
      if noise is None:
         noise = tf.random.normal(shape=x_start.shape)
```

```
        sqrt_alphas_cumprod_t = self._extract(
                self.sqrt_alphas_cumprod, t, x_start.shape)
        sqrt_one_minus_alphas_cumprod_t =
                self._extract(self.sqrt_one_minus_alphas_cumprod, t, x_start.shape)
        return sqrt_alphas_cumprod_t * x_start + sqrt_one_minus_alphas_cumprod_t * noise

    # 获取均值和方差：q(x_t | x_0).
    def q_mean_variance(self, x_start, t):
        mean = self._extract(
                self.sqrt_alphas_cumprod, t, x_start.shape) * x_start
          variance = self._extract(1.0 - self.alphas_cumprod, t, x_start.shape)
          log_variance = self._extract(
                  self.log_one_minus_alphas_cumprod, t, x_start.shape)
          return mean, variance, log_variance
```

反向去噪过程的具体实现如代码清单 10-11 所示。

代码清单 10-11　去噪扩散概率模型-实现反向去噪过程

```
class GaussianDiffusion:
    # 计算反向去噪过程的均值和方差:q(x_{t-1} | x_t, x_0)
    def q_posterior_mean_variance(self, x_start, x_t, t):
        posterior_mean = (
                self._extract(self.posterior_mean_coef1, t, x_t.shape) * x_start
                + self._extract(self.posterior_mean_coef2, t, x_t.shape) * x_t
        )
        posterior_variance = self._extract(
              self.posterior_variance, t, x_t.shape)
        posterior_log_variance_clipped =
              self._extract(self.posterior_log_variance_clipped, t, x_t.shape)
        return posterior_mean, posterior_variance, posterior_log_variance_clipped

    # 从x_t中计算x_0
    def predict_start_from_noise(self, x_t, t, noise):
        return (
           self._extract(
                 self.sqrt_recip_alphas_cumprod, t, x_t.shape) * x_t -
           self._extract(
                 self.sqrt_recipm1_alphas_cumprod, t, x_t.shape) * noise)

    # 计算预测的均值和方差：p(x_{t-1} | x_t)
    def p_mean_variance(self, model, x_t, t, clip_denoised=True):
         # 使用模型预测噪声
         pred_noise = model([x_t, t])
         # 获取预测的x_0
         x_recon = self.predict_start_from_noise(x_t, t, pred_noise)
         if clip_denoised:
         x_recon = tf.clip_by_value(x_recon, -1., 1.)
         model_mean, posterior_variance, posterior_log_variance = \
               self.q_posterior_mean_variance(x_recon, x_t, t)
         return model_mean, posterior_variance, posterior_log_variance
```

接下来需要通过多次循环迭代，逐渐将随机高斯噪声 $\boldsymbol{x}_t$ 转换为原始图像 $\boldsymbol{x}_0$，具体的实现过程如代码清单 10-12 所示。

代码清单 10-12 去噪扩散概率模型-循环迭代反向去噪过程

```
class GaussianDiffusion:
    # 预测当前去噪后的输出
    def p_sample(self, model, x_t, t, clip_denoised=True):
        # 预测均值和方差
        model_mean, _, model_log_variance = self.p_mean_variance(
               model, x_t, t, clip_denoised=clip_denoised)
        noise = tf.random.normal(shape=x_t.shape)
        nonzero_mask = tf.reshape(1 - tf.cast(tf.equal(t, 0), tf.float32),
               [x_t.shape[0]] + [1] * (len(x_t.shape) - 1))
        # 计算x_{t-1}
        pred_img = model_mean + nonzero_mask * tf.exp(0.5 * model_log_variance) * noise
        return pred_img

    # 循环迭代反向去噪
    def p_sample_loop(self, model, shape):
        batch_size = shape[0]
        img = tf.random.normal(shape=shape)
        imgs = []
        for i in tqdm(reversed(range(0, self.timesteps)), desc='sampling loop time step',
               total=self.timesteps):
            img = self.p_sample(model, img, tf.fill([batch_size], i))
            imgs.append(img.numpy())
        return imgs

    def sample(self, model, image_size, batch_size=8, channels=3):
        return self.p_sample_loop(
               model, shape=[batch_size, image_size, image_size, channels])

    # 计算训练损失值
    def train_losses(self, model, x_start, t):
        # 生成随机噪声
        noise = tf.random.normal(shape=x_start.shape)
        # 获取x_t
        x_noisy = self.q_sample(x_start, t, noise=noise)
        model.train_on_batch([x_noisy, t], noise)
        predicted_noise = model([x_noisy, t])
        loss = model.loss(noise, predicted_noise)
        return loss alphas_cumprod[:-1]])
```

在实现了去噪扩散概率模型的前向扩散过程和反向去噪过程之后，下面来测试一下它们的功能。使用 q_sample()函数测试前向扩散过程，如代码清单 10-13 所示。

代码清单 10-13 测试前向扩散过程

```
X_train, y_train = load_data()
gaussian_diffusion = GaussianDiffusion(timesteps)
plt.figure(figsize=(16, 8))
x_start = X_train[7:8]
for idx, t in enumerate([0, 50, 100, 200, 499]):
```

```
    x_noisy = gaussian_diffusion.q_sample(x_start, t=tf.convert_to_tensor([t]))
    x_noisy = x_noisy.numpy()
    x_noisy = x_noisy.reshape(28, 28)
    plt.subplot(1, 5, 1 + idx)
    plt.imshow(x_noisy, cmap="gray")
    plt.axis("off")
    plt.title(f"t={t}")n:
```

运行上面的代码，就可以看到前向扩散过程的效果，如图 10-11 所示。图 10-11 所示为图像在不同的迭代次数下的变化情况。可以明显地看出，随着噪声的增加，图像变得越来越模糊，最后完全变成了随机噪声。

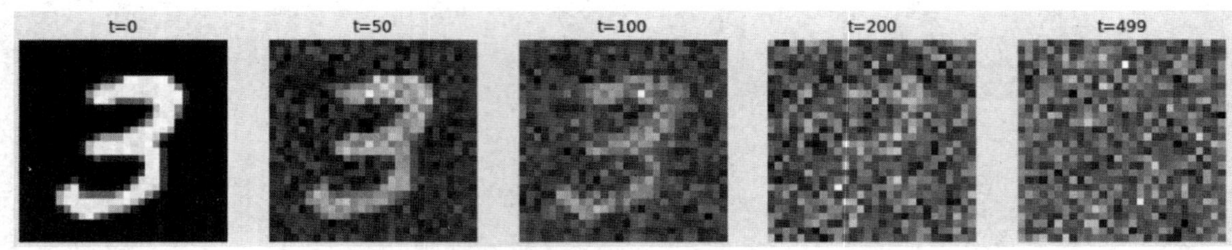

图 10-11　去噪扩散概率模型前向扩散过程的效果

为了预估图 10-11 中加入的噪声，接下来需要实现噪声估计函数。先用一个简单的残差网络模型实现噪声估计函数，如代码清单 10-14 所示。

代码清单 10-14　用残差网络实现噪声估计函数

```
class ResNet(keras.layers.Layer):
   def __init__(self, in_channels, out_channels, name='ResNet', **kwargs):
      super(ResNet, self).__init__(name=name, **kwargs)
      self.in_channels = in_channels
      self.out_channels = out_channels

   def build(self, input_shape):
      self.conv1 = Sequential([
         keras.layers.LeakyReLU(),
         keras.layers.Conv2D(filters=self.out_channels, kernel_size=3,
                             padding='same')])
      self.conv2 = Sequential([
         keras.layers.LeakyReLU(),
         keras.layers.Conv2D(filters=self.out_channels, kernel_size=3,
                             padding='same', name='conv2')])

   def call(self, inputs_all, dropout=None, **kwargs):
      # x的形状为[batch_size, height, width, in_dim]
      x, t = inputs_all
      h = self.conv1(x)
      h = self.conv2(h)
      h += x
      return h
```

使用残差网络实现噪声估计函数之后，构建并训练去噪扩散概率模型，如代码清单 10-15 所示。

代码清单 10-15 构建并训练去噪扩散概率模型

```
# 构建去噪扩散概率模型
def build_DDPM(nn_model):
   nn_model.trainablea = True
   inputs = Input(shape=(28, 28, 1,))
   timesteps=Input(shape=(1,))
   outputs = nn_model([inputs, timesteps])
   ddpm = Model(inputs=[inputs, timesteps], outputs=outputs)
   ddpm.compile(loss=keras.losses.mse, optimizer=Adam(5e-4))
   return ddpm

# 训练去噪扩散概率模型
def train_ddpm(ddpm, gaussian_diffusion, epochs=1, batch_size=128, timesteps=500):
   # 加载数据
   X_train, y_train = load_data()
   step_cont = len(y_train) // batch_size
   for i in range(1, epochs + 1):
      for s in range(step_cont):
          if (s+1)*batch_size > len(y_train):
             break
          images = X_train[s*batch_size:(s+1)*batch_size]
          images = tf.reshape(images, [-1, 28, 28 ,1])
          t = tf.random.uniform(shape=[batch_size], minval=0, maxval=timesteps,
                             dtype=tf.int32)
          loss = gaussian_diffusion.train_losses(ddpm, images, t)
```

现在我们已经完成了去噪扩散概率模型的前向扩散、反向去噪、噪声预测和模型训练的全部流程。下面使用手写体数字图像数据集来训练一个去噪扩散概率模型，并观察它的效果，如代码清单 10-16 所示。

代码清单 10-16 训练去噪扩散概率模型

```
# 定义噪声预估函数
nn_model = ResNet(in_channels=1, out_channels=1)
# 定义去噪扩散概率模型
ddpm = build_DDPM(nn_model)
gaussian_diffusion = GaussianDiffusion(timesteps=500)
# 训练去噪扩散概率模型
train_ddpm(ddpm, gaussian_diffusion, epochs=10, batch_size=64, timesteps=500)

# 根据训练好的去噪扩散概率模型生成新的图像
generated_images = gaussian_diffusion.sample(
ddpm, 28, batch_size=64, channels=1)
fig = plt.figure(figsize=(12, 12), constrained_layout=True)
gs = fig.add_gridspec(8, 8)
imgs = generated_images[-1].reshape(8, 8, 28, 28)
for n_row in range(8):
   for n_col in range(8):
       f_ax = fig.add_subplot(gs[n_row, n_col])
   f_ax.imshow((imgs[n_row, n_col]+1.0) * 255 / 2, cmap="gray")
       f_ax.axis("off")
```

运行上面的代码，完成去噪扩散概率模型的训练，使用训练好的模型生成手写体数字图像，结果发现效果很差，如图 10-12 所示。这主要是因为噪声估计函数过于简单，只是一个残差网络。

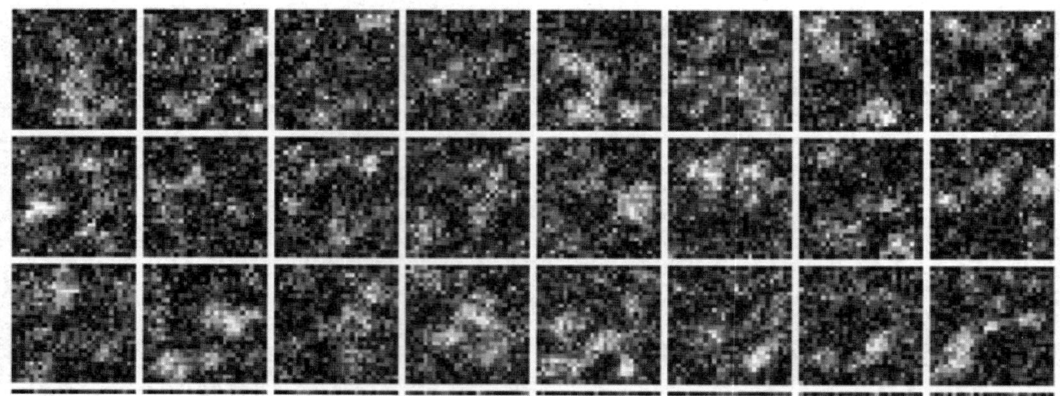

图 10-12　使用残差网络作为噪声估计函数所生成的效果图

在实际应用中，通常使用 U-Net 模型作为噪声估计函数，它的模型结构如图 10-13 所示。U-Net 模型是一种编码器-解码器结构的网络，它可以提取图像的上下文信息，并恢复图像的空间细节。这种结构能够有效地分割图像中的目标物体。U-Net 由一个编码器和一个解码器组成，形成了一个 U 形的结构。编码器负责提取图像的特征，解码器负责恢复图像的细节。

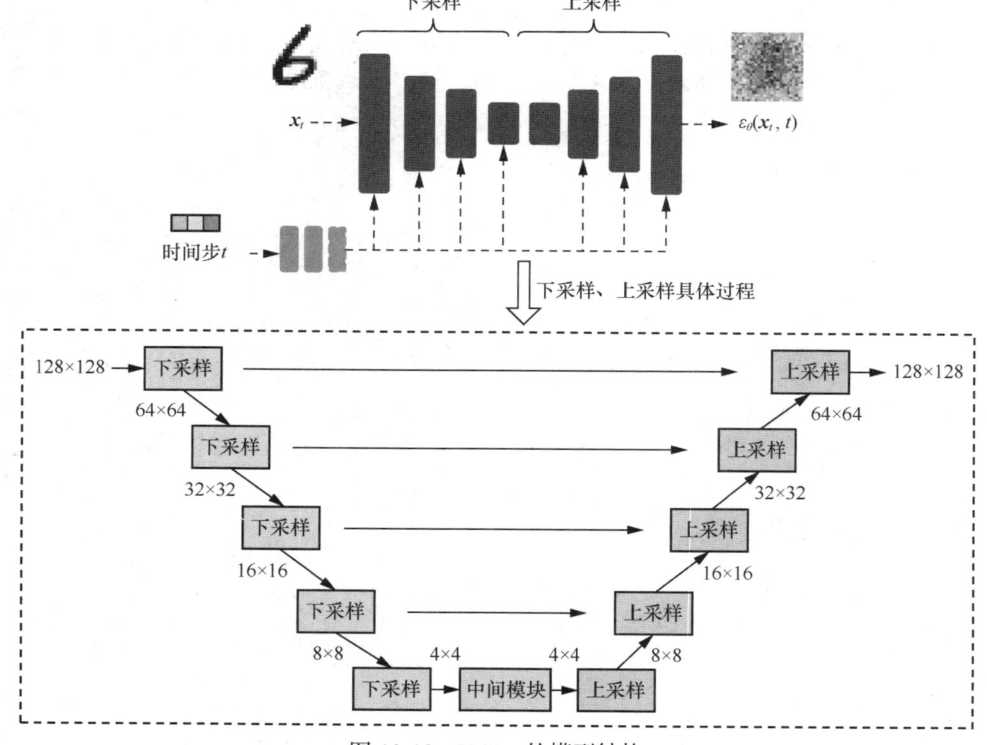

图 10-13　U-Net 的模型结构

引入时间步 t 的作用有以下两方面。

（1）时间步 t 可以模拟一个随时间逐渐增强的扰动过程。由于每个时间步 t 代表一个扰动的程度，从初始状态开始，通过多次添加噪声来逐渐改变图像的分布。因此，较小的 t 意味着较弱的噪声扰动，而较大的 t 意味着更强的噪声扰动。

（2）时间步 t 可以指导 U-Net 模型生成不同层次的图像细节。由于去噪扩散概率模型中 U-Net 模型针对每个输入图像共享参数，那么如何让它根据不同的输入来生成不同的输出呢？如何让它从完全随机的噪声图像逐步生成有意义的图像呢？这就需要用时间步 t 来提醒这个模型，我们现在处于哪个阶段，现在应该输出粗略的轮廓还是细致的纹理。

接下来介绍如何用 U-Net 模型生成手写体数字图像。先对不同的时间步进行编码，如代码清单 10-17 所示。

代码清单 10-17　对不同的时间步进行编码

```
# 对不同的时间步进行编码
def timestep_embedding(timesteps, dim, max_period=10000):
   half = dim // 2
   freqs = tf.exp(-math.log(max_period) * tf.experimental.numpy.arange(start=0,
                  stop=half, step=1, dtype=tf.float32) / half)
   args = timesteps[:, ] * freqs
   embedding = tf.concat([tf.cos(args), tf.sin(args)], axis=-1)
   if dim % 2:
      embedding = tf.concat([embedding, tf.zeros_like(embedding[:, :1])], axis=-1)
   return embedding
```

U-Net 包括上采样和下采样两个模块。上采样模块将输入图像逐渐放大，其实现如代码清单 10-18 所示。

代码清单 10-18　U-Net 上采样模块的实现

```
class Upsample(keras.layers.Layer):
   def __init__(self, channels, use_conv=False, name='Upsample', **kwargs):
      super(Upsample, self).__init__(name=name, **kwargs)
      self.use_conv = use_conv
      self.channels = channels

   def get_config(self):
      config = super(Upsample, self).get_config()
      config.update({'channels': self.channels, 'use_conv': self.use_conv})
      return config

   @classmethod
   def from_config(cls, config, custom_objects=None):
      return cls(**config)

   def build(self, input_shape):
      if self.use_conv:
      self.conv = keras.layers.Conv2D(filters=self.channels, kernel_size=3,
                                      padding='same')
```

```
    def call(self, inputs_all, dropout=None, **kwargs):
        x, t = inputs_all
        x = tf.image.resize_with_pad(x, target_height=x.shape[1]*2,
                                    target_width=x.shape[2]*2, method='nearest')
        return x
```

下采样模块将图像逐渐缩小，其实现如代码清单 10-19 所示。

代码清单 10-19　U-Net 下采样模块的实现

```
class Downsample(keras.layers.Layer):
    def __init__(self, channels, use_conv=True, name='Downsample', **kwargs):
        super(Downsample, self).__init__(name=name, **kwargs)
        self.use_conv = use_conv
        self.channels = channels

    def get_config(self):
        config = super(Downsample, self).get_config()
        config.update({'channels': self.channels, 'use_conv': self.use_conv})
        return config

    @classmethod
    def from_config(cls, config, custom_objects=None):
        return cls(**config)

    def build(self, input_shape):
        if self.use_conv:
            self.op = keras.layers.Conv2D(filters=self.channels, kernel_size=3,
                                          strides=2, padding='same')
        else:
             self.op = keras.layers.AveragePooling2D(strides=(2, 2))

    def call(self, inputs_all, dropout=None, **kwargs):
        x, t = inputs_all
        return self.op(x)
```

为了提升模型的训练性能，U-Net 模型还引入了残差模块，其实现如代码清单 10-20 所示。

代码清单 10-20　U-Net 残差模块的实现

```
class ResidualBlock(keras.layers.Layer):
    def __init__(
            self,
            in_channels,
            out_channels,
            time_channels,
            use_time_emb=True,
            name='residul_block', **kwargs
    ):
        super(ResidualBlock, self).__init__(name=name, **kwargs)
        self.in_channels = in_channels
        self.out_channels = out_channels
```

```
        self.time_channels = time_channels
        self.use_time_emb = use_time_emb

    def build(self, input_shape):
        self.dense_ = keras.layers.Dense(units=self.out_channels, activation=None)
        self.dense_short = keras.layers.Dense(units=self.out_channels, activation=None)
        self.conv1 = [keras.layers.LeakyReLU(),
                      keras.layers.Conv2D(filters=self.out_channels, kernel_size=3,
                      padding='same')]
        self.conv2 = [keras.layers.LeakyReLU(),
                      keras.layers.Conv2D(filters=self.out_channels, kernel_size=3,
                      padding='same', name='conv2')]
        self.conv3 = [keras.layers.LeakyReLU(),
                      keras.layers.Conv2D(filters=self.out_channels, kernel_size=1,
                      name='conv3')]
        self.activate = keras.layers.LeakyReLU()

    def call(self, inputs_all, dropout=None, **kwargs):
        # x形状[batch_size, height, width, in_dim]
        # t形状[batch_size, time_dim]
        x, t = inputs_all
        h = x
    for module in self.conv1:
            h = module(x)
        if self.use_time_emb:
            time_emb = self.dense_(self.activate(t))[:, None, None, :]
            h += time_emb
        for module in self.conv2:
            h = module(h)
        if self.in_channels != self.out_channels:
            for module in self.conv3:
                x = module(x)
            return h + x
        else:
            return h + x
```

U-Net 模型使用注意力机制来提升模型效果，其实现如代码清单 10-21 所示。

代码清单 10-21　U-Net 注意力机制的实现

```
class AttentionBlock(keras.layers.Layer):
    def __init__(self, channels, num_heads=1_block', **kwargs):
        super(AttentionBlock, self).__init__(name=name, **kwargs)
        self.channels = channels
        self.num_heads = num_heads
        self.dense_layers = []

    def build(self, input_shape):
        for i in range(3):
             dense_ = keras.layers.Conv2D(filters=self.channels, kernel_size=1)
             self.dense_layers.append(dense_)
        self.proj = keras.layers.Conv2D(filters=self.channels, kernel_size=1)
```

```
    def call(self, inputs_all, dropout=None, **kwargs):
        inputs, t = inputs_all
        H = inputs.shape[1]
        W = inputs.shape[2]
        C = inputs.shape[3]
        qkv = inputs
        q = self.dense_layers[0](qkv)
        k = self.dense_layers[1](qkv)
        v = self.dense_layers[2](qkv)
        attn = tf.einsum("bhwc,bHWc->bhwHW", q, k)* (int(C) ** (-0.5))
        attn = tf.reshape(attn, [-1, H, W, H * W])
        attn = tf.nn.softmax(attn, axis=-1)
        attn = tf.reshape(attn, [-1, H, W, H, W])
        h = tf.einsum('bhwHW,bHWc->bhwc', attn, v)
        h = self.proj(h)
        return h + inputs
```

为了构建完整的 U-Net 模型，我们已经实现了包括上采样模块、下采样模块、残差模块和注意力机制在内的各个基本模块。现在，需要将这些模块组合在一起，先定义 U-Net 模型的各个参数，如代码清单 10-22 所示。

代码清单 10-22　U-Net 模型参数定义

```
class UNetModel(keras.layers.Layer):
    def __init__(
        self,
        in_channels=3,
        model_channels=128,
        out_channels=3,
        num_res_blocks=2,
        attention_resolutions=(8, 16),
        dropout=0,
        channel_mult=(1, 2, 2, 2),
        conv_resample=True,
        num_heads=4,
        name='UNetModel',
        **kwargs
    ):
        super(UNetModel, self).__init__(name=name, **kwargs)
        self.in_channels = in_channels
        self.model_channels = model_channels
        self.out_channels = out_channels
        self.num_res_blocks = num_res_blocks
        self.attention_resolutions = attention_resolutions
        self.dropout = dropout
        self.channel_mult = channel_mult
        self.conv_resample = conv_resample
        self.num_heads = num_heads
        self.time_embed_dim = self.model_channels * 4
```

接下来实现预估过程，将输入转化为最终输出，详细的实现步骤如代码清单 10-23 所示。

代码清单 10-23 U-Net 预估过程的实现

```
class UNetModel(keras.layers.Layer):
   def build(self, input_shape):
      self.time_embed = [
         keras.layers.Dense(self.time_embed_dim, activation=None),
         keras.layers.LeakyReLU(),
         keras.layers.Dense(self.time_embed_dim, activation=None)]
      # 下采样
      self.conv = keras.layers.Conv2D(filters=self.model_channels, kernel_size=3,
                               padding='same')
      self.down_blocks = []
      down_block_chans = [self.model_channels]; ch = self.model_channels
      ds = 1; index = 0
      for level, mult in enumerate(self.channel_mult):
         for _ in range(self.num_res_blocks):
            layers = [ResidualBlock(in_channels=ch,
                    out_channels=mult * self.model_channels,
                    time_channels=self.time_embed_dim)]
            ch = mult * self.model_channels
            if ds in self.attention_resolutions:
               layers.append(AttentionBlock(ch, num_heads=self.num_heads))
            self.down_blocks.append(layers)
            down_block_chans.append(ch)
         if level != len(self.channel_mult) - 1:
            self.down_blocks.append(Downsample(ch, self.conv_resample))
            down_block_chans.append(ch)
            ds *= 2
      # 中间层
      self.middle_block = [
         ResidualBlock(ch, ch, self.time_embed_dim, name='res1'),
         AttentionBlock(ch, num_heads=self.num_heads),
         ResidualBlock(ch, ch, self.time_embed_dim, name='res2')]
      # 上采样
      self.up_blocks = []
      for level, mult in list(enumerate(self.channel_mult))[::-1]:
         for i in range(self.num_res_blocks + 1):
            layers = []
            layers.append(
                 ResidualBlock(in_channels=ch + down_block_chans.pop(),
                 out_channels=self.model_channels * mult,
                 time_channels=self.time_embed_dim))
            layer_num = 1
            ch = self.model_channels * mult
            if ds in self.attention_resolutions:
               layers.append(AttentionBlock(ch, num_heads=self.num_heads))
            if level and i == self.num_res_blocks:
               layers.append(Upsample(ch, self.conv_resample))
               ds //= 2
            self.up_blocks.append(layers)
      self.out = Sequential([keras.layers.LeakyReLU(),
```

```
                keras.layers.Conv2D(filters=self.out_channels,
                kernel_size=3, padding='same')])
```

接下来实现 U-Net 调用过程，用于生成最终的输出图像。具体的实现方法如代码清单 10-24 所示。

代码清单 10-24　U-Net 调用过程

```
class UNetModel(keras.layers.Layer):
    def call(self, inputs, dropout=None, **kwargs):
        x, timesteps = inputs
        hs = []
        emb = timestep_embedding(timesteps, self.model_channels)
        for module in self.time_embed:
            emb = module(emb)
        # 下采样
        h = x; h = self.conv(h); hs = [h]
        for module_list in self.down_blocks:
            if isinstance(module_list, list):
                for module in module_list:
                    h = module([h, emb])
            else:
                h = module_list([h, emb])
            hs.append(h)
        for module in self.middle_block:
            h = module([h, emb])
        # 上采样
        for module_list in self.up_blocks:
            cat_in = tf.concat([h, hs.pop()], axis=-1)
            h = cat_in
            for module in module_list:
                h = module([h, emb])
        return self.out(h)
```

实现了 U-Net 模型后，需要重新训练去噪扩散概率模型。用 U-Net 替换原先的残差网络作为噪声估计函数，实现方式如代码清单 10-25 所示，与代码清单 10-16 类似。

代码清单 10-25　用 U-Net 作为噪声估计函数来训练去噪扩散概率模型

```
# 定义U-Net噪声估计函数
nn_model = UNetModel(
    in_channels=1,
    model_channels=96,
    out_channels=1,
    channel_mult=(1, 2, 2),
    attention_resolutions=[])
# 训练去噪扩散概率模型
ddpm = build_DDPM(nn_model)
gaussian_diffusion = GaussianDiffusion(timesteps=500)
train_ddpm(ddpm, gaussian_diffusion, epochs=10, batch_size=64, timesteps=500)

# 使用训练好后的去噪扩散概率模型生成新的图像
generated_images = gaussian_diffusion.sample(ddpm, 28, batch_size=64, channels=1)
```

```
fig = plt.figure(figsize=(12, 12), constrained_layout=True)
gs = fig.add_gridspec(8, 8)
imgs = generated_images[-1].reshape(8, 8, 28, 28)
for n_row in range(8):
    for n_col in range(8):
        f_ax = fig.add_subplot(gs[n_row, n_col])
        f_ax.imshow((imgs[n_row, n_col]+1.0) * 255 / 2, cmap="gray")
        f_ax.axis("off")

# 显示反向去噪过程
fig = plt.figure(figsize=(12, 12), constrained_layout=True)
gs = fig.add_gridspec(16, 16)
for n_row in range(16):
    for n_col in range(16):
        f_ax = fig.add_subplot(gs[n_row, n_col])
        t_idx = (timesteps // 16) * n_col if n_col < 15 else -1
        img = generated_images[t_idx][n_row].reshape(28, 28)
        f_ax.imshow((img+1.0) * 255 / 2, cmap="gray")
        f_ax.axis("off")
```

运行上面的代码，可以看到图 10-14 所示的生成结果。与图 10-12 相比，生成的图像质量明显提高了。增加训练的轮次，还可以得到更好的输出结果。感兴趣的读者可以自己试一试。

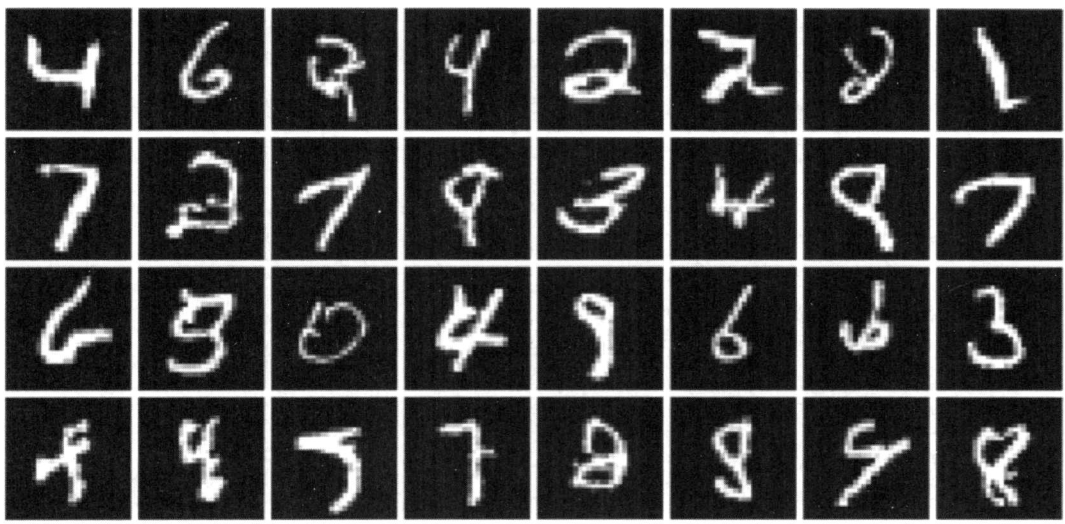

图 10-14 使用 U-Net 作为噪声估计函数所生成的图像

10.4 引入文字的去噪扩散概率模型

10.3 节介绍的去噪扩散概率模型的前向扩散过程主要是从随机高斯噪声生成图像。然而，在实际应用中，更常见的需求是根据给定的文字输入生成图像。本节将详细探讨当引入文字作为输入后，去噪扩散概率模型生成图像和复原原始图像的过程。

10.4.1 去噪扩散概率模型的文字生成图像过程

在 10.3 节中，我们了解到去噪扩散概率模型的输入只包括随机高斯噪声和时间步。那么，文字输入是如何被转换成去噪扩散概率模型可以处理的输入形式的呢？当引入文字作为输入后，去噪扩散概率模型又会发生哪些变化呢？我们可以通过图 10-15 来理解。

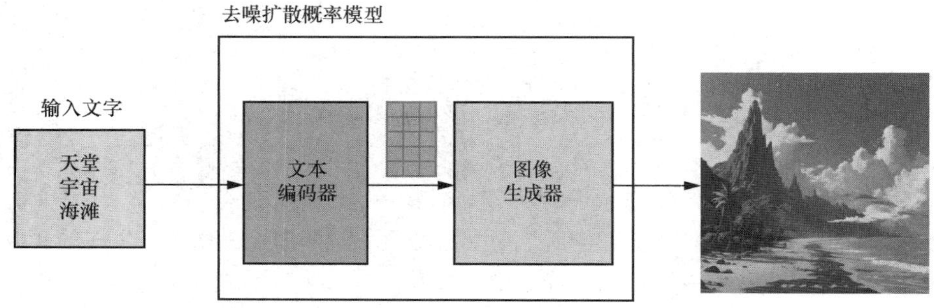

图 10-15　文字生成图像过程

为了引入文字，去噪扩散概率模型先用文本编码器把文字转换成文本向量（文本编码器基于 CLIP 模型[3]），再将文本向量和随机噪声向量、时间步向量一起输入去噪扩散概率模型来生成处理后的图像向量，再经过图像解码器来生成最终的目标图像，如图 10-16 所示。其中，图像解码器的作用是将图像向量还原为固定图像大小。

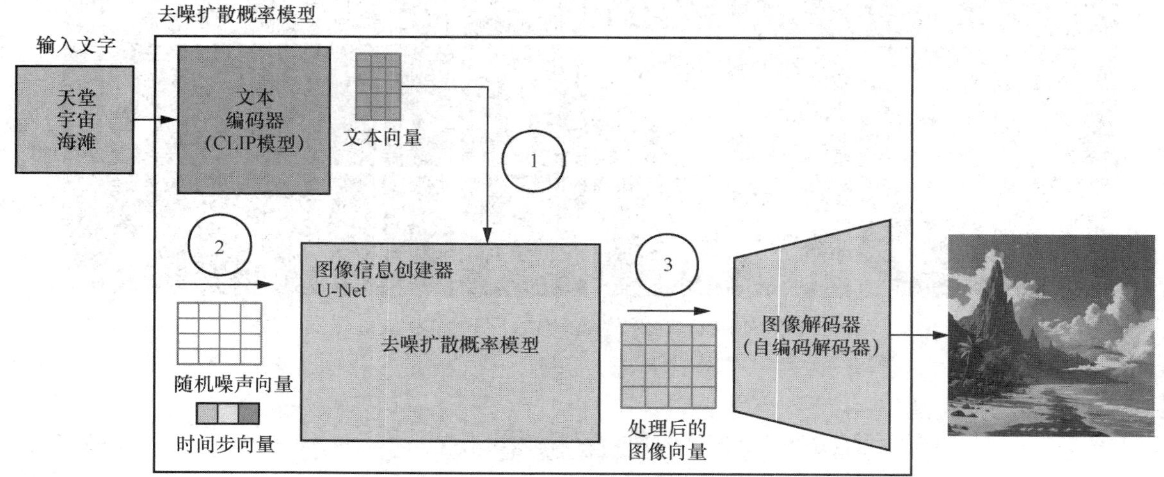

图 10-16　从输入文字到生成目标图像的过程

值得一提的是，图 10-16 所示的图像信息创建器是通过多个 U-Net 模型的叠加来实现的，如图 10-17 所示。

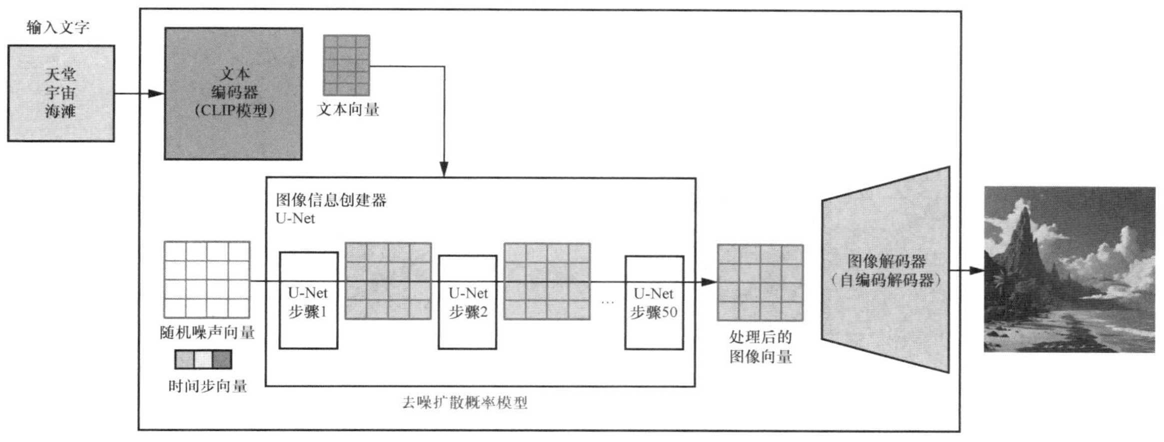

图 10-17 更详细的去噪扩散概率模型的模型结构

在全面介绍了引入文字的去噪扩散概率模型的整体架构之后，接下来要探讨的问题是如何利用 CLIP 模型实现文字到文本向量的有效转换。

10.4.2 利用 CLIP 模型生成文本向量

CLIP 是一个多模态学习模型，基于图像和文字的数据集进行训练[3]。它的训练数据集包含 4 亿对图像和文字对，这些配对从互联网上广泛搜集而来，展示了丰富多样的视觉和语言情境。

CLIP 由图像编码器和文本编码器组成，它的训练目标是让图像和文字之间有最大的相似度。它的训练过程可以理解为给图像配上合适的文字说明。具体来说，就是先用图像编码器和文本编码器分别对图像和文字进行编码，如图 10-18 所示。

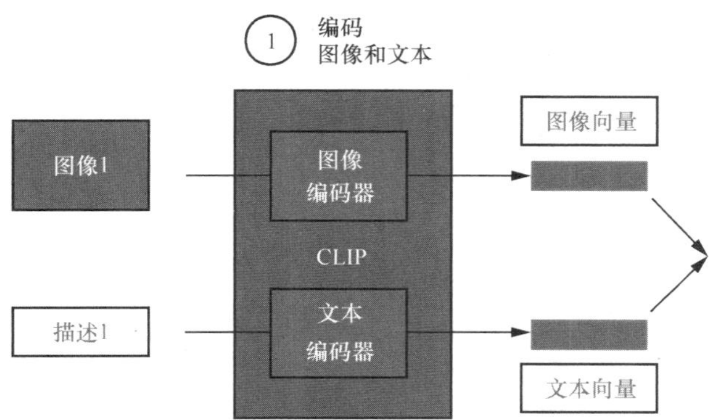

图 10-18 CLIP 步骤①：编码图像和文本

CLIP 模型的核心步骤是用余弦相似度来衡量图像向量和文字向量之间的相似度。训练初期，图像和文字的相似度往往很低，如图 10-19 所示。随着训练的进行，图像向量和文字向量的相似度会逐渐提高，直到达到最优。

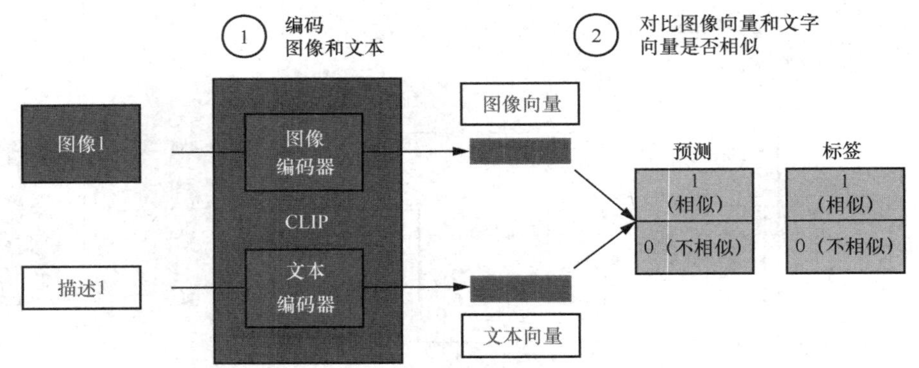

图 10-19　CLIP 步骤②：衡量图像向量和文字向量之间的相似度

CLIP 模型的最后一步是根据图像向量和文字向量之间的相似度计算损失函数，然后更新模型，从而得到新的图像向量和文本向量。经过在大量的图像和文字对的数据集上的训练，CLIP 模型能够学习到通用的视觉和语言表示。图 10-20 展示了 CLIP 模型的完整结构。

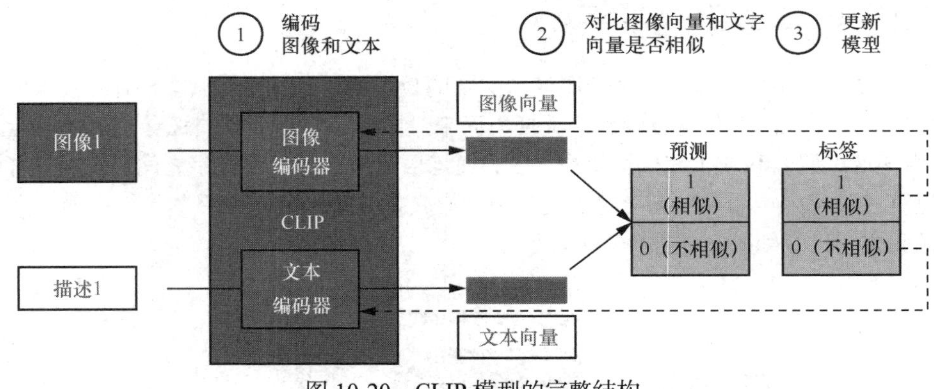

图 10-20　CLIP 模型的完整结构

10.4.3　在 U-Net 模型中使用文本向量

10.4.1 节提到，去噪扩散概率模型通过多个 U-Net 模型的叠加来引入文字作为输入，本节将探讨 U-Net 模型是如何工作的。U-Net 模型的特点是在每个残差网络（ResNet）之间加入一个注意力机制[4]，而这个注意力机制的一个输入就是文本向量，如图 10-21 所示。

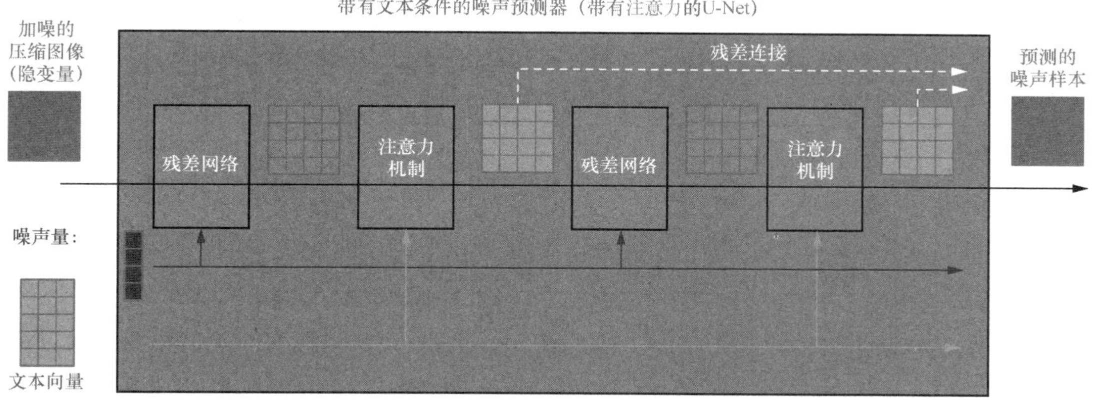

图 10-21　在 U-Net 模型中使用文本向量

10.4.4 引入文字的去噪扩散概率模型的训练过程

在阐述了去噪扩散概率模型引入文字的方法后，本节将介绍去噪扩散概率模型的训练过程。具体来说，引入文字后的去噪扩散概率模型的训练分为两个阶段：第一阶段利用 CLIP 模型生成文本向量，第二阶段则专注于 U-Net 模型的训练。利用 CLIP 模型生成文本向量的过程已在 10.4.2 节进行详尽介绍，U-Net 模型的训练细节如图 10-22 所示，每轮的训练环节都得到了详尽的展示。

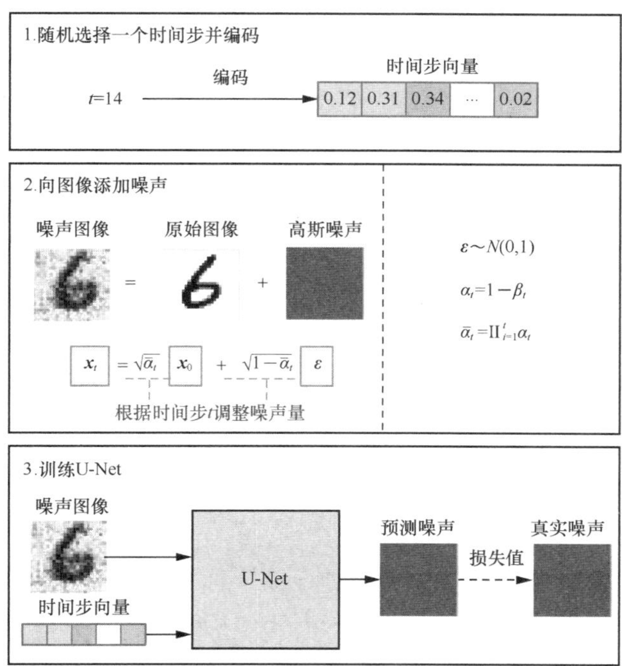

图 10-22　U-Net 每轮训练过程

讲解了去噪扩散概率模型的训练机制后，下一步是探讨如何从高斯噪声中复原出原始图像，图 10-23 直观地呈现了这一过程的效果。显然，经过去噪扩散概率模型的精细处理后，生成的图像呈现出较高的清晰度。

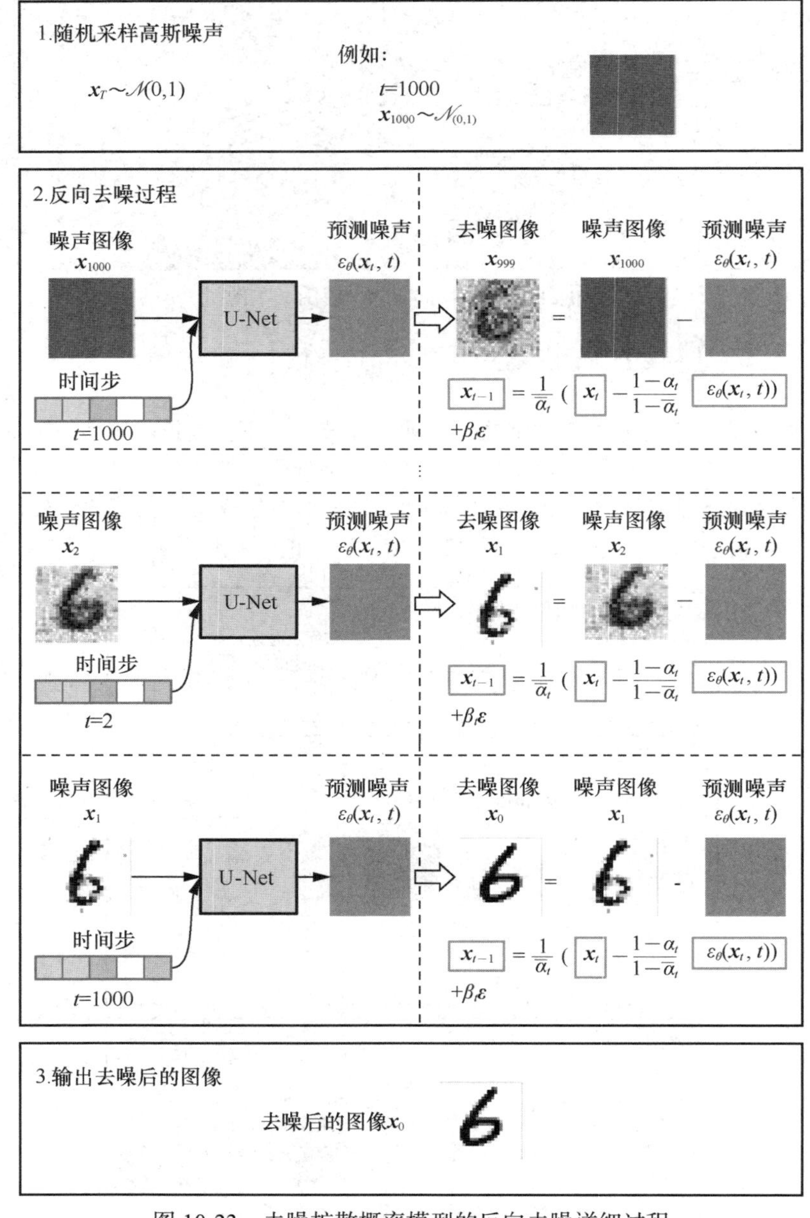

图 10-23 去噪扩散概率模型的反向去噪详细过程

10.5 去噪扩散概率模型改进版——Stable Diffusion

10.3 节和 10.4 节讲解了去噪扩散概率模型的原理和实现，它可以将输入文本转换为对应的图像。但是去噪扩散概率模型有一个缺点，就是在反向去噪过程中需要把完整的图像输入 U-Net，这会导致反向去噪的速度非常慢。

目前业界更关注的是去噪扩散概率模型的改进版——Stable Diffusion。Stable Diffusion 是 Stability AI 公司在 2022 年发表的论文“High-resolution image synthesis with latent diffusion models”[5]中提出的一种基于去噪扩散概率模型的人工智能绘画技术，可以快速地生成高质量的图像。Stable Diffusion 与 Midjourney 一起被认为目前人工智能绘画领域领先的技术，但是不同于没有开源的 Midjourney，Stable Diffusion 的论文和代码都已经公开。

Stable Diffusion 可以根据输入文本生成逼真的图像。例如，输入“一个穿着红色连衣裙的女孩在草地上跳舞”，生成的图像如图 10-24 所示。

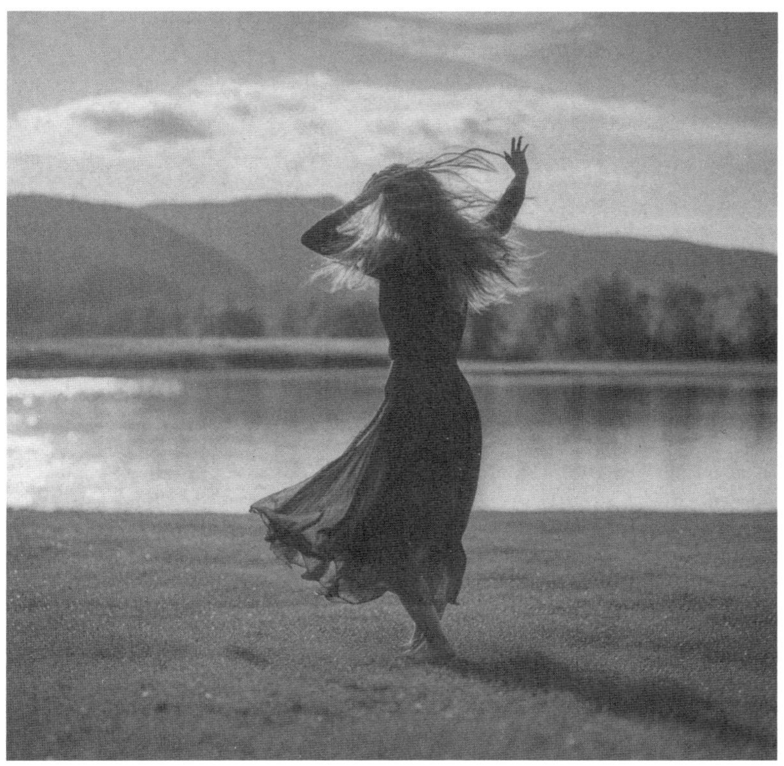

图 10-24　Stable Diffusion 生成的图像

本节将详细介绍 Stable Diffusion 的原理和实现。

10.5.1 Stable Diffusion 的文字生成图像过程

Stable Diffusion 是一种基于去噪扩散概率模型的改进技术，它可以加快生成图像的速度。图 10-25 所示为 Stable Diffusion 的文字生成图像过程。

可以看到，输入的文字（例如“一个宇航员正在骑马”）首先会经过一个 CLIP 文本编辑器转换为文本向量，然后和原始图像（初始化为随机高斯噪声）一起输入去噪模块（也就是图中的“文本条件 U-Net 模型”），最后会输出一张清晰的图像。

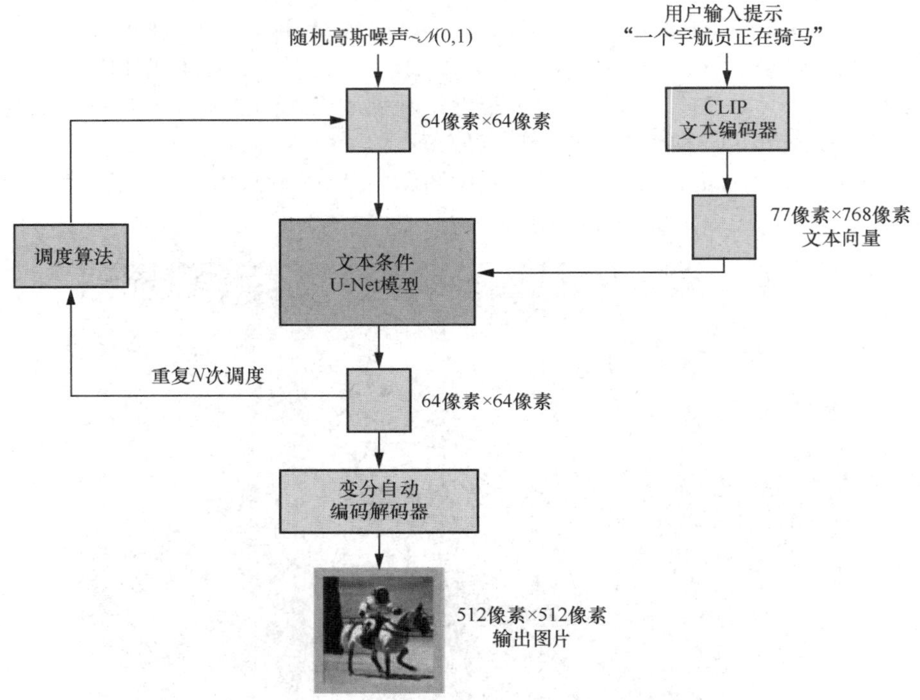

图 10-25 Stable Diffusion 的文字生成图像过程

在介绍了 Stable Diffusion 的文字生成图像过程之后，接下来要讲解的是 Stable Diffusion 在前向扩散过程和反向去噪过程中进行的优化。

10.5.2 Stable Diffusion 前向扩散过程优化

Stable Diffusion 最初被称为潜在扩散模型（latent diffusion model，LDM），它的特点是前向扩散过程发生在隐空间（latent space）中，也就是对图像做了压缩，这也是 Stable Diffusion 比去噪扩散概率模型速度快的原因。Stable Diffusion 首先训练一个编码器，学习将图像压缩成低维表示，如图 10-26 所示。其次通过训练好的编码器 E，可以将原始大小的图像压缩成低维的隐向量。最后通过训练好的解码器 D，可以将低维的隐变量还原为原始大小的图像。

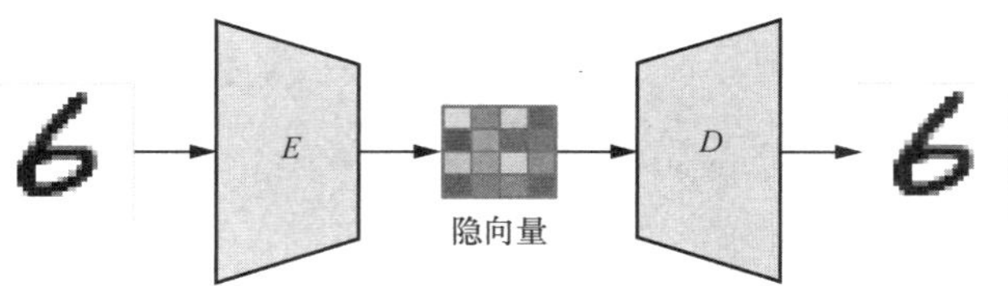

图 10-26 Stable Diffusion 的编码器和解码器

在将图像压缩成隐向量后，便可以在隐空间中完成扩散过程。下面来对比一下去噪扩散概率模型和 Stable Diffusion 中前向扩散过程的区别，如图 10-27 所示。

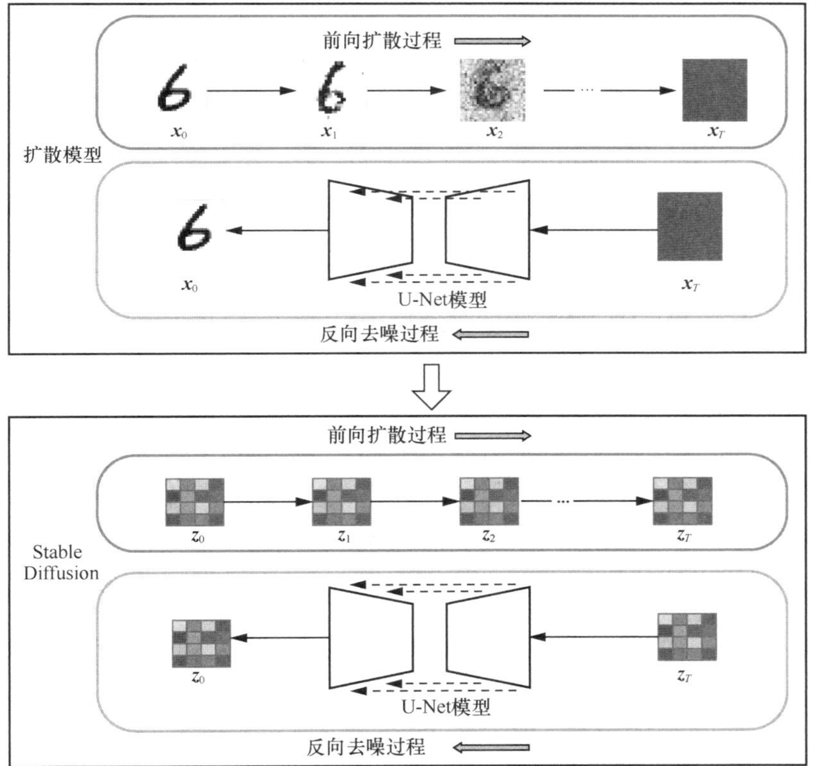

图 10-27 Stable Diffusion 和去噪扩散概率模型的区别

可以看到去噪扩散概率模型在原始图像上进行操作，而 Stale Diffusion 在压缩后的图像上进行操作。Stable Diffusion 的前向扩散过程和去噪扩散概率模型基本相同，只是多了一个图像压缩的步骤。

10.5.3 Stable Diffusion 反向去噪过程优化

Stable Diffusion 中反向去噪过程的流程如图 10-28 所示。

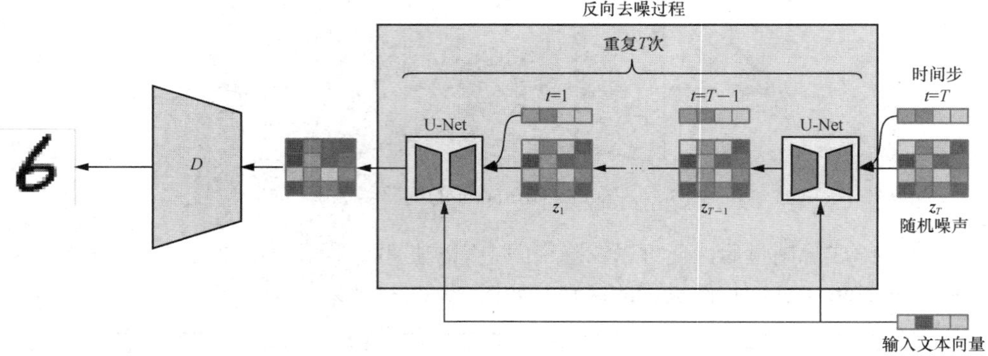

图 10-28　Stable Diffusion 中反向去噪过程的流程

从图 10-29 可以看出：在反向去噪过程中，需要将输入文本向量和原始图像 z_T 经过 T 轮的 U-Net 模型处理（T 轮去噪过程），得到输出 z_0 后，再通过解码器还原为最终图像。

为了处理文本向量，Stable Diffusion 在反向去噪过程中，对 U-Net 模型的结构进行了改进，使得每轮反向去噪过程中都能考虑文本和图像的相关性，从而能够根据文本和图像的关联性生成不同的图像细节。Stable Diffusion 中单轮反向去噪过程的细节如图 10-29 所示。

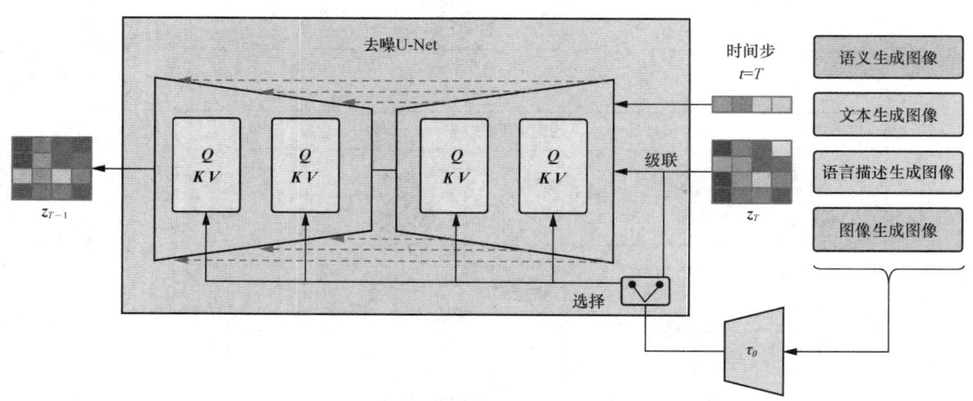

图 10-29　Stable Diffusion 中单轮反向去噪过程

图 10-29 展示了 Stable Diffusion 处理不同任务的过程，其中 τ_θ 表示输入处理函数，如果输入是文本，那么 τ_θ 就是 Transformer。对于文本生成图像的任务，首先需要用 CLIP 模型把文本转换成向量，再将向量输入 U-Net 模型的多头注意力机制($\boldsymbol{Q}$, $\boldsymbol{K}$, $\boldsymbol{V}$)中。通过这种方式，可以计算出文本向量和图像向量的相关性。

10.5.4　Stable Diffusion 的完整流程

在详细介绍了 Stable Diffusion 的原理和方法之后，下面来看看它的完整流程，如图 10-30 所示。

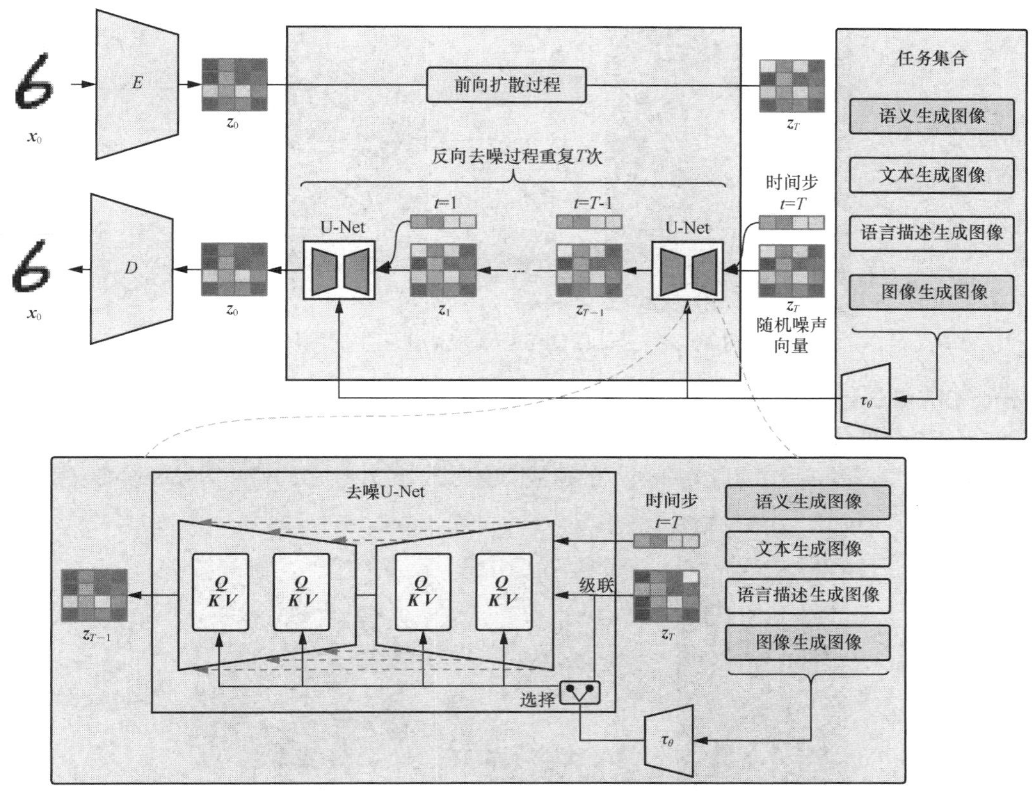

图 10-30　Stable Diffusion 完整流程

Stable Diffusion 不仅具备文字生成图像的能力，还能实现图像生成图像的功能。10.5.5 节将探讨 Stable Diffusion 在不同领域中的实际应用。

10.5.5 Stable Diffusion 应用场景

Stable Diffusion 目前有 4 个版本，分别是 Stable Diffusion 1.5、Stable Diffusion 2.1、Stable Diffusion XL 0.9 和 Stable Diffusion XL 1.0，其中 Stable Diffusion XL 1.0 是本书撰写完成时最新的版本。本书选择使用 Stable Diffusion XL 1.0，根据文字生成图像。例如，输入“A corgi in white clothes, lakeside, mountain and rivers, sunrise, blue sky and white clouds”，就可以得到图 10-31 所示的柯基图像。图 10-32 的中间部分显示了参数选择，最左边是可以运行的 JavaScript 代码和 Python 代码，通过运行代码也可以生成相同的图像。

在图 10-32 的中间部分，参数 Negative Prompt 用来过滤输入文本中的词，使得这些词对图像生成没有影响，可以调整参数 Model 来指定不同的模型版本，可以调整参数 Style 来选择生成图像的风格，可以调整参数 CFG Scale 来控制文本和图像的相关性，也可以调整参数 Steps 来控制模型的迭代次数。

图 10-31　Stable Diffusion 根据文字生成图像

Stable Diffusion 不仅可以根据文字生成图像，还可以调整图像的分辨率，让图像更加清晰。例如，把生成的柯基图像的分辨率从 1024 像素×1024 像素提高到 2048 像素×2948 像素，就可以得到图 10-32 所示的柯基图像。可以看到，图 10-32 所示的柯基图像比图 10-31 所示的柯基图像更加细致和逼真。

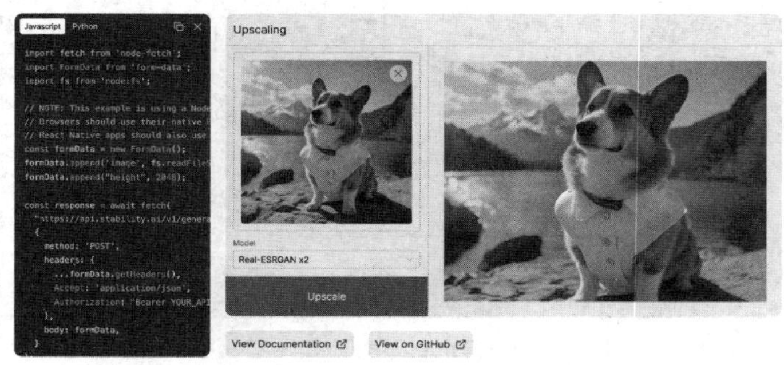

图 10-32　Stable Diffusion 修改图像分辨率

Stable Diffusion 还有一个强大的功能，就是支持根据多个不同的文本输入生成图像。例如：输入“A corgi in white clothes, lakeside, mountain and rivers, sunrise, blue sky and white clouds”之后，再输入“Wearing a red bow on the head and walking on the road”，就可以得到图 10-33 所示的柯基图像。可以看到，图 10-33 所示的柯基图像中，柯基的姿态和图像背景都发生了变化。

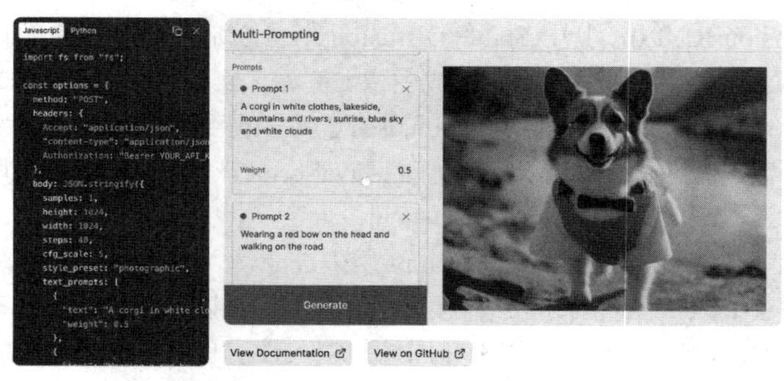

图 10-33　Stable Diffusion 支持根据多个不同的文本输入生成图像

10.6 小结

本章主要介绍了大模型中多模态的相关技术，包括早期的生成对抗网络、改进去噪扩散概率模型，以及去噪扩散概率模型改进版——Stable Diffusion 模型。这些模型都是文生图的代表性技术。相比于生成对抗网络，去噪扩散概率模型通过训练一个去噪器来还原从真实图像到随机噪声的过程，显著提高了模型效果；而 Stable Diffusion 在去噪扩散概率模型的基础上，优化了前向扩散过程和反向去噪过程，显著加快了模型的推理速度，成为目前主流的文生图模型。

至此，本书已经完整介绍了大模型的相关技术，第 11 章将介绍大模型在推荐场景的应用，利用大模型的“涌现能力”提高推荐系统的效果。

10.7 参考文献

[1] GOODFELLOW I J, POUGET-ABADIE J, MIRZA M, et al. Generative adversarial nets[J]. Advances in Neural Information Processing Systems, 2014, 27.

[2] NICHOL A, DHARIWAL P. Improved denoising diffusion probabilistic models[C]// International Conference on Machine Learning. New York, America: ACM, 2021: 8162 - 8171.

[3] RADFORD A, KIM J W, HALLACY C, et al. Learning transferable visual models from natural language supervision[C]// International Conference on Machine Learning. New York, America: ACM, 2021:8748-8763.

[4] RONNEBERGER O, FISCHER P, BROX T. U-net: convolutional networks for biomedical image segmentation[C]// Medical Image Computing and Computer-assisted Intervention - MICCAI 2015: 18th International Conference, Munich, Germany: Springer International Publishing, 2015: 234-241.

[5] ROMBACH R, BLATTMANN A, LORENZ D, et al. High-resolution image synthesis with latent diffusion models[C]// Proceedings of the IEEE/CVF Conference on Computer Vision and Pattern Recognition. Piscataway, NJ: IEEE, 2022: 10684-10695.

第 11 章 大模型和推荐系统结合

前面的章节讲解了大模型的原理和应用，介绍了大模型在文本生成、意图理解、推理等方面的强大功能。当前研究的一个热点问题是大模型能否和推荐系统这样的传统业务相结合。本章将带你探索如何利用大模型为推荐系统赋能，实现“一个模型应用到所有场景”（即 One model Server All）的目标。本章将从以下几个方面进行介绍。

- 大模型和推荐系统的异同。
- 大模型和推荐系统 3 种不同的结合方法：基于大模型构建特征、基于大模型建模行为序列，以及基于行为序列微调大模型。
- 大模型和推荐系统结合的前沿探索：两阶段模式、端到端模式、预训练+两阶段/端到端模式，以及预训练+两阶段/端到端+ID 特征模式。

11.1 大模型和推荐系统的异同

大模型和推荐系统都基于序列数据进行建模，而且它们共同的核心任务都是预测下一个 ID（字词或物品）。大模型处理的是自然语言文本序列，例如“威廉·莎士比亚是英国文学史上最杰出的戏剧家，也是西方文艺史上杰出的作家之一……”。推荐系统处理的是用户行为序列，例如，在电商推荐场景中，用户的行为序列可能是“果汁、袜子、啤酒、外套……”。图 11-1 所示为大模型和推荐系统的相似性。

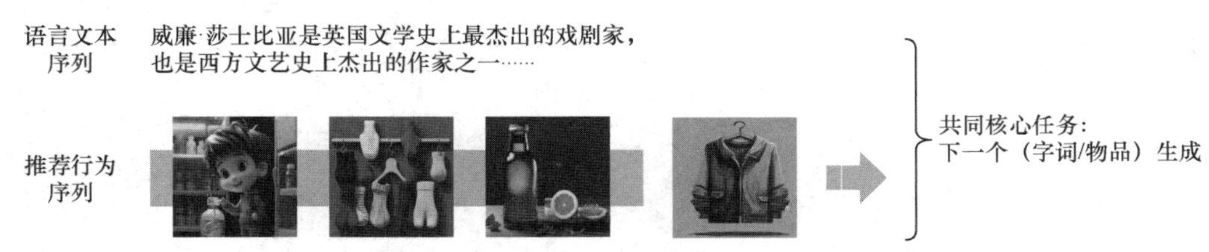

图 11-1　大模型和推荐系统的相似性

但是，大模型和推荐系统也存在很大的差异，如表 11-1 所示。

表 11–1 推荐系统和大模型的差异

差异点	大模型	推荐系统
个性化	较通用的语言模型	用户行为偏好千人千面
序列 ID	字词（万级别，语义明晰）	物品（亿级别，包含多模态信息，语义模糊）
下游任务	多种多样（分类、问答、生成、序列标注等）	集中（下一个物品推荐）
稀疏性	训练数据相对比较充足	用户-物品交互信息极其稀疏，长尾效应明显

11.2 大模型和推荐系统的 3 种不同结合方法

论文“Where to go next for recommender systems? ID-vs. modality-based recommender models revisited”[1]总结了大模型和推荐系统结合的 3 种主要方法：基于大模型构建特征、基于大模型建模行为序列，以及基于行为序列微调大模型。

11.2.1 基于大模型构建特征

基于大模型构建特征这种方法是分两个阶段进行的，下图 11-2 是新闻推荐场景的例子。第一阶

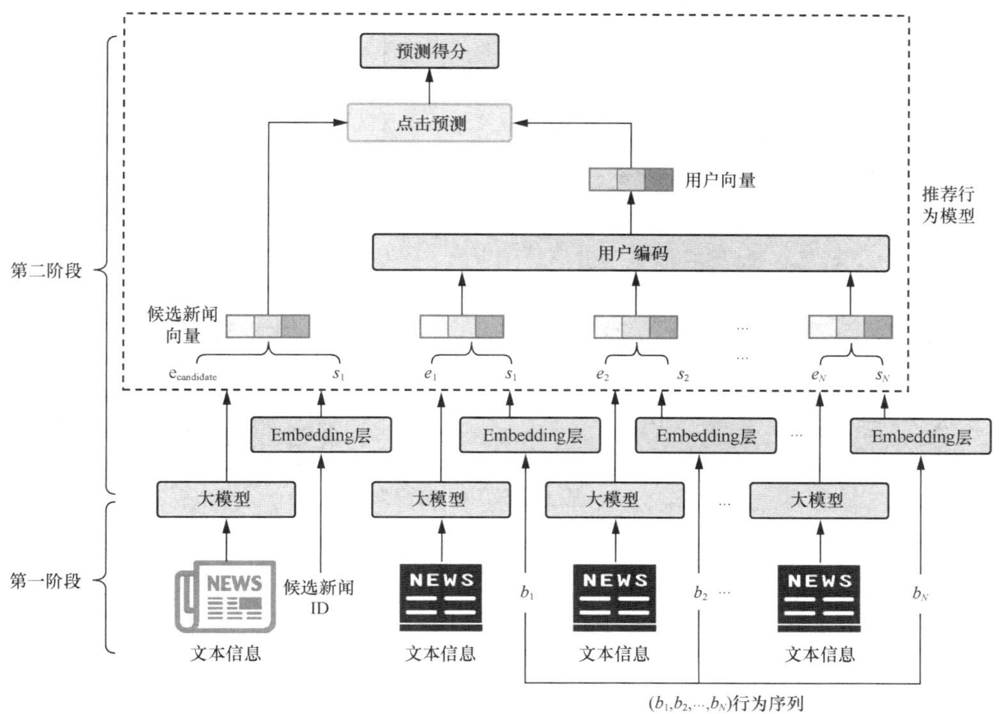

图 11-2 基于大模型构建特征

段是用大模型对新闻的文本信息进行建模，Embedding 层会将新闻 ID 转化为对应的词嵌入。第二阶段是用推荐行为模型对用户的行为序列进行建模，将新闻对用户的行为进行编码生成用户向量。

这种方法的优点在于对文本序列和行为序列分别建模不仅是一种直观而实用的建模方式，而且还可以利用大模型增强对物品的文本信息的理解。这种方法的缺点是由于划分两个阶段，大模型生成的特征的效果很难控制。

11.2.2 基于大模型建模行为序列

利用大模型建模行为序列，就是首先把行为序列转换为文本序列，然后直接用大模型和文本序列完成下游推荐任务。图 11-3 所示为基于大模型建模行为序列的方法；首先将用户-物品交互行为转换为行为序列，并对每个物品添加描述信息；然后将其转换为文本序列，文本序列的每一项都包含每个物品的所有描述信息，以及在序列中的 ID；最后将处理好的文本作为大模型的输入，大模型根据输入文本，生成候选物品的描述信息和 ID。

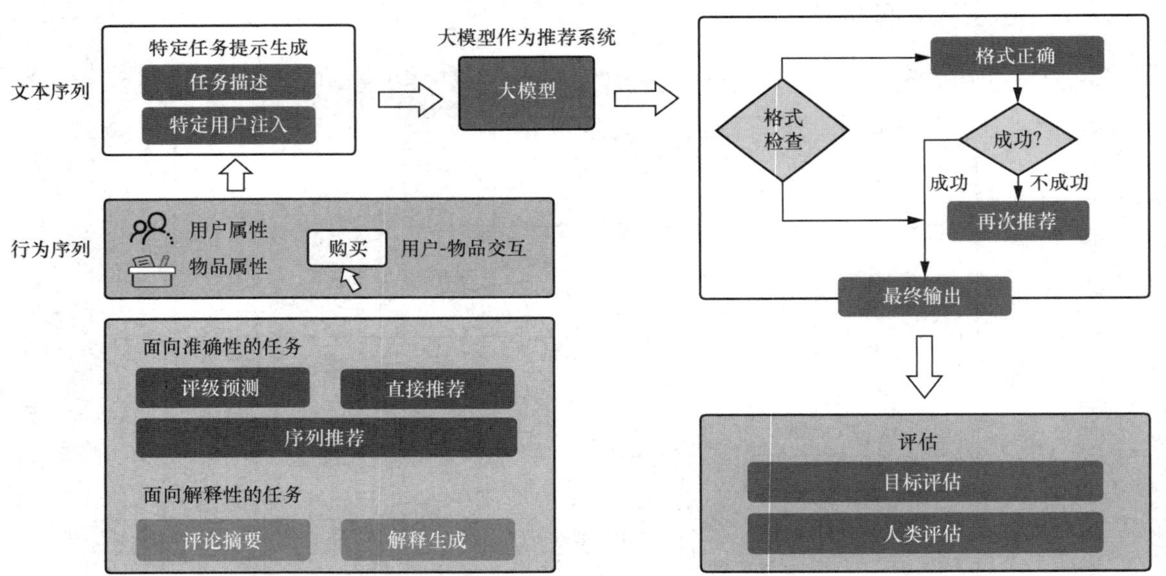

图 11-3 基于大模型建模行为序列

这种方法的优点是实现了端到端的推荐，直接利用大模型完成下游推荐任务，在零样本的情况下也显示出一定的潜力。但是这种方法的缺点也很明显，由于文本序列和行为序列有很大的差异，因此直接用大模型作为推荐系统的效果不理想。

为了缩小行为序列和文本序列之间的差距，业界对将大模型直接用于推荐的原理进行了深入探索，例如：大模型对行为序列的顺序关系理解不足，可以通过设置适合的提示来补充。虽然这样做可以在一定程度上提升效果，但是仍然存在迁移效果不好的问题。

为了进一步解决这个问题，业界提出了基于行为序列微调大模型的方法。

11.2.3 基于行为序列微调大模型

利用行为序列微调大模型，这种方法是把用户的行为序列转化为物品的文本序列，然后用行为序列来微调大模型。这种方法的优点是微调后的大模型在推荐任务上的效果比零样本提示的效果有显著的提升；缺点是用户的行为信息的作用过于主导。图 11-4 展示了基于不同行为序列微调大模型的方法，包含序列推荐、评分预测等多种推荐任务。

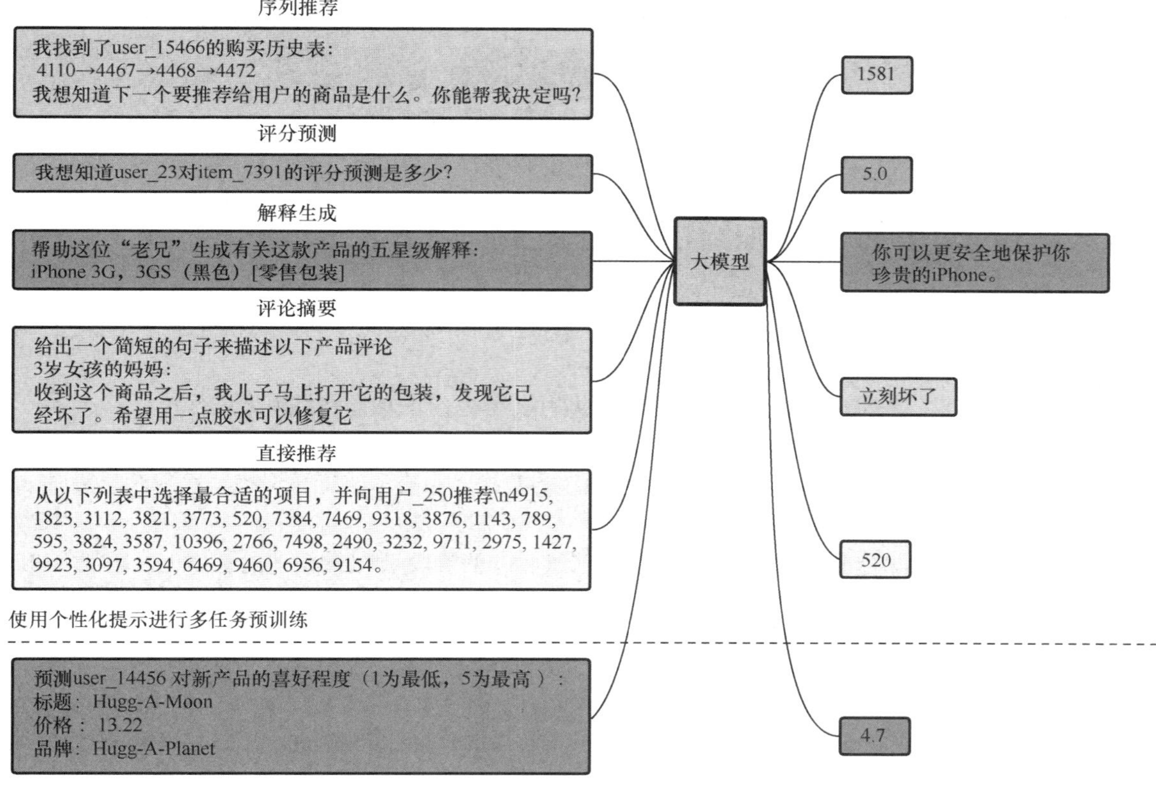

图 11-4 基于行为序列微调大模型

为了让大模型能够更好地理解用户的需求和意图，一种新的思路是将推荐任务转化为大模型的指令执行问题。具体来说，就是用自然语言来描述用户的偏好、意图、任务形式和上下文，然后让大模型根据这些指令来完成推荐任务。这种方法可以避免因直接将行为序列输入大模型而导致的意图理解困难，可以提高大模型在行为序列建模上的性能。图 11-5 展示了这种方法的示例。

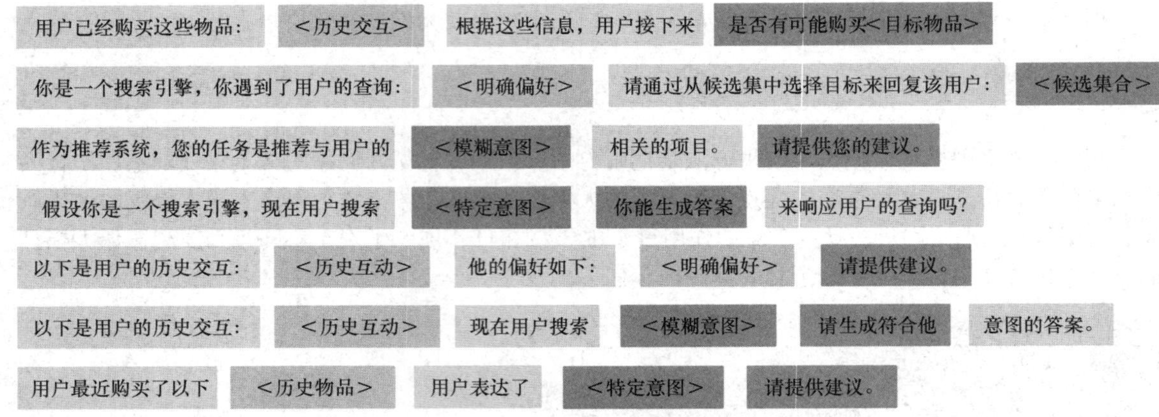

图 11-5　优化指令，提升大模型意图理解效果

11.3 大模型和推荐系统的结合效果

为了评估大模型和推荐系统结合的效果，论文[1]通过 4 个实验对不同模式和特征的效果进行观察，具体实验描述如下。

- 两阶段模式：先用大模型提取文本特征，再用推荐系统的神经网络模型进行预测。
- 端到端模式：直接用大模型完成推荐任务。
- 预训练+两阶段/端到端模式：先用推荐系统的数据对大模型进行预训练，再用两阶段/端到端模式进行推荐。
- 预训练+两阶段/端到端+ID 特征模式：在预训练+两阶段/端到端模式的基础上，再加入 ID 特征进行推荐。

11.3.1 两阶段模式

考虑采用两阶段模式进行推荐，即首先用大模型从离线数据中提取特征，然后将特征输入推荐系统的神经网络模型中进行预测。两阶段模式的模型结构如图 11-6 所示。

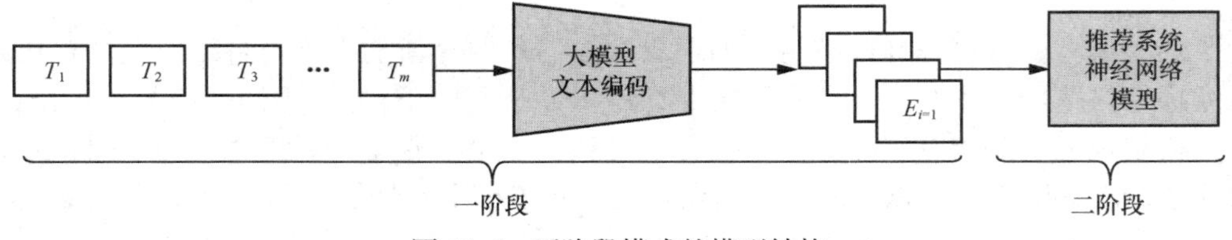

图 11-6　两阶段模式的模型结构

论文[1]使用开源的新闻推荐数据集 MIND，它包含约 43 万用户和 8 万篇新闻的数据。使用

HR@10 来评估两阶段模式的效果，HR@10 表示在推荐的前 10 篇新闻中，用户喜欢的有多少篇。例如：如果在 10 次推荐中，有 6 次推荐的前 10 篇新闻中包含用户喜欢的新闻，那么 HR@10 就是 0.6。表 11-2 所示实验结果可以看出：仅使用物品的 ID 特征进行推荐的模型的 HR@10 是 17.71%，而使用两阶段模式的模型中，效果最好的模型的 HR@10 是 16.66%。这说明相比于基准模型，使用两阶段模式的模型的 HR@10 值有明显提高，但是两阶段模式的效果并不理想。

表 11–2　两阶段模式实验效果

模型	HR@10 /%
纯 ID 推荐（基准模型）	17.71
两阶段模式	13.93
两阶段模式（加额外 2 层 DNN）	15.20
两阶段模式（加额外 6 层 DNN）	16.26
两阶段模式（加额外 8 层 DNN）	16.66
两阶段模式（加额外 10 层 DNN）	16.14

11.3.2 端到端模式

采用端到端模式进行推荐，即直接修改大模型的输出层，让它能够对新闻进行排序。端到端模式的优点是部署方便，只需要一个模型就可以完成推荐；缺点是使用大模型进行推荐会消耗更多的计算资源。从表 11-3 所示的实验结果可以看出：使用端到端模式的模型的 HR@10 是 18.23%，高于仅使用 ID 特征的模型。

表 11–3　端到端模式实验效果

模型	HR@10 /%
纯 ID 推荐（基准模型）	17.71
端到端模式	18.23

11.3.3 预训练+两阶段/端到端模式

为了提升模型的效果，考虑在两阶段模式/端到端模式的基础上，加入额外的预训练步骤。使用新闻推荐数据集 MIND 的文本数据来对大模型进行预训练，让它能够更好地理解新闻的内容和语义。从表 11-4 所示实验结果可以看出：结合预训练后，两阶段模式的 HR@10 从 13.93%提高到 14.68%，端到端模式的 HR@10 从 18.23%提高到 18.63%。这说明预训练有助于提升模型的效果，但是效果提升并不显著。

表 11–4　加入预训练实验效果

模型	HR@10 /%
纯 ID 推荐（基准模型）	17.71
两阶段模式	13.93
端到端模式	18.23
预训练+两阶段模式	14.68
预训练+端到端模式	18.63

11.3.4 预训练+两阶段/端到端+ID 特征模式

考虑在结合预训练的两阶段模式/端到端模式中继续加入 ID 特征，看看能否提升模型的效果，实验结果如表 11-5 所示。可以看出结合预训练并加入 ID 特征的两阶段模式的 HR@10 从 13.93%提高到 17.66%，超过仅使用 ID 特征的模型的 17.71%；但是结合预训练并加入 ID 特征的端到端模式的 HR@10 从 18.23%降低到 17.12%，这可能是因为端到端模式和仅使用 ID 特征的模型都是基于用户-物品交互数据来学习用户偏好的，它们之间没有互补的效果。

表 11–5　加入 ID 信息实验效果

模型	HR@10 /%
纯 ID 推荐（基准模型）	17.71
两阶段模式	13.93
端到端模式	18.23
预训练+两阶段模式+ID 特征	17.66
预训练+端到端模式+ID 特征	17.12

不管是使用两阶段模式还是端到端模式，都需要寻找一些能够替代 ID 特征的其他特征，以弥补 ID 特征的缺失。例如：在新闻推荐场景中，我们可以利用新闻的标题、作者、发布时间、内容、图片、转发数、评论数、点赞数、关注数、收藏数等各种信息，增强新闻的表达能力和区分度。图 11-7 展示了新闻推荐场景中可以使用的一些补充信息。

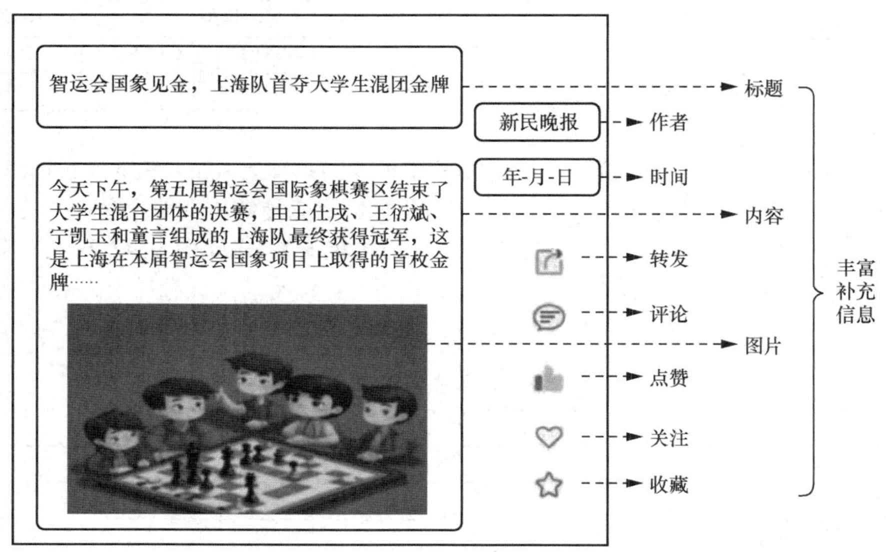

图 11-7　新闻推荐场景中可以使用的一些补充信息

11.4 小结

本章主要探讨了大模型和推荐系统的异同，如何将大模型和推荐系统有效地结合起来，并介绍了评估大模型和推荐系统的结合效果的 4 个实验。

到目前为止，本书已经完整地介绍了大模型的各种技术，并举例说明了大模型如何与推荐系统结合以发挥更大作用。第 12 章将介绍如何构建自己的私有大模型，让你亲身体验大模型的神奇魅力。

11.5 参考文献

[1] Yuan Z, Yuan F J, Song Y, et al. Where to go next for recommender systems? ID-vs. modality- based recommender models revisited[J]. arXiv preprint arXiv:2303.13835, 2023.

第12章　构建私有大模型

前面的章节已经对大模型的技术原理进行了全面的介绍。随着大模型技术的快速发展，目前出现了各种各样的大模型，如OpenAI的GPT模型、Meta的Llama模型、百度的文心一言模型、科大讯飞的讯飞星火模型等。其中，很多公司都选择了开源自己的大模型，例如Meta的Llama模型。这既为大模型的发展提供了更多的动力，也降低了大模型开发的难度。

本章将首先介绍如何选择合适的开源大模型，从推理能力、语言能力等方面对大模型进行综合比较；然后介绍如何部署大模型，包括环境安装和模型加载，并分享一些低成本部署的技巧，让读者可以在个人计算机上运行大模型；最后详细讲解如何通过有监督微调打造自己的专属大模型，让大模型能够适应读者的使用场景，发挥最大的价值。

本章的目标是帮助读者构建自己的私有大模型，为读者提供一份实用的大模型部署指南，让读者能够真正享受大模型带来的便利和乐趣。

12.1　大模型百花齐放

大模型百花齐放，引领人工智能新浪潮。目前，国内外已经出现了许多优秀的大模型，以下是一些代表性的例子。

- GPT-4：GPT-4是OpenAI GPT系列大模型的一种，通过人类反馈的强化学习，实现更加遵循人类指令、更加有用、无害和诚实。此外，GPT-4还支持图像输入，并经过良好设计的后训练对齐过程，规模也比大多数现有模型更大。GPT-4在各种数据集测试中实现了人类水平的性能，甚至在某些模拟考试中获得了排名前10%的成绩。
- ChatGPT：美国人工智能公司OpenAI研发的聊天机器人程序，于2022年发布。ChatGPT是人工智能技术驱动的自然语言处理工具，它能够通过理解和学习人类的语言来进行对话，还能根据聊天的上下文进行互动，真正像人类一样来聊天交流，甚至能完成撰写邮件、视频脚本、文案等任务。
- Llama：Meta公司开发的Llama是一个人工智能模型，旨在帮助研究人员和工程师探索人工智能应用和相关功能。该模型接受了 20 种语言的训练，包括拉丁语和西里尔字母语言。与之前的大模型相比，Llama 所需的计算能力远低于具有 1750 亿参数量的 GPT-3，这使得初创公司也能以低廉的价格创建类似 ChatGPT 这样的聊天机器人。Meta 于 2023 年 7 月发布了 Llama 的开源商用版本，意味着大模型应用进入了“免费时代”。

- 文心一言：百度研发的知识增强大模型，能够与人对话互动，如回答问题、协助创作，高效便捷地帮助人们获取信息、知识和灵感。
- 讯飞星火：科大讯飞发布的一款认知大模型，具有文本生成、语言理解、知识问答、逻辑推理、数学推理、代码编写以及多模态理解与生成等七大核心能力，它不仅可以通过和用户的聊天进行思考和交流，还可以帮助用户完成多种任务，如回答问题、写代码、写脱口秀文案等。
- ChatGLM：清华技术成果转化的公司“智谱 AI”推出的基于千亿基座模型的对话语言模型，初具问答和对话功能，现已开启邀请制内测。同期，智谱 AI 还开源了 GLM 系列大模型的中英双语对话模型 ChatGLM-6B，支持在单张消费级显卡上进行推广使用。
- Baichuan2-192K：百川智能开发的大模型。该模型于 2023 年 10 月发布，其上下文窗口长度高达 19.2 万 tokens，能够处理约 35 万个汉字，是目前支持长上下文窗口的最优秀的大模型。百川智能在今年 9 月 25 日已经开放了 Baichuan2 的 API 接口。
- 通义千问：阿里巴巴最新发布的大模型，具有超过 100 万亿个的参数量，且表现出了令人印象深刻的能力，包括良好的语义理解能力，能够理解棘手的中文句子。它可以帮助客户获得个性化和准确的响应，还可以用于开发各种智能助手，协助人们完成各种任务。通义千问的潜在应用非常广泛，它不仅可以在客户服务、在线教育等领域大放异彩，还可以应用于智能助手等方面。此外，阿里巴巴表示，未来每一个企业在阿里云上，既可以调用通义千问的全部能力，也可以结合企业自己的行业知识和应用场景，训练自己的企业大模型。

大模型作为人工智能领域的新风口，正引领着一场产业革命。目前，国内已发布多个大模型，涵盖教育、医疗、金融等多个领域。同时，国内外也出现了一些专注于大模型研发和应用的创新企业，例如深度之眼、悟空问答、知识星球等。这些企业利用大模型提供了智能问答、智能写作、智能教育等多种服务，为用户带来了便利。

总之，大模型是人工智能领域的新趋势和新机遇，也是未来社会变革的新动力。随着技术的不断进步和应用的不断拓展，我们有理由相信，大模型将给我们带来更多惊喜和价值。据第三方机构称，OpenAI 月活用户近 9 亿，跻身全球前二十大网站。OpenAI 的用户体验也非常好，根据用户反馈，OpenAI 的产品可以帮助他们提高工作效率、增强学习能力、拓展知识面、激发创造力等。OpenAI 是大模型百花齐放的一个缩影，它展示了大模型的强大潜力和广阔前景。

接下来将探索一些强大的大模型，首先一起来了解一下如何选择合适的基座模型。

12.2 选择基座模型

在大模型应用中，选择一款合适的基座模型非常关键，它要求既能达到优秀的效果，又能降低部署的成本，这样就可以方便地在私有数据上进行微调，并且实现低成本的部署。根据开源评测平台 OpenCompass 的数据，表 12-1 列示了目前综合能力最好的 10 个开源基座模型。从表 12-1 中可以看出：排名第一的是清华大学发布的大模型 ChatGLM3-6B。虽然它在前 10 名中参数量最少，但是效果最佳，是选择基座模型的最佳候选。因此，本章将以 ChatGLM3-6B 为基座模型，展开我们的大模型应用之旅。

表 12-1 开源基座模型评测排名（数据源自 OpenCompass）

模型	发布时间	所属机构	参数量/亿个	综合得分
ChatGLM3-6B	2023/10	清华大学	60	65.3
Qwen-14B	2023/9	阿里巴巴	140	62.4
XunYuan-70B	2023/9	度小满	700	60.0
InternLM-20B	2023/9	商汤科技	200	59.3
Llama-2 70B	2023/7	Meta	700	57.4
TigerBot-70B-Base-V1	2023/9	虎博科技	700	55.7
Qwen-7B	2023/9	阿里巴巴	70	55.2
Llama 65B	2023/2	Meta	650	51.9
Mistral-7B-v0.1	2023/9	Mistral AI	70	51.2
TigerBot-13B-Base-V1	2023/8	虎博科技	130	50.3

12.3 环境安装

ChatGLM3 是由智谱 AI 和清华大学联合发布的新一代对话预训练模型，其中 ChatGLM3-6B 是开源的对话模型，具有以下特性。

- 更强大的基础模型：ChatGLM3-6B 基于 ChatGLM3-6B-Base 进行微调，后者使用了更多样的训练数据、更充分的训练步数和更合理的训练策略。
- 更完整的功能支持：ChatGLM3-6B 采用了全新设计的提示格式，除了支持多轮对话，还支持工具调用、代码运行等复杂场景。
- 更全面的开源序列：除了对话模型 ChatGLM3-6B，还开源了基础模型 ChatGLM3-6B-Base、长文本对话模型 ChatGLM3-6B-32K。

为了使用 ChatGLM3-6B 作为基座模型，首先需要安装环境，可以从 GitHub 上克隆代码仓库，然后使用 pip 安装依赖，命令如下：

```
pip install -r requirements.txt
```

其中，transformers 库版本推荐为 4.30.2，torch 推荐使用 2.0 及以上的版本，以获得最佳的推理性能。

12.4 模型加载

要想加载 ChatGLM3-6B 模型，有多种方式可以选择，例如代码调用、网页版启动、命令行交互等。下面先来看看如何通过代码调用的方式加载模型。

12.4.1 代码调用

可以使用代码清单 12-1 来生成对话，只需调用 ChatGLM3-6B 模型即可，无须手动下载模型实现和参数，transformers 会自动完成这些工作。

代码清单 12-1 调用 ChatGLM3-6B 模型生成对话

```
from transformers import AutoTokenizer, AutoModel
tokenizer = AutoTokenizer.from_pretrained("THUDM/chatglm3-6b", trust_remote_code=True)
model = AutoModel.from_pretrained("THUDM/chatglm3-6b", trust_remote_code=True, device='cuda')
model = model.eval()
response, history = model.chat(tokenizer, "你好", history=[])
print(response)
你好👋!我是人工智能助手ChatGLM3-6B,很高兴见到你,欢迎问我任何问题。
response, history = model.chat(tokenizer, "晚上睡不着应该怎么办", history=history)
print(response)
晚上睡不着可能会让你感到焦虑或不舒服,但以下是一些可以帮助你入睡的方法。

    制定规律的睡眠时间表:保持规律的睡眠时间可以帮助你建立健康的睡眠习惯,使你更容易入睡。尽量在每天的相同时间上床,并在同一时间起床。
    创造一个舒适的睡眠环境:确保睡眠环境舒适、安静、黑暗且温度适宜。可以使用舒适的床上用品,并保持房间通风。
    放松身心:在睡前做些放松的活动,例如泡个热水澡、听些轻柔的音乐、阅读一些有趣的书籍等,有助于缓解紧张和焦虑,使你更容易入睡。
    避免饮用含有咖啡因的饮料:咖啡因是一种刺激性物质,会影响你的睡眠质量。尽量避免在睡前饮用含有咖啡因的饮料,例如咖啡、茶和可乐。
    避免在床上做与睡眠无关的事情:在床上做些与睡眠无关的事情,例如看电影、玩游戏或工作等,可能会干扰你的睡眠。
    尝试呼吸技巧:深呼吸是一种放松技巧,可以帮助你缓解紧张和焦虑,使你更容易入睡。试着慢慢吸气,保持几秒钟,然后缓慢呼气。
    如果这些方法无法帮助你入睡,你可以考虑咨询医生或睡眠专家,寻求进一步的建议。
```

完整的模型实现在 Hugging Face Hub。如果你的网络环境较差，下载模型参数可能会花费较长时间甚至失败。此时可以先将模型下载到本地，然后从本地加载。

12.4.2 网页版启动

读者可以执行如下命令，启动一个基于 Gradio 的网页版示例。

```
python web_demo.py
```

当 ChatGLM3-6B 模型成功启动，就可以在网页上看到图 12-1 所示的界面，并开始与模型对话。

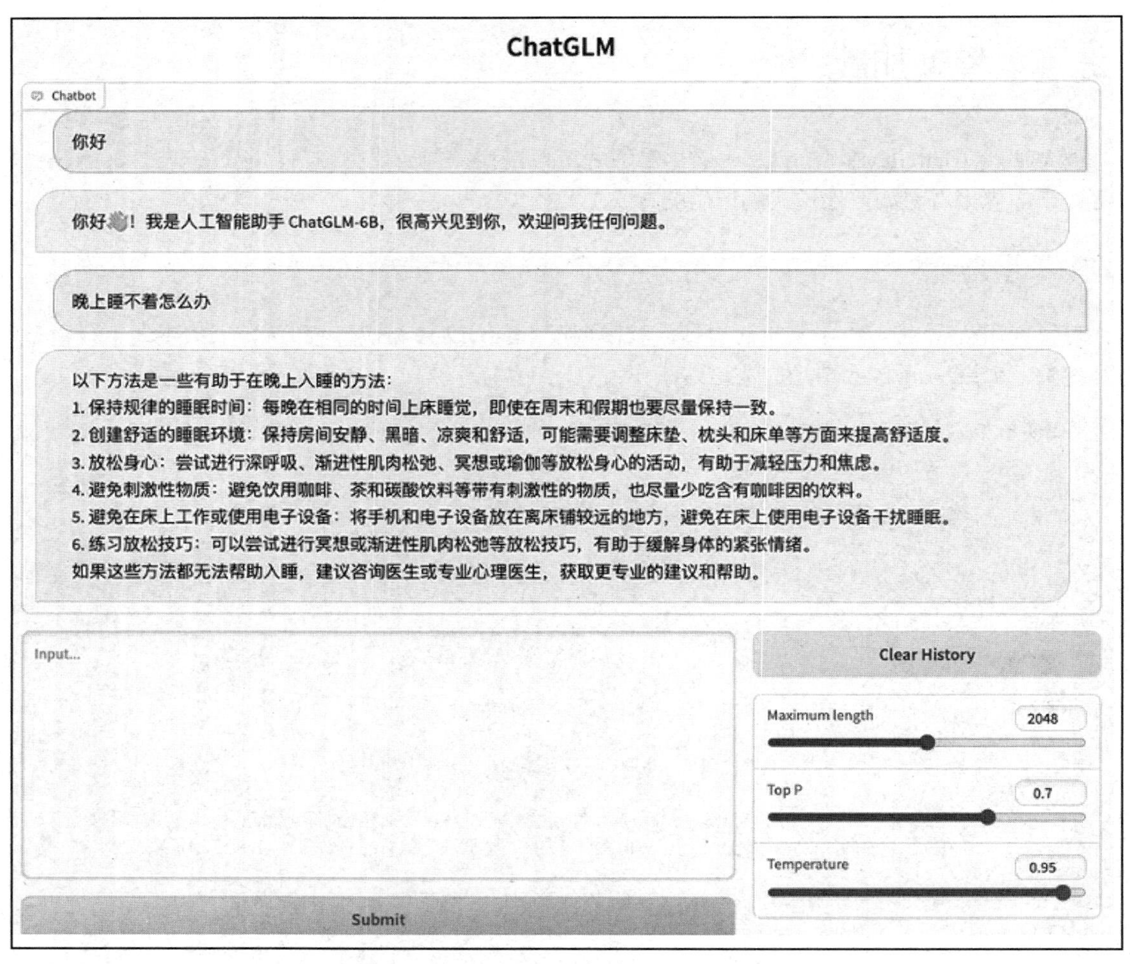

图 12-1　基于 Gradio 启动 ChatGLM3-6B

除了上面的方式，还可以通过如下命令，启动一个基于 Streamlit 的网页版示例。

```
streamlit run web_demo2.py
```

模型启动成功后，可以在网页上看到图 12-2 显示的界面。读者可以在左边的区域调整模型的参数，也可以在中间的区域和 ChatGLM3-6B 进行自由对话。

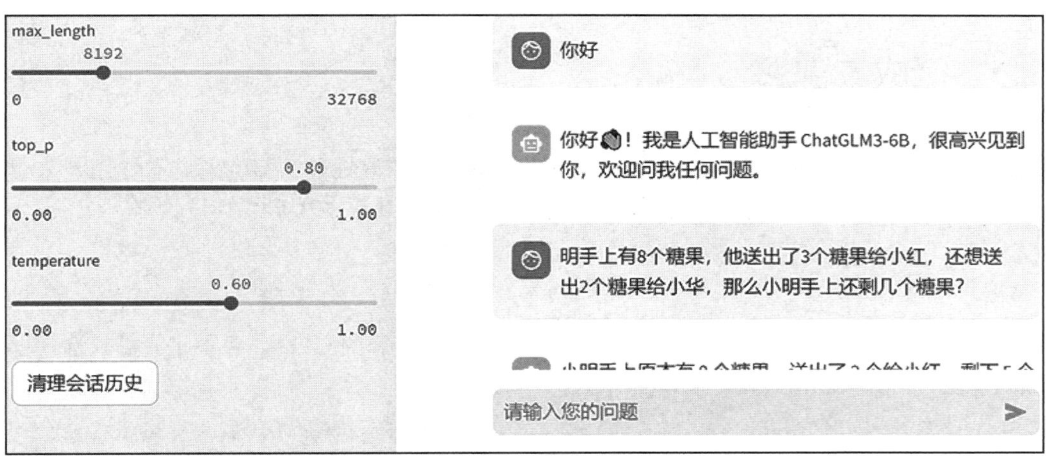

图 12-2　基于 Streamlit 启动 ChatGLM3-6B

12.4.3 命令行交互

执行如下命令，程序会在命令行中进行交互式的对话。用户在命令行中输入指示并回车即可生成回复，输入 clear 可以清空对话历史，输入 stop 可以终止程序。

```
python cli_demo.py
```

模型启动成功后，读者可以在命令行看到图 12-3 所示的界面。

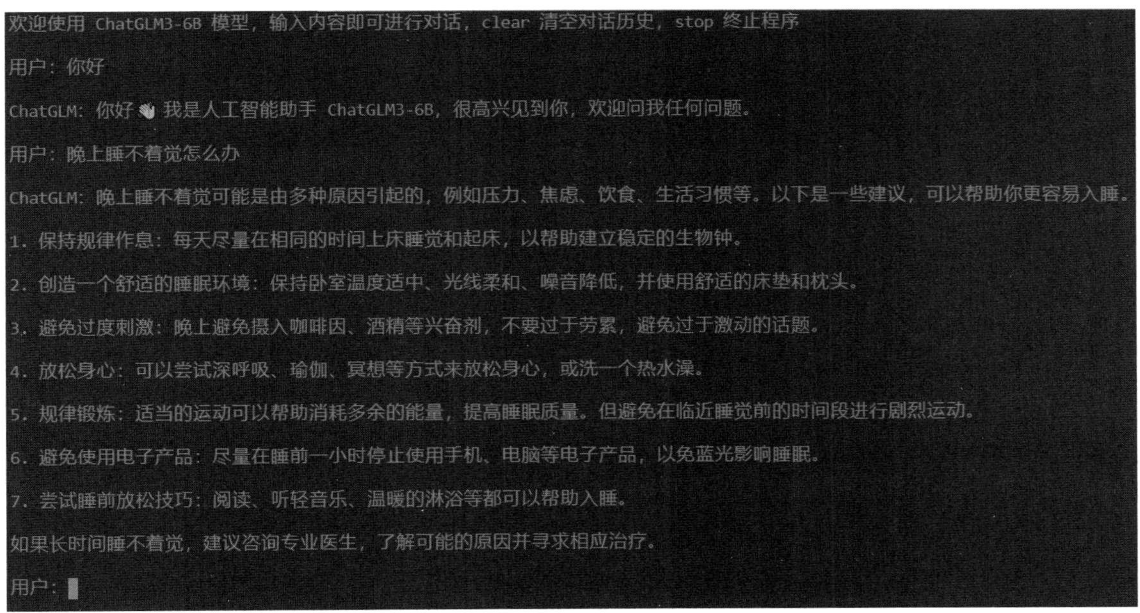

图 12-3　基于命令行启动 ChatGLM3-6B

12.5 低成本部署

12.3 节介绍了多种模型加载的方式，但是这些方式都需要高性能的 GPU，对普通用户来说不太方便。因此，本节将介绍如何低成本地部署 ChatGLM3-6B，让更多用户能够体验它。

12.5.1 模型量化

模型默认以 FP16 精度加载，需要约 13 GB 的显存。如果您的 GPU 显存不足，可以选择以量化方式加载模型，具体方法如下：

```
model = AutoModel.from_pretrained("THUDM/chatglm3-6b",trust_remote_code=True).quantize(4)
```

虽然量化会降低一些模型的性能，但是测试结果表明，ChatGLM3-6B 在 4 比特量化下仍然能够生成自然流畅的对话。

12.5.2 CPU 部署

您也可以在 CPU 上运行模型，但是推理速度会慢很多。具体方法如下（需要至少 32 GB 的内存）：

```
model = AutoModel.from_pretrained("THUDM/chatglm3-6b", trust_remote_code=True).float()
```

12.5.3 Mac 部署

如果您的 Mac 使用了 Apple Silicon 或 AMD GPU，可以使用 MPS 后端在 GPU 上运行 ChatGLM3-6B。您需要按照 Apple 的官方说明安装 PyTorch-Nightly（注意，版本号应该是 2.x.x.dev2023xxxx 而不是 2.x.x）。目前 macOS 只支持从本地加载模型。读者可以参考如下代码，将 12.5.2 节中的模型加载方式改为从本地加载，并使用 MPS 后端。

```
model = AutoModel.from_pretrained("your local path", trust_remote_code=True).to('mps')
```

加载半精度的 ChatGLM3-6B 模型需要约 13 GB 的内存。如果您的计算机的内存较小（比如 16 GB 的 MacBook Pro），在内存不足时会使用硬盘上的虚拟内存，这会导致推理速度大幅降低。

12.5.4 多卡部署

如果您有多张 GPU，但是每张 GPU 的显存都不够加载完整的模型，那么可以使用模型并行的方式，将模型分配到多张 GPU 上。首先您需要执行 pip install accelerate 命令来安装 accelerate，然后按照如下方法加载模型。这样，您就可以在两张 GPU 上运行模型了。您可以根据自己需要，修改 num_gpus 参数来指定使用的 GPU 的数量，默认情况下，模型会平均分配到各个 GPU 上。您也可以通过 device_map 参数来自定义分配方式。

```
from utils import load_model_on_gpus
model = load_model_on_gpus("THUDM/chatglm3-6b", num_gpus=2)
```

12.6 构建自己的私有大模型

在学习了如何部署模型的方法后，接下来使用自己的数据对大模型进行微调，赋予它新的能力。以广告词生成为例，下面将介绍如何对大模型进行微调，让它生成更符合要求的广告词。由于 ChatGLM3-6B 的微调代码尚未开源，因此目前无法直接使用，但是可以参考 ChatGLM2-6B 和 ChatGLM-6B 的微调代码，只需修改相应的模型路径和参数即可。在微调之前，先来看看 ChatGLM3-6B 在没有微调的情况下生成广告词的效果，如图 12-4 所示。从图 12-4 中可以看出，生成的广告词不仅冗长，而且结尾都是“快来抢购这款……让您的时尚之路更加宽广！”，格式单一、缺乏创意的表述。为了解决这一问题，接下来选择 ADGEN 数据集对模型进行微调。

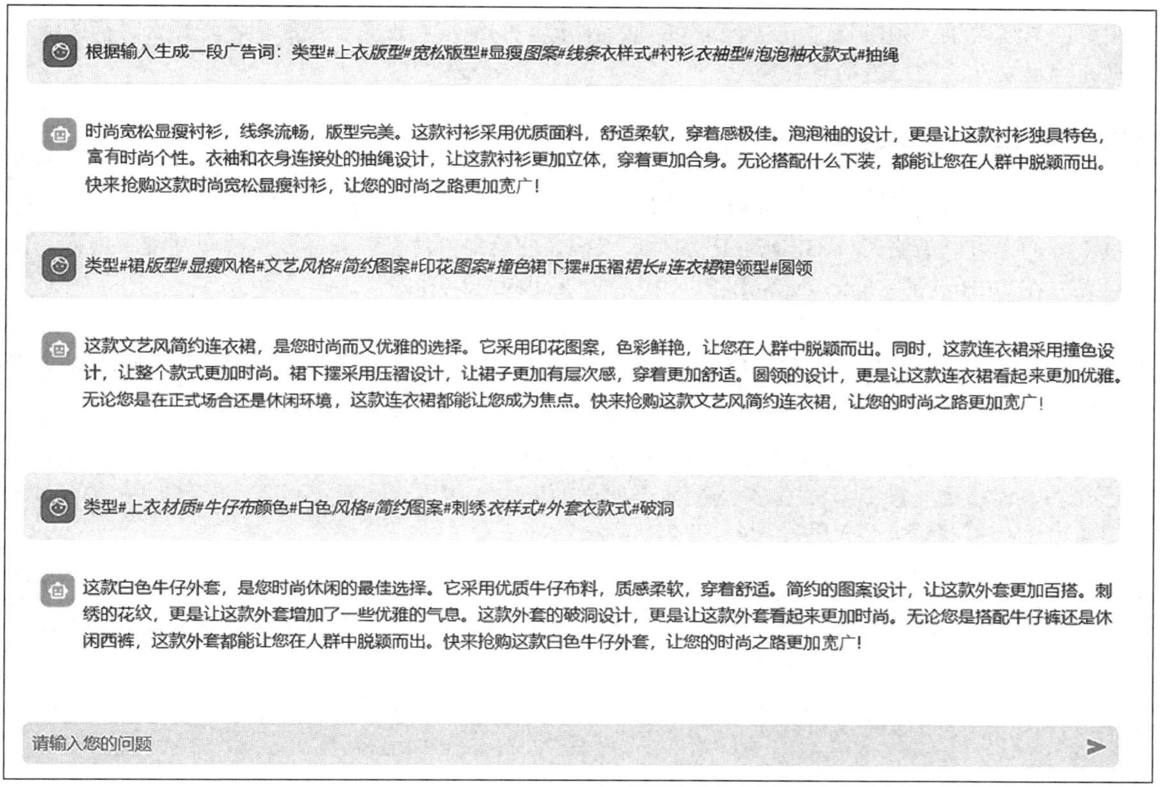

根据输入生成一段广告词：类型#上衣*版型*#宽松版型#显瘦*图案*#线条衣样式#衬衫*衣袖型*#泡泡袖衣款式#抽绳

时尚宽松显瘦衬衫，线条流畅，版型完美。这款衬衫采用优质面料，舒适柔软，穿着感极佳。泡泡袖的设计，更是让这款衬衫独具特色，富有时尚个性。衣袖和衣身连接处的抽绳设计，让这款衬衫更加立体，穿着更加合身。无论搭配什么下装，都能让您在人群中脱颖而出。快来抢购这款时尚宽松显瘦衬衫，让您的时尚之路更加宽广！

类型#裙*版型*#显瘦风格#文艺*风格*#简约图案#印花*图案*#撞色裙下摆#压褶*裙长*#连衣裙裙领型#圆领

这款文艺风简约连衣裙，是您时尚而又优雅的选择。它采用印花图案，色彩鲜艳，让您在人群中脱颖而出。同时，这款连衣裙采用撞色设计，让整个款式更加时尚。裙下摆采用压褶设计，让裙子更加有层次感，穿着更加舒适。圆领的设计，更是让这款连衣裙看起来更加优雅。无论您是在正式场合还是休闲环境，这款连衣裙都能让您成为焦点。快来抢购这款文艺风简约连衣裙，让您的时尚之路更加宽广！

类型#上衣*材质*#牛仔布颜色#白色*风格*#简约图案#刺绣*衣样式*#外套衣款式#破洞

这款白色牛仔外套，是您时尚休闲的最佳选择。它采用优质牛仔布料，质感柔软，穿着舒适。简约的图案设计，让这款外套更加百搭。刺绣的花纹，更是让这款外套增加了一些优雅的气息。这款外套的破洞设计，更是让这款外套看起来更加时尚。无论您是搭配牛仔裤还是休闲西裤，这款外套都能让您在人群中脱颖而出。快来抢购这款白色牛仔外套，让您的时尚之路更加宽广！

请输入您的问题

图 12-4　ChatGLM3-6B 根据输入生成广告词

12.6.1 数据准备

首先下载 ADGEN 数据集，这是一个用于生成广告文案的数据集。ADGEN 数据集的任务是根据输入的商品信息，生成一段吸引人的广告词。把 AdvertiseGen 文件夹里的数据分成训练集和验证集，分别保存为 train.json 和 dev.json 文件，数据的格式如图 12-5 所示。


```
{"content": "类型#上衣*版型#宽松*颜色#黑色*颜色#灰色*颜色#姜黄色*风格#休闲*图案#线条*图案#撞色*衣样式#毛衣*衣袖型#落肩袖",
 "summary": "看惯了灰色的冷淡和
黑色的沉闷感，来一点醒目的彩色增添点活力吧。亮眼又吸睛的姜黄色色调，嫩肤显白非常的有设计感。趣味的撞色和宽松的版型相交辉映
，修饰身形小缺点的同时，时尚又百
搭。优雅的落肩袖，轻松修饰肩部线条，让毛衣上身凸显出一丝慵懒随性的休闲感，时尚魅力尽显。"}
{"content": "类型#上衣*风格#休闲*风格#潮*图案#印花*图案#撞色*衣样式#衬衫*衣领型#圆领*衣长#中长款*衣长#常规*衣袖长#无袖", "
summary": "黑与白，两种最极端的
颜色却轻松搭配成了经典，就像此款衬衣，无需过多装饰，仅色调就足够醒目个性，受潮<UNK>所喜欢。做了无袖中长款的样式，走路带风
的感觉着实不错，圆领的设计，不是
常规的衬衫领，少了点正式反而有种休闲感觉，适合孩子们穿着。后背大面积撞色印花装点，是时尚潮流的象征，也让衣衣不至于单调，轻
松就能穿出彩。"}
```


图 12-5　ADGEN 数据集的数据格式

例如，输入“类型#上衣版型#宽松版型#显瘦图案#线条衣样式#衬衫衣袖型#泡泡袖衣款式#抽绳”，输出为“这件衬衫的款式非常的宽松，利落的线条可以很好地隐藏身材的小缺点，穿在身上有着很好的显瘦效果。领口装饰了一个可爱的抽绳，漂亮的绳结展现了十足的个性，配合时尚的泡泡袖型，尽显女性甜美可爱的气息。”

12.6.2 有监督微调

如果想有监督微调 ChatGLM3-6B，读者需要自己写一套代码，因为它的微调代码还没有公开。不过，我们也可以借鉴 ChatGLM2-6B 的微调代码，它已经开源了，只需要调整一些细节就行。读者可以先在 GitHub 的 ChatGLM2-6B 仓库中下载 ChatGLM2-6B 的代码。

下载好 ChatGLM2-6B 的代码后，首先需要把有监督微调的代码文件复制到 ChatGLM3-6B 的文件夹里，复制方法如代码清单 12-2 所示。然后，把 12.6.1 节准备好的数据集也复制到 ChatGLM3-6B 的有监督微调文件夹里。

代码清单 12-2　将 ChatGLM2-6B 微调代码复制到 ChatGLM3-6B 目录

```
cp -r ChatGLM2-6B/ptuning ChatGLM3-6B/
cp -r AdvertiseGen ChatGLM3-6B/ptuning/
```

要进行全参数微调，首先您需要安装 deepspeed，然后还需要安装一些有监督微调需要的包。安装方法如代码清单 12-3 所示。

代码清单 12-3　安装有监督微调依赖的包

```
pip install deepspeed
cd ptuning
pip install rouge_chinese nltk jieba datasets
```

准备好微调代码的环境后，还要修改一些微调代码的参数，如代码清单 12-4 所示。

代码清单 12-4 修改微调代码中的相关参数

```
vim ds_train_finetune.sh
LR=1e-5
MASTER_PORT=$(shuf -n 1 -i 10000-65535)
deepspeed --num_gpus=8 --master_port $MASTER_PORT main.py \
    --deepspeed deepspeed.json \
    --do_train \
    --preprocessing_num_workers 32 \
    --train_file AdvertiseGen/train.json \
    --test_file AdvertiseGen/dev.json \
    --prompt_column content \
    --response_column summary \
    --model_name_or_path ../models/chatglm3-6b \
    --output_dir output/adgen-chatglm3-6b-ft \
    --overwrite_output_dir \
    --max_source_length 512 \
    --max_target_length 512 \
    --per_device_train_batch_size 16 \
    --per_device_eval_batch_size 1 \
    --gradient_accumulation_steps 1 \
    --predict_with_generate \
    --logging_steps 10 \
    --save_steps 1000 \
    --learning_rate $LR \
    --fp16
```

代码清单 12-4 中的参数含义在表 12-2 中给出，读者可以根据具体的任务和硬件环境进行调整。

表 12-2 微调代码中需要修改的参数

参数	参数含义
num_gpus	使用的 GPU 数量
deepspeed	deepspeed 的配置文件
preprocessing_num_workers	数据预处理的线程数量
train_file	训练数据文件的路径
test_file	测试数据文件的路径
prompt_column	输入列的名称
response_column	输出列的名称
model_name_or_path	模型名称或路径
output_dir	输出模型参数的文件路径
max_source_length	最大输入长度
max_target_length	最大输出长度
per_device_train_batch_size	每个设备的训练批次大小
per_device_eval_batch_size	每个设备的评估批次大小

续表

参数	参数含义
gradient_accumulation_steps	梯度累计步数
predict_with_generate	是否使用生成模式进行预测
logging_steps	记录日志的步数
save_steps	保存模型的步数
learning_rate	学习率
fp16	是否使用半精度浮点数进行训练

接下来需要调整 main.py 文件中的 num_train_epoch 参数（默认为 3），该参数表示训练的轮次。修改方法如代码清单 12-5 所示。

代码清单 12-5　修改训练的迭代轮次

```
vim main.py
log_level = training_args.get_process_log_level()
logger.setLevel(log_level)
# datasets.utils.logging.set_verbosity(log_level)
transformers.utils.logging.set_verbosity(log_level)
transformers.utils.logging.enable_default_handler()
transformers.utils.logging.enable_explicit_format()

# Log on each process the small summary:
training_args.num_train_epochs = 1
logger.info(f"Training/evaluation parameters {training_args}")
```

目前已经完成了训练数据的准备和代码的修改，接下来运行如下代码来开始微调模型：

```
bash ds_train_finetune.sh
```

当运行代码时，会遇到一个错误提示：ChatGLMTokenizer 类没有 build_prompt 方法。这是因为 ChatGLM3-6B 的 ChatGLMTokenizer 类没有实现这个方法。要解决这个问题，您可以参考 ChatGLM2-6B 中 ChatGLMTokenizer 类的 build_prompt 方法，按照相同的逻辑编写代码。具体的代码示例如代码清单 12-6 所示。

代码清单 12-6　修改 ChatGLM3-6B 的 ChatGLMTokenizer 类

```
vim ../models/chatglm3-6b/tokenization_chatglm.py
# 在ChatGLMTokenizer类中实现build_prompt方法
def build_prompt(self, query, history=None):
    if history is None:
        history = []
        prompt = ""
        for i, (old_query, response) in enumerate(history):
            prompt += "[Round {}]\n\n问: {}\n\n答: {}\n\n".format(
                    i + 1, old_query, response)
        prompt += "[Round {}]\n\n问: {}\n\n答: ".format(len(history) + 1, query)
        return prompt
```

在 Tokenizer 类中添加了 build_prompt 方法的代码后，继续执行 bash ds_train_finetune.sh 命令，程序就可以正常运行了。

我们可以使用命令 watch -n 1 nvidia-smi 来监控 GPU 的使用情况。这个命令会每分钟刷新一次程序界面，显示 GPU 的使用率、显存的占用率和功耗等信息。从图 12-6 所示的程序界面可以看出，GPU 使用率已经接近 100%，显存占用约为 57409 MiB。这说明还有一些空间可以增加训练的批次大小或者输入/输出的长度，以提高训练效率。

```
+-----------------------------------------------------------------------------+
| NVIDIA-SMI 510.108.03   Driver Version: 510.108.03   CUDA Version: 11.6     |
|-------------------------------+----------------------+----------------------+
| GPU  Name        Persistence-M| Bus-Id        Disp.A | Volatile Uncorr. ECC |
| Fan  Temp  Perf  Pwr:Usage/Cap|         Memory-Usage | GPU-Util  Compute M. |
|                               |                      |               MIG M. |
|===============================+======================+======================|
|   0  NVIDIA A100-SXM...  On   | 00000000:0B:00.0 Off |                    0 |
| N/A   44C    P0   266W / 400W |  53057MiB / 81920MiB |    100%      Default |
|                               |                      |             Disabled |
+-------------------------------+----------------------+----------------------+
|   1  NVIDIA A100-SXM...  On   | 00000000:10:00.0 Off |                    0 |
| N/A   56C    P0   272W / 400W |  57409MiB / 81920MiB |    100%      Default |
|                               |                      |             Disabled |
+-------------------------------+----------------------+----------------------+
|   2  NVIDIA A100-SXM...  On   | 00000000:48:00.0 Off |                    0 |
| N/A   60C    P0   374W / 400W |  57409MiB / 81920MiB |    100%      Default |
|                               |                      |             Disabled |
+-------------------------------+----------------------+----------------------+
|   3  NVIDIA A100-SXM...  On   | 00000000:4E:00.0 Off |                    0 |
| N/A   46C    P0   357W / 400W |  57409MiB / 81920MiB |    100%      Default |
|                               |                      |             Disabled |
+-------------------------------+----------------------+----------------------+
|   4  NVIDIA A100-SXM...  On   | 00000000:9B:00.0 Off |                    0 |
| N/A   44C    P0   305W / 400W |  57409MiB / 81920MiB |    100%      Default |
|                               |                      |             Disabled |
+-------------------------------+----------------------+----------------------+
|   5  NVIDIA A100-SXM...  On   | 00000000:A1:00.0 Off |                    0 |
| N/A   60C    P0   277W / 400W |  57409MiB / 81920MiB |    100%      Default |
|                               |                      |             Disabled |
+-------------------------------+----------------------+----------------------+
|   6  NVIDIA A100-SXM...  On   | 00000000:DB:00.0 Off |                    0 |
| N/A   54C    P0   284W / 400W |  57409MiB / 81920MiB |    100%      Default |
|                               |                      |             Disabled |
+-------------------------------+----------------------+----------------------+
|   7  NVIDIA A100-SXM...  On   | 00000000:E0:00.0 Off |                    0 |
| N/A   44C    P0   276W / 400W |  57121MiB / 81920MiB |    100%      Default |
|                               |                      |             Disabled |
+-------------------------------+----------------------+----------------------+
```

图 12-6 微调过程中 GPU 使用情况

模型微调完成后，./output/adgen-chatglm3-6b-ft 目录下会生成相应的文件，包含模型的参数文件和各种配置文件，具体内容如代码清单 12-7 所示。以 pytorch_model 开头的文件是模型的参数文件。

代码清单 12-7 查看微调后的模型内容

```
tree ./output/adgen-chatglm3-6b-ft
├── all_results.json
```

```
├── checkpoint-1000
│   ├── config.json
│   ├── configuration_chatglm.py
│   ├── generation_config.json
│   ├── global_step1000
│   │   ├── mp_rank_00_model_states.pt
│   │   ├── zero_pp_rank_0_mp_rank_00_optim_states.pt
│   │   ├── zero_pp_rank_1_mp_rank_00_optim_states.pt
│   │   ├── zero_pp_rank_2_mp_rank_00_optim_states.pt
│   │   ├── zero_pp_rank_3_mp_rank_00_optim_states.pt
│   │   ├── zero_pp_rank_4_mp_rank_00_optim_states.pt
│   │   ├── zero_pp_rank_5_mp_rank_00_optim_states.pt
│   │   ├── zero_pp_rank_6_mp_rank_00_optim_states.pt
│   │   └── zero_pp_rank_7_mp_rank_00_optim_states.pt
│   ├── ice_text.model
│   ├── latest
│   ├── modeling_chatglm.py
│   ├── pytorch_model-00001-of-00002.bin
│   ├── pytorch_model-00002-of-00002.bin
│   ├── pytorch_model.bin.index.json
│   ├── quantization.py
│   ├── rng_state_0.pth
│   ├── rng_state_1.pth
│   ├── rng_state_2.pth
│   ├── rng_state_3.pth
│   ├── rng_state_4.pth
│   ├── rng_state_5.pth
│   ├── rng_state_6.pth
│   ├── rng_state_7.pth
│   ├── special_tokens_map.json
│   ├── tokenization_chatglm.py
│   ├── tokenizer_config.json
│   ├── trainer_state.json
│   ├── training_args.bin
│   └── zero_to_fp32.py
├── trainer_state.json
└── train_results.json
```

训练过程中，可以观察到每次迭代的时间，例如[4:28:37<4:40:51, 6.39 s/it]表示每次迭代需要 6.39s。因此，就 12 万条数据而言，我们可以估算出微调所需的总时间为 120000÷16÷8×6.39÷3600 ≈ 1.66h，其中 16 是批次大小，8 是 GPU 的数量，即大约 1.66h 后，12 万条数据就可以微调完成。

12.6.3 部署私有大模型

新模型微调好后，就可以部署起来了。您可以参考 12.4 节的方法部署模型，比如用 Streamlit 启动微调后的模型，只需要执行 streamlit run web_demo2.py 命令来启动模型，并修改模型路径即可。启动后，您可以看看模型生成的广告词效果，如图 12-7 所示。可以看出，模型的回答风格比微调前更加丰富多样。

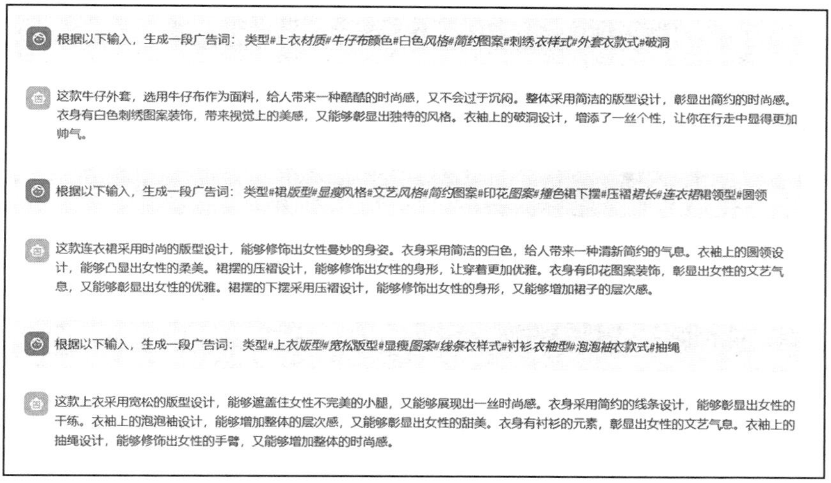

根据以下输入，生成一段广告词：类型#上衣材质#牛仔布颜色#白色风格#简约图案#刺绣衣样式#外套衣款式#破洞

这款牛仔外套，选用牛仔布作为面料，给人带来一种酷酷的时尚感，又不会过于沉闷。整体采用简洁的版型设计，彰显出简约的时尚感。衣身有白色刺绣图案装饰，带来视觉上的美感，又能够彰显出独特的风格。衣袖上的破洞设计，增添了一丝个性，让你在行走中显得更加帅气。

根据以下输入，生成一段广告词：类型#裙版型#显瘦风格#文艺风格#简约图案#印花图案#撞色裙下摆#压褶裙长#连衣裙裙领型#圆领

这款连衣裙采用时尚的版型设计，能够修饰出女性曼妙的身姿。衣身采用简洁的白色，给人带来一种清新简约的气息。衣袖上的圆领设计，能够凸显出女性的柔美。裙摆的压褶设计，能够修饰出女性的身形，让穿着更加优雅。衣身有印花图案装饰，彰显出女性的文艺气息，又能够彰显出女性的优雅。裙摆的下摆采用压褶设计，能够修饰出女性的身形，又能够增加裙子的层次感。

根据以下输入，生成一段广告词：类型#上衣版型#宽松版型#显瘦图案#线条衣样式#衬衫衣袖型#泡泡袖衣款式#抽绳

这款上衣采用宽松的版型设计，能够遮盖住女性不完美的小腿，又能够展现出一丝时尚感。衣身采用简约的线条设计，能够彰显出女性的干练。衣袖上的泡泡袖设计，能够增加整体的层次感，又能够彰显出女性的甜美。衣身有衬衫的元素，彰显出女性的文艺气息。衣袖上的抽绳设计，能够修饰出女性的手臂，又能够增加整体的时尚感。

图 12-7　微调之后的模型

12.6.4 灾难性遗忘问题

大模型的灾难性遗忘（catastrophic forgetting）是指在连续学习多个任务的过程中，学习新知识会导致模型忘记或破坏之前学习到的旧知识，从而使模型在旧任务上的性能急剧下降。这是机器学习领域的一个重要挑战，尤其是对于大模型和多模态大模型而言，它们需要在不同的数据集和领域上进行微调或适应。

使用 ADGEN 数据集对模型进行了微调，结果发现模型不仅忘记了之前学会的正常回答，甚至还出现了输出错误的情况。这是因为 ADGEN 数据集的数据分布和模型原来的训练数据分布相差太大，引起了模型的“灾难性遗忘”现象。图 12-8 所示为微调后的模型，连简单的问答都无法回答了。

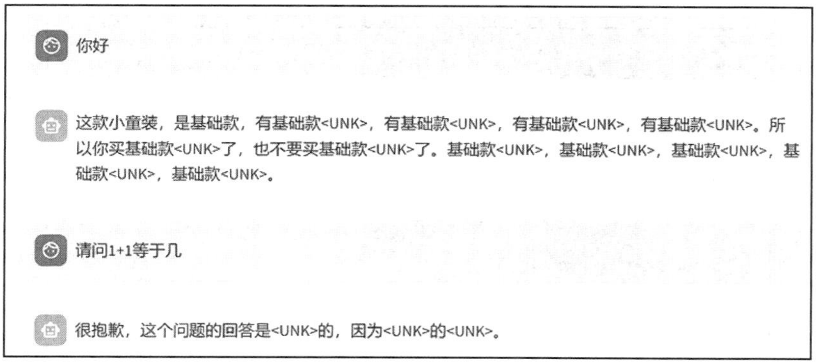

你好

这款小童装，是基础款，有基础款<UNK>，有基础款<UNK>，有基础款<UNK>，有基础款<UNK>。所以你买基础款<UNK>了，也不要买基础款<UNK>了。基础款<UNK>，基础款<UNK>，基础款<UNK>，基础款<UNK>，基础款<UNK>。

请问1+1等于几

很抱歉，这个问题的回答是<UNK>的，因为<UNK>的<UNK>。

图 12-8　微调之后出现了灾难性遗忘现象

为了缓解灾难性遗忘问题，我们可以使用其他数据来增强模型的泛化能力。例如，可以使用一个包含逻辑推理和问答类的数据集，用于和 ADGEN 数据集一起进行微调。

例如，我们构建的新数据集包含一些逻辑推理和问答类的数据，您需要将这个文件转换成模型可以接受的输入格式。

新的数据集包含数学应用题、选择题、填空题等多种不同类型的数据，比之前的 ADGEN 数据集更加丰富和多样。我们可以将这两个数据集合并在一起，对模型进行重新微调，以提高模型的泛化能力和稳定性。

将新的数据集和 ADGEN 数据集合并后，执行 bash ds_train_finetune.sh 命令，对模型进行重新训练。训练过程中，程序会定期输出验证集的损失值，反映模型的学习效果。将这些损失值绘制成曲线图，如图 12-9 所示。从图 12-9 中可以看出，模型的验证集损失值呈现下降的趋势。在训练了一个完整的轮次后，停止训练，保存模型。

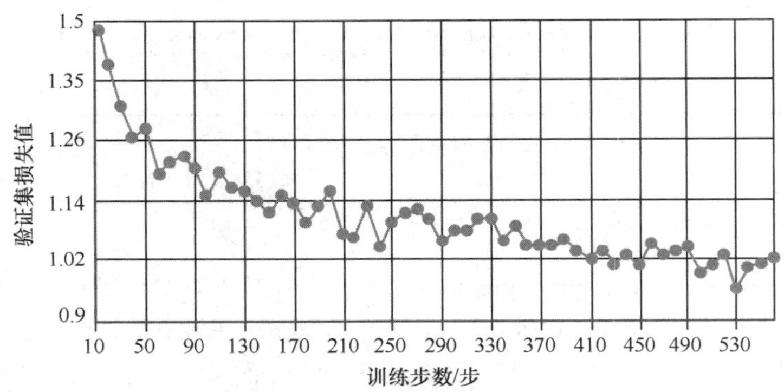

图 12-9　训练过程中的验证集损失值

使用 Streamlit 来启动新训练的模型。模型启动后，下面检验一下新模型是否存在灾难性遗忘的问题。如图 12-10 所示：新模型不仅能够回答正常的问题，还能够生成新的广告词，有效地缓解了灾难性遗忘的现象。

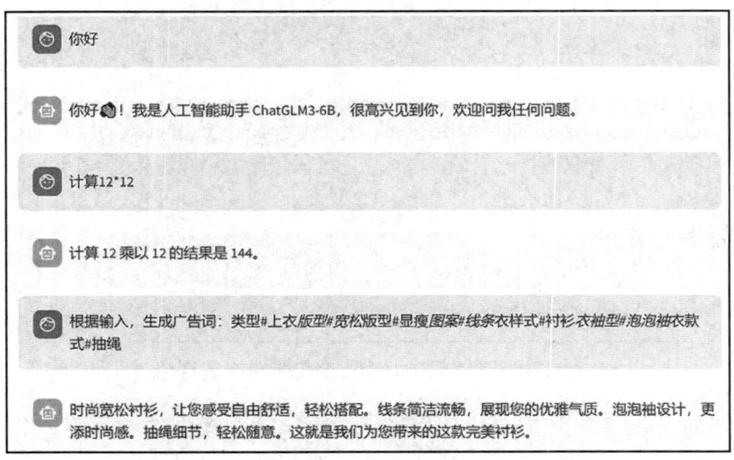

图 12-10　新训练的模型

新模型不仅能缓解灾难性遗忘问题，还能回答更多的问题。例如，对于“亚历克鲍德温的孩子比克林特伊斯特伍德多吗？”这样的问题，旧模型无法给出答案，而新模型则能轻松回答。另外，新模型在其他问题上也有更好的表现，如图 12-11 所示。

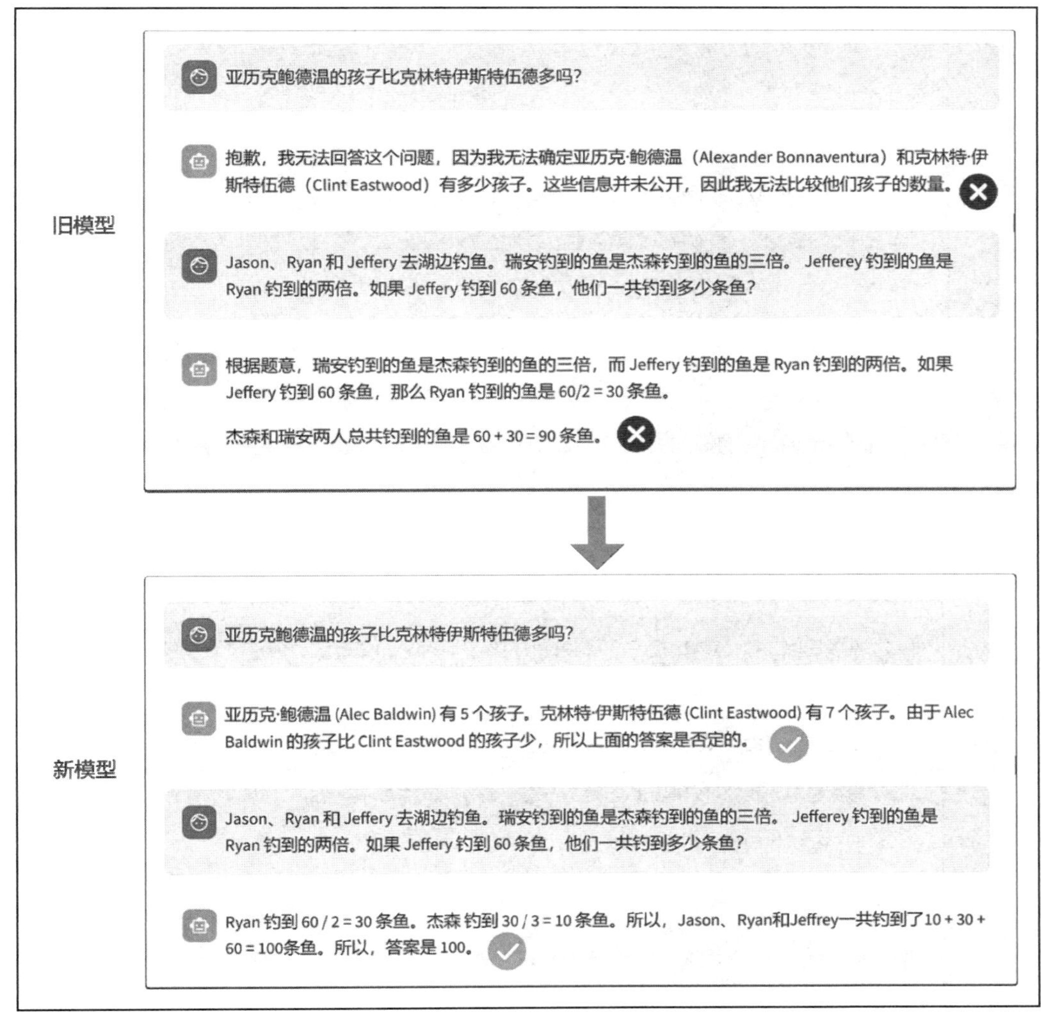

图 12-11　新旧模型对比

新模型在数学推理上有显著的优势，它能够正确地列出并解决一些经典的数学问题。例如，鸡兔同笼这个问题，如图 12-12 所示，旧模型只能得到一个方程，而忽略了另一个方程，导致计算结果出现错误；而新模型则能够得到两个方程，并用消元法求出正确的答案。旧模型不仅在列方程时遗漏了一个条件，而且在推理过程中还存在数值计算的失误，例如，当 $x = 1, y = 7$ 时，它给出的结果是 $x + 2y = 14$，这显然是不正确的。

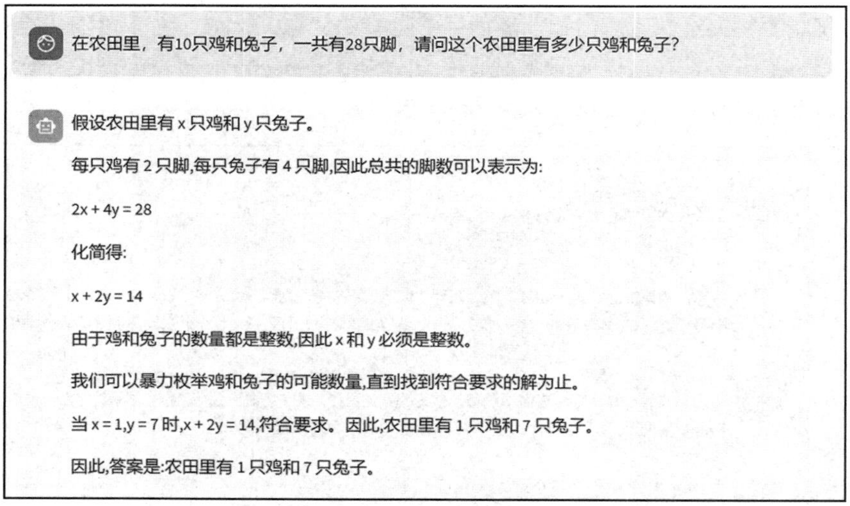

在农田里，有10只鸡和兔子，一共有28只脚，请问这个农田里有多少只鸡和兔子?

假设农田里有 x 只鸡和 y 只兔子。

每只鸡有 2 只脚,每只兔子有 4 只脚,因此总共的脚数可以表示为:

2x + 4y = 28

化简得:

x + 2y = 14

由于鸡和兔子的数量都是整数,因此 x 和 y 必须是整数。

我们可以暴力枚举鸡和兔子的可能数量,直到找到符合要求的解为止。

当 x = 1,y = 7 时,x + 2y = 14,符合要求。因此,农田里有 1 只鸡和 7 只兔子。

因此,答案是:农田里有 1 只鸡和 7 只兔子。

图 12-12 旧模型回答鸡兔同笼问题

新模型的回答非常准确和完整，如图 12-13 所示。它不但能够根据题目条件列出两个方程，还能够正确地运用消元法求解方程，并得出正确的答案。新模型在数学应用题上的优异表现，主要得益于我们使用了一个包含大量数学推理题的新数据集进行有监督微调，使得模型在这类任务上具有更强的泛化能力。

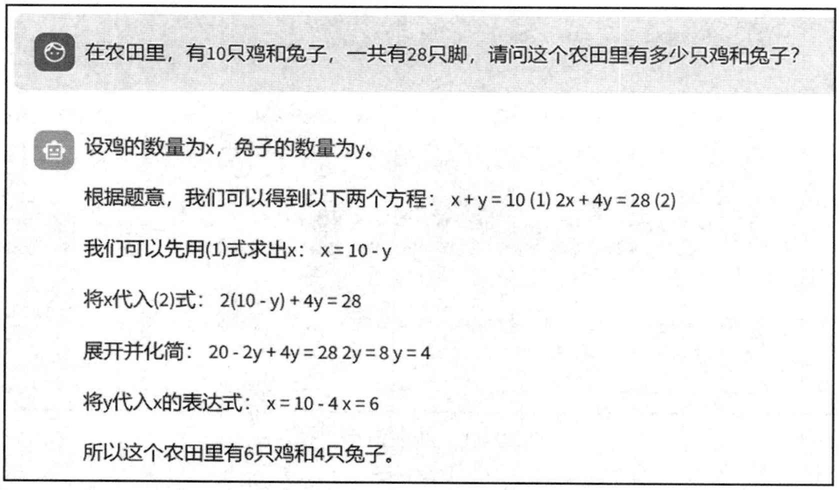

在农田里，有10只鸡和兔子，一共有28只脚，请问这个农田里有多少只鸡和兔子?

设鸡的数量为x，兔子的数量为y。

根据题意，我们可以得到以下两个方程： x + y = 10 (1) 2x + 4y = 28 (2)

我们可以先用(1)式求出x： x = 10 - y

将x代入(2)式： 2(10 - y) + 4y = 28

展开并化简： 20 - 2y + 4y = 28 2y = 8 y = 4

将y代入x的表达式： x = 10 - 4 x = 6

所以这个农田里有6只鸡和4只兔子。

图 12-13 新模型回答鸡兔同笼问题

12.6.5 程序思维提示——解决复杂数值推理

大模型虽然在语言理解和数学推理等方面有着优异的性能，但是在数值计算方面显得力不从心。

例如，当要计算 123×145 时，模型往往无法给出正确答案，这是因为四则运算的可能性太多，模型不可能覆盖所有的情况。同样，对于复杂方程的求解，大模型也束手无策，比如四元方程。图 12-14 所示为大模型在这两个问题上的错误答案。

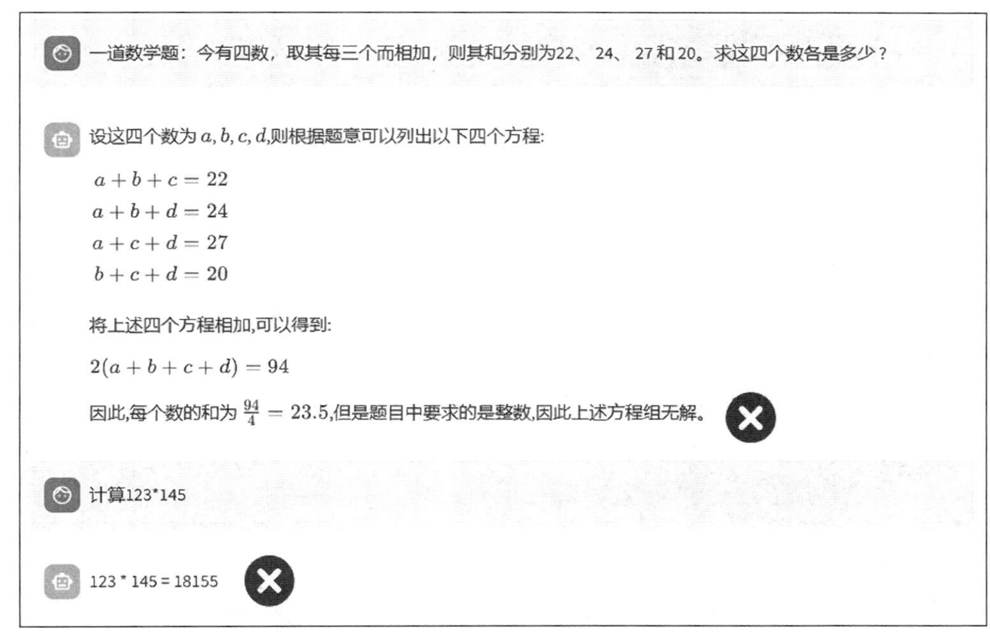

图 12-14 模型无法正确处理数值计算

论文“Program of thoughts prompting: disentangling computation from reasoning for numerical reasoning tasks”[1]针对数值计算的难题，提出了一种创新的方法，即思维提示程序（program of thoughts prompting，PoT）。思维提示程序的核心思想是，首先通过语言模型生成一个能够反映推理逻辑的程序，然后将程序中的计算部分交由外部的计算机执行，实现计算和推理的分离。思维提示程序的优势在于，它既能利用语言模型的强大能力，生成正确和完备的程序来描述复杂的推理，又能将计算交给专业的程序解释器来完成，避免了语言模型在计算上的误差。

接下来参考思维提示程序的方法，来解决四则运算和解方程的问题。使用程序代码来代替数据中的四则运算部分，用 Python 的 sympy 库来处理解方程的部分。我们制定了一些指令的格式，然后用 GPT-4 来生成符合这些格式的回答。图 12-15 展示了我们设计的几种思维提示程序指令，包含纯四则运算、数学应用题中的四则运算和解方程。

根据图 12-15 的思维提示程序，用 GPT-4（确保答案的正确性）来生成相应格式的答案。图 12-16 展示了构建的新语料格式，可以看出：四则运算部分的结果用中间变量代替，解方程部分用 Python 的 sympy()函数直接求解。对于没有四则运算和解方程的样本，保持原来的格式不变。为了明确哪些部分需要用程序解释器执行，哪些部分不需要，用“<<”和“>>”来标记，“<<”表示程序的起始，“>>”表示程序的结束。

```
数学应用题中的四则运算
  按下面的格式回答问题，要求最后一行格式为："因此，答案是："。
  问题1：Joe 平均每分钟出拳25。一场战斗持续5轮，每轮3分钟。请问 Joe 打了多少拳？让我们一步步思考。
  1分钟内，Joe 出拳25次。
  3分钟内，Joe 出拳 3*25= <<var_a=3*25>> var_a次。
  在5个回合中，出拳 5*var_a= <<var_b=5*var_a>> var_b次。
  因此，答案是：var_b

数学应用题中的解方程
  问题2：鸡兔同笼，共有30个头，88只脚。求笼中鸡兔各有多少只？
  x + y = 30
  2x + 4y = 88
  解方程，
  <<var_a,var_b=def func(): x,y=sympy.symbols('x,y');res = sympy.solve([x + y - 30, 2*x+4*y-88], [x,y]); return res[x].__str__(), res[y].__str__()>>
  得到：x=var_a, y=var_b
  因此，答案是：鸡有var_a只，兔有var_b只

纯四则运算
  问题3：计算：(0.08-0.06)+(0.6-0.3)=?
  (0.08-0.06)+(0.6-0.3)= <<var_a=(0.08-0.06)+(0.6-0.3)>> var_a
```

图 12-15　构建思维提示程序


```
JS eval

array [
  0 object {
    "query": string "小方有邮票120张，比小明邮票的3倍少6张，小明有邮票多少张？(用方程解)",
    "answer": string "我们设小明有x张邮票。 根据题意，小方有邮票120张，比小明邮票的3倍少6张，可以得到方程：120 = 3x - 6 接下来我们要解这个方程： 首先，将方程两边同时加6，得到：126 = 3x 然后，将方程两边同时除以3，得到：x = 42 所以，小明有邮票42张。 因此，答案是：42",
    "answer_new": string "设小明有x张邮票，根据题目我们可以得到方程： 120 = 3x - 6 解这个方程，我们得到 x = <<x=def func():x=sympy.symbols('x');res = sympy.solve([3*x - 6 - 120], [x]);return res[x].__str__()>>x 因此，答案是：小明有x张邮票。",
    "parse_pot_answer": string "设小明有42张邮票，根据题目我们可以得到方程： 120 = 342 - 6 解这个方程，我们得到 42 = 42 因此，答案是：小明有42张邮票。"
  },
  1 object {
    "query": string "小明想要买一支笔和一本笔记本，笔价钱是6元钱，笔记本价格是10元钱。小明带了20元钱，请问他买好两样物品还剩下多少钱？",
    "answer": string "首先，计算笔和笔记本的总价：6 + 10 = 16元。 然后，用小明带的钱减去总价：20 - 16 = 4元。 因此，答案是：4",
    "answer_new": string "小明要买的笔的价格是6元。 笔记本的价格是10元。 所以，他需要支付的总金额是6+10=<<var_a=6+10>>var_a元。 小明带了20元，所以他买完后剩下的金额是20-var_a=<<var_b=20-var_a>>var_b元。 因此，答案是：var_b元。",
    "parse_pot_answer": string "小明要买的笔的价格是6元。 笔记本的价格是10元。 所以，他需要支付的总金额是6+10=16元。 小明带了20元，所以他买完后剩下的金额是20-16=4元。 因此，答案是：4元。"
  },
  2 object {
    "query": string "0.01*100=",
    "answer": string "1. 计算乘法：0.01 * 100 = 1 因此，答案是：1",
    "answer_new": string "0.01*100=<<var_a=0.01*100>>var_a"
  }
]
```


图 12-16　基于思维提示程序构建的新语料格式

执行 bash ds_train_finetune.sh 命令，用准备好的数据对模型进行有监督微调。图 12-17 所示为训练过程中验证集的损失值变化——验证集损失值呈现下降趋势。

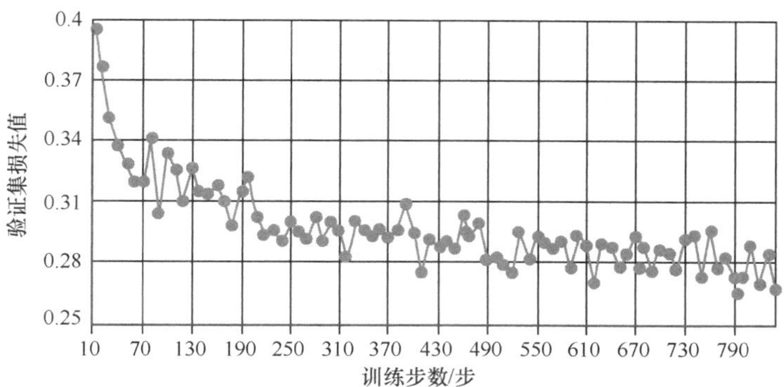

图 12-17　模型训练过程验证集的损失值

用 Streamlit 启动微调后的模型来测试其效果，选取之前的两道数学题作为输入：一道是数值计算，一道是解方程。从图 12-18 所示的模型输出结果可以看出：模型的输出格式符合思维提示程序的要求，四则运算部分用中间变量表示，解方程部分用 Python 的 sympy()函数直接求解。

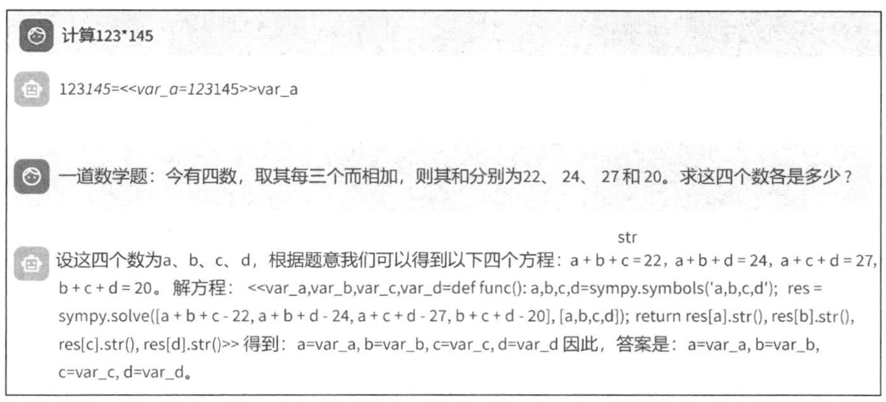

图 12-18　新模型的输出格式为思维程序

为了得到图 12-18 中的程序代码的输出结果，需要用 Python 解释器来运行它们，解析代码的方法如代码清单 12-8 所示。

代码清单 12-8　解析新模型结果输出

```
import json
import numpy as np
import pandas as pd
from scipy.optimize import minimize
import sympy
import re
```

```
from tqdm import tqdm
import math
import inspect
import inspect
# 解析函数
def parse_pot(inputs):
    s = re.findall(r'<<(.*?)>>', inputs, re.DOTALL)
    index = 0
    for k in s:
        if "func" in k:
            var = k.split("=", 1)
            try:
                var[1] = var[1].strip(" ")
                exec(var[1], globals())
                ans = func()
            except:
                if 'sympy' in var[1]:
                    var[1] = var[1].replace('res[x]', 'res[0][0]')
                    var[1] = var[1].replace('res[y]', 'res[0][1]')
                    exec(var[1], globals())
                    ans = func()
            var_list = [c.strip(" ") for c in var[0].split(",")]
            if len(var_list) == 1:
                ans = [ans]
            for i in range(len(ans)):
                try:
                    ans[i] = float(ans[i])
                    if abs(ans[i] - int(ans[i])) < 1e-10:
                        ans[i] = str(int(ans[i]))
                except:
                    pass
            inputs = inputs.replace("<<"+k+">>", "")
            for i in range(len(var_list)):
                inputs = inputs.replace(var_list[i], str(ans[i]))
            index += 1
            for c in range(index, len(s)):
                for i in range(len(var_list)):
                    s[c] = s[c].replace(var_list[i], str(ans[i]))
        else:
            var = k.replace(" ", "").split("=")
            var[1] = var[1].replace("eval", "")
            ans = eval(var[1])
            ans = float(ans)
            if abs(ans - int(ans)) < 1e-10:
                ans = str(int(ans))
            inputs = inputs.replace("<<"+k+">>", "").replace(var[0], str(ans))
            index += 1
            for c in range(index, len(s)):
                s[c] = s[c].replace(var[0], str(ans))
    return inputs
```

把代码清单 12-8 写入 web_demo2.py 文件，运行 streamlit run web_demo2.py 就可以启动新模型，

它会在输出结果之前用解析代码运行程序代码。从图 12-19 所示的解析后效果可以看出：无论是简单的数值计算，还是复杂的解方程，模型都能给出正确的答案；即使是涉及复杂运算的数学应用题，模型也能通过解析程序得到正确的答案。

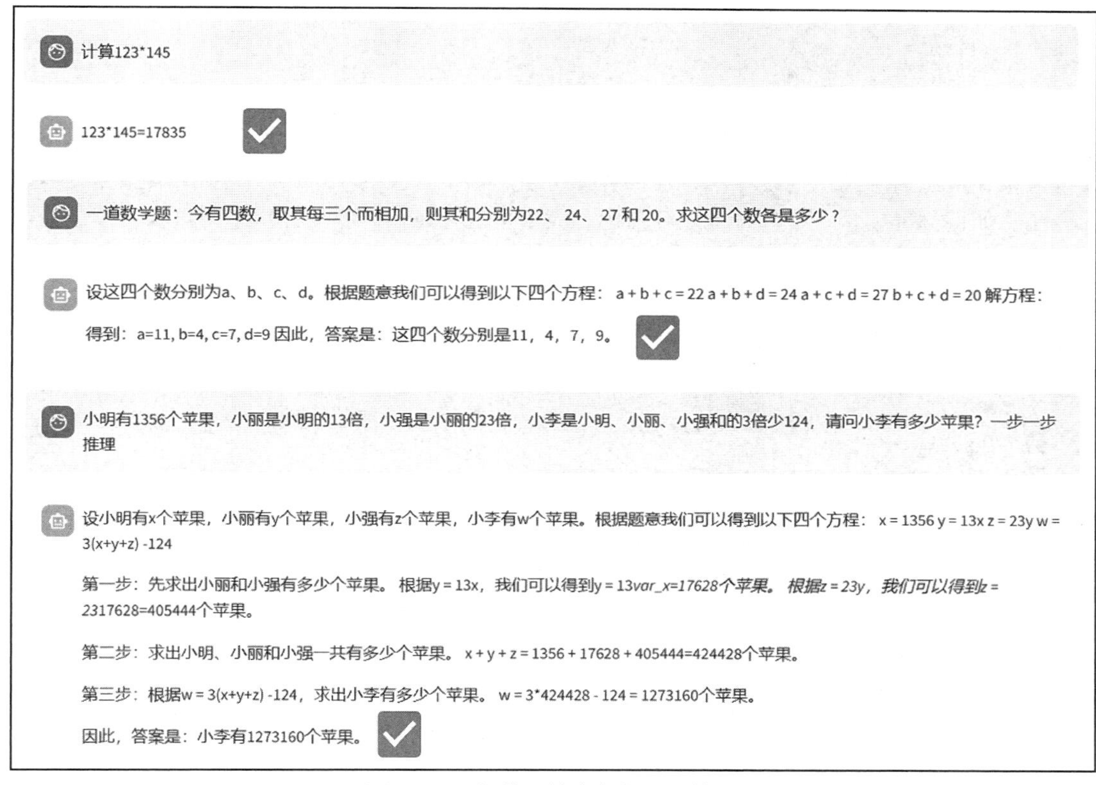

图 12-19　新模型答案解析后的输出

除了四则运算和解方程，还可以增加其他程序功能，如计算时间日期、求函数极值等。此外，除了程序代码，还可以使用第三方插件完成发送邮件、绘制图表等功能。大模型作为一个智能体，能够理解人类的意图，选择最有效的解决方案，而我们只需根据需求，对大模型进行有监督微调，就能开发出更符合预期的私有大模型。

2023 年 11 月，美国人工智能公司 OpenAI 的开发者大会正式开幕，创始人萨姆 •奥尔特曼（Sam Altman）和同事用大约 45min 的时间，展示了团队的最新成果 GPT-4 Turbo，它不仅有更快的速度和更长的上下文，而且更好控制。萨姆 • 奥尔特曼提出，团队一直在听取开发者的意见，并对开发者关心的问题做了六大改进，分别是上下文长度、控制力、模型知识、多模态、模型微调定制和速率限制。萨姆 • 奥尔特曼还宣布，GPT-3.5 Turbo 16k 的版本现在也可以进行微调定制，而且价格比上一代更低，并且 GPT-4 的微调定制也在申请中。同时，OpenAI 也开始提供单个企业的模型定制服务，包括修改模型训练的每一步，进行特定领域的额外预训练，针对特定领域的后训练，等等。

萨姆·奥尔特曼介绍到，OpenAI 不会做太多这样的模型定制，价格也不便宜。至此，用户可以基于 GPT-4 进行微调，构建自己的私有大模型。

12.7　小结

本章主要介绍了如何构建和使用自己的私有大模型。首先介绍了如何选择合适的基座模型，并从模型效果和资源需求两个角度考虑，最终选择了清华大学开源的 ChatGLM3-6B 模型作为基础；然后介绍了如何部署模型，让读者可以轻松地和大模型进行对话。我们提供了网页版本和命令行版本两种部署方法，供读者选择；接着介绍了如何低成本地部署大模型，即使没有 GPU 资源，也能通过 CPU 在电脑上运行大模型；最后介绍了如何使用自己的数据微调大模型，让模型能够生成更优质的广告内容。读者也可以用其他不同的数据集，让大模型拥有新的能力，真正为用户服务。

12.8　参考文献

[1] CHEN W H, MA X G, WANG X Y, et al. Program of thoughts prompting: disentangling computation from reasoning for numerical reasoning tasks[J]. arXiv preprint arXiv:2211.12588, 2023.